Rüdiger Schaper

ALEXANDER VON HUMBOLDT

Der Preuße und die neuen Welten

Pantheon

Sollte diese Publikation Links auf Webseiten Dritter enthalten,
so übernehmen wir für deren Inhalte keine Haftung, da wir uns
diese nicht zu eigen machen, sondern lediglich auf deren Stand
zum Zeitpunkt der Erstveröffentlichung verweisen.

Verlagsgruppe Random House FSC® N001967

1. Auflage
Copyright © 2018 für die deutschsprachige Ausgabe
by Siedler Verlag, München,
Copyright © dieser Ausgabe 2019 by Pantheon Verlag, München,
in der Verlagsgruppe Random House GmbH,
Neumarkter Straße 28, 81673 München
Umschlaggestaltung: Büro Jorge Schmidt, München, nach einem Entwurf
von Rothfos & Gabler, Hamburg
Umschlagmotiv: Alexander von Humboldt – Plantes Èquinoxiales
© akg-images
Satz: Vornehm Mediengestaltung GmbH, München
Druck und Bindung: CPI books GmbH, Leck
Printed in Germany
ISBN 978-3-570-55399-2

www.pantheon-verlag.de

»Es überkommt einen – man muss reisen. Mehr noch, man muss in eine bestimmte Richtung reisen. Man unterliegt also einem doppelten Zwang: sich aufzumachen, und zu wissen wohin.«

D. H. LAWRENCE
Das Meer und Sardinien

»Wir alle rauchen hier das Opium der großen Höhen …«

HENRI MICHAUX,
La Cordillera de los Andes

»Setzen«, sagte Inge Lohmark, und die Klasse setzte sich. Sie sagte: »Schlagen Sie das Buch auf Seite sieben auf«, und sie schlugen das Buch auf Seite sieben auf, und dann begannen sie mit den Ökosystemen, den Naturhaushalten, den Abhängigkeiten und Wechselbeziehungen zwischen den Lebewesen und ihrer Umwelt, dem Wirkungsgefüge von Gemeinschaft und Raum. Vom Nahrungsgesetz des Mischwaldes kamen sie zur Nahrungskette der Wiese, von den Flüssen zu den Seen und schließlich zur Wüste und zum Wattenmeer. »Sie sehen, niemand – kein Tier, kein Mensch – kann ganz allein für sich existieren. Zwischen den Lebewesen herrscht Konkurrenz. Und manchmal auch so etwas wie Zusammenarbeit. Aber das ist eher selten. Die wichtigsten Formen des Zusammenlebens sind Konkurrenz und Räuber-Beute-Beziehung.«

JUDITH SCHALANSKY,
Der Hals der Giraffe

Inhaltsverzeichnis

1. Retour à Berlin:
Humboldt kehrt nach Berlin zurück und
hält die »Kosmos«-Vorträge   11

2. Der Rausch der frühen Lektüre:
Von Schloss Tegel in die Berliner Salons   22

3. Universitäten und Jungfernreise:
Mit Georg Forster am Eingang zur weiten Welt.
Zum ersten Mal am Meer und in Paris   36

4. Bergbau und Höhenflüge:
Seltsame Begegnungen und Gespräche
im Kreis von Goethe und Schiller   48

5. Das wissenschaftliche Geschlecht:
Humboldts unterschlagene Sexualität und
der Mythos vom »Rhodischen Genius«   62

6. Geben Sie Reisefreiheit!
Gescheiterte Pläne, aus Europa herauszukommen,
und der große Moment am Hof von Madrid   79

7. Ausfahrt und Ankunft in Lateinamerika:
Ein Kontinent wird entdeckt, und ein
preußischer Mensch wird neu geboren   90

8. Ästhetik des Augenblicks:
Vom Reisen und Schreiben auf den
großen Flüssen der Neuen Welt   104

9. Das vollkommene Naturgemälde:
Der selbstmörderische Sturmlauf auf die
Vulkane und ein Weltrekord   120

10. Fünf Wochen in den Vereinigten Staaten:
Zu Besuch bei Präsident Jefferson und
Spion für eine junge Nation   130

11. Der Star, der aus den Tropen kam:
Begegnungen mit Napoleon und Simón Bolívar   141

12. »Ansichten der Natur«:
Freiheit im französisch besetzten Berlin
und ein Buch wie keines je zuvor   154

13. Die Welt entsteht noch einmal:
Wie das amerikanische Reisewerk wächst
und wuchert und nicht nur seinen Autor ruiniert   168

14. Bis zur chinesischen Grenze:
Mit 60 Jahren geht Humboldt auf
Einladung des russischen Zaren
auf seine zweite große Reise   188

15. Immer wieder Paris, immer wieder die Anden:
Die Entdeckung der Photographie
und die humboldtschen Maler   202

16. »Kosmos« und Kammerherr:
Humboldt unterhält den preußischen Hof
und schreibt einen Bestseller 217

17. Humboldts Tod:
Der Dschungel bricht durch in Berlin 232

18. Das magische Jahr 1859:
Charles Darwin folgt seinem Idol und
findet mit Humboldts Instrumenten den
»Ursprung der Arten« 243

19. Von Tegel zum Humboldt Forum:
Eine Reise durch das Berliner Humboldt-Land 253

Nachbemerkung 266
Ausgewählte Literatur 273

Kapitel 1
Retour à Berlin

ALEXANDER VON HUMBOLDT ist 57 Jahre alt, er ist weltberühmt und pleite und muss nach Berlin zurück. Das Jahr 1827 erscheint als die große Wasserscheide in seinem Leben.

Mitte April des Jahres reist Alexander von Paris nach London. Er wird dringend in Preußen erwartet, doch er dreht, wie so häufig, noch einmal eine große Runde. War der Umweg nicht immer das Ziel? Er verbindet Orte mit Menschen und Menschen mit Reisen, die Erledigung einer Sache geht einher mit zehn neuen Geschäften und Ideen, eine Entdeckung führt zur nächsten Serie von Experimenten. Als junger Mann hat er schon über sich gesagt: »Voller Unruhe und Erregung, freue ich mich nie über das Erreichte, und ich bin nur glücklich, wenn ich etwas neues unternehme, und zwar drei Sachen mit einem Mal. In dieser Gemütsverfassung moralischer Unruhe, Folge eines Nomadenlebens muss man die Hauptursachen der großen Unvollkommenheit meiner Werke sehen.« In der britischen Hauptstadt diniert er mit dem Premierminister und dem Gesandten der USA. Er genießt die Großstadt, eilt vom Botanischen Garten zur Royal Society, trifft Wissenschaftskollegen. Er wird gefeiert, jeder will etwas von ihm, Einladungen ohne Ende, was ihm schnell auf die Nerven geht, weil er die Zeit lieber zum Arbeiten nutzt. Er knüpft Kontakte, schreibt seine täglichen Briefe und gibt wieder viel zu viel Geld aus bei seinen Einkäufen.

Und er unternimmt etwas vollkommen Verrücktes: Humboldt besteigt eine Taucherglocke und lässt sich auf den Grund der Themse herabsinken. Die Engländer bauen den ersten Tunnel unter dem Fluss. Humboldt trägt dickes, warmes Zeug, es ist stockfinster und eiskalt dort unten in der Kloake. Die Taucherglocke erreicht eine Tiefe von elf Metern, über einen Lederschlauch werden die Insassen mit Atemluft versorgt. Humboldts Begleiter sind der schon über siebzigjährige Sozialreformer und Philosoph Jeremy Bentham und Marc Isambard Brunel, der Ingenieur und Baumeister dieses in der Welt einzigartigen Unternehmens. Humboldt hat Kopfschmerzen, er blutet aus der Nase wegen der Druckschwankungen und erinnert sich fröhlich an seine lebensgefährlichen lateinamerikanischen Bergtouren in Schnee und Eis.

Muss er sich in seinem Alter noch einmal beweisen, bevor es nach Berlin geht, in den märkischen Sand? Die vierzig Minuten unter Wasser in der Themse komprimieren Humboldts Wesen, sein Denken und Tun. Er will herausfinden, wie die Natur beschaffen ist und wie der Mensch sie durch sein Eingreifen verändert. Wo Humboldt ist, da ist die wissenschaftlich-intellektuelle Avantgarde, er setzt seinen Körper als Versuchsobjekt ein. Wenige Tage nach der Tauchpartie der hohen Herren stürzt die Baustelle ein. Erst sechzehn Jahre später, 1843, wird der Themse-Tunnel eröffnet. Manch ein Arbeiter hat dort unten sein Leben gelassen. Humboldts Londoner Tauchexpedition verweist auf seine mörderisch leichtsinnigen, oft spontanen Unternehmungen in der Wildnis der Neuen Welt.

Es ist nicht lange her, da wollte er Europa den Rücken kehren und eine neue Existenz beginnen: »Ich habe den großen Plan eines großen Zentralinstituts der Naturwissenschaften des freien Amerika in Mexiko. Der Kaiser von Mexiko, den ich persönlich kenne, wird fallen, es wird eine republikanische Regierung geben und ich habe die fixe Idee, mein Leben auf die angenehmste und für die Naturwissenschaft nützlichste Weise in einem Teile der Welt zu beenden, wo ich außerordentlich geschätzt werde und alles mich auf eine glückliche Existenz hoffen lässt.« Manchmal klingt er mit seinem radikalen Gründer- und

Entdeckergeist wie ein Hochstapler und Fantast: »Dieser Plan eines Instituts in Mexiko … schließt nicht eine Rundreise nach den Philippinen und Bengalen aus. Das ist eine sehr kurze Exkursion, und die Philippinen und Kuba werden wahrscheinlich vereinigte Staaten mit Mexiko bilden.« Humboldt sieht sich nicht allein mit dem Gedanken, »da die ausgezeichnetsten Naturwissenschaftler, wie ich, Europa zu verlassen wünschen«. Goethe gegenüber erwähnt er den Plan, über Südafrika nach Tibet zu reisen.

Aus alldem wird nichts. Am 12. Mai 1827 kommt Humboldt in Berlin an. Er muss von nun an die Welt hauptsächlich von Preußen aus betrachten. Hier verbringt er mit Unterbrechungen das letzte Drittel seines Lebens. Und natürlich wird er Techniken und Strategien entwickeln, der Enge zu entkommen, die Perspektive zu weiten, sich selbst zum Zentrum vielfältiger wissenschaftlicher und publizistischer Aktivitäten zu machen. Berlin profitiert von seinem neuen Bürger, der die Welt mitbringt. Humboldts finanzielle Reserven sind erschöpft. Nicht länger sieht er sich in der Lage, die Stellung in Paris zu halten. Es ist die Stadt, die er liebt, in der er die vergangenen zwanzig Jahre verbracht hat. Zu Orten und Landschaften hat Humboldt eine ausgeprägte Beziehung. Berlin wird eine Vernunft- und Versorgungsehe, während Paris, das er schon als junger Mann kennen- und lieben lernte, seine große Leidenschaft bleibt. Bis zu seinem Tod wird er noch acht Mal an die Seine reisen, zu einigen längeren Aufenthalten. Das gehört zur Abmachung mit Friedrich Wilhelm III. Humboldt ist bald nach seiner Rückkehr von seiner Amerikareise im Jahr 1804 zum preußischen Kammerherrn ernannt worden, ohne weitere Pflichten. Jetzt aber hat der König die lange Leine eingeholt und Humboldt an Spree und Havel zurückbeordert. Der preußische Monarch gewährt seinem Kammerherrn vier Monate Forschungsurlaub im Jahr und erhöht die jährlichen Bezüge auf 5000 Taler. Das ist eine ordentliche Summe und ein starkes Argument. In einem Brief an Humboldt hebt der König die gewährten Privilegien hervor: »Sie werden hierin einen

Am Hofe gefesselt: Alexander von Humboldt,
Porträt von H. W. Pickersgill, 1831

neuen Beweis erkennen, wie sehr Ich Ihre ausgezeichneten Verdienste um die Wissenschaften schätze und wie gern Ich Ihren Wünschen entspreche.«

Zwei Jahrzehnte hat sich Alexander von Humboldt von Berlin ferngehalten. Das zeigt, was er von der Stadt denkt und wie hoch er seine Unabhängigkeit schätzt, was ihm Paris bedeutet. Im Zusammenhang mit Berlin fällt das Wort *Wüste*. Berlin-Bashing gehört damals zum guten Ton. Auch Goethe, den Humboldt im Dezember 1826 in Weimar besucht, hat über die Stadt der Preußen wenig Freundliches zu sagen. Umso mehr begeistert er sich für Alexander von Humboldt – in den Gesprächen mit Eckermann nachzulesen: »Was ist das für ein Mann! Ich kenne ihn so lange, und doch bin ich von neuem über ihn in Erstaunen. Man kann sagen, er hat an Kenntnissen und lebendigem Wesen nicht seinesgleichen. Und eine Vielseitigkeit, wie sie mir gleichfalls noch nie vorgekommen ist ... Er gleicht einem Brunnen mit vielen Röhren, wo man überall nur Gefäße unterzuhalten braucht und wo es uns immer erquicklich und unerschöpflich entgegenströmt.«

Humboldt bezieht in Berlin eine bescheidene Wohnung, die Adresse lautet Hinter dem Neuen Packhofe Nr. 4, auf einer Spreeinsel, die wir heute als Museumsinsel kennen. Er bleibt dort bis 1841 zur Miete. Er nimmt Johann Seifert, einen jungen Mann und dessen Frau, als Diener. Den Mathematiker Carl Friedrich Gauß in Göttingen zieht er ins Vertrauen: »Es ist ein großer Entschluss, einen Teil meiner Freiheit und eine wissenschaftliche Lage aufzugeben ... Aber ich bereue nicht, was ich getan habe. Das intellektuelle Leben hat mich unendlich angesprochen bei meinem letzten Aufenthalte in Deutschland, und die Idee, in Ihrer Nähe, in der Nähe derer zu leben, die meine Bewunderung für Ihr großes vielseitiges Talent lebhaft teilen, ist ein wichtiger Beweggrund meines Entschlusses gewesen.« Er stimmt sich positiv ein auf die Berliner Provinz. Doch bald wird Humboldt spotten: »In Deutschland wirkt man auf den Geist einiger großer Persönlichkeiten nur durch den Reflex des Ansehens im Ausland.«

In Humboldts Berlin-Abwehr steckt ein Stück Ungerechtigkeit. Einen besonderen Familiensinn hat er nie entwickelt. Sein Bruder Wilhelm und seine Schwägerin Caroline nehmen ihn herzlich auf. Wilhelm hat 1820 den Staatsdienst quittiert und erfreut sich in Tegel seines Lebens als Privatgelehrter. Karl Friedrich Schinkel hat den Familiensitz elegant klassizistisch umgebaut, den Landsitz schmücken antike Skulpturen und Abgüsse. 1824 ist das Privatmuseum, an dessen Realisierung der dänische Bildhauer Bertel Thorvaldsen mitgewirkt hat, ein Freund aus römischen Tagen, eingeweiht worden, der König war zugegen. Wilhelm von Humboldt vertieft sich in seine Sprachstudien. Selbst kleinere europäische Sprachen wie das Baskische sind ihm geläufig, er lernt Sanskrit, beschäftigt sich mit dem Japanischen und den Sprachen der Südsee und Amerikas, hält Vorträge in der Akademie der Wissenschaften. Chateaubriand, Botschafter Ludwigs XVIII. in Berlin, ein politisch stockkonservativer Schriftsteller, hat sich über Wilhelm von Humboldt lustig gemacht. Um die Zeit totzuschlagen, habe Wilhelm alle Sprachen und »Volksmundarten« der Erde gelernt, nichts weiter als ein Spleen. Chateaubriand ist ein Vertreter der Alten Welt. Er begreift nicht, wie sehr Wilhelm von Humboldt das Verständnis für ein neues Weltbild mitprägt: Jeder Mensch hat seine Sprache und Kultur, kann nur aus ihnen heraus verstanden werden. Dem entspricht Alexanders Idee von Geographie und Geschichte, die einander bestimmen. Zum 250. Geburtstag Wilhelm von Humboldts am 22. Juni 2017 sagte Neil MacGregor, der Gründungsintendant des Berliner Humboldt Forums, in seiner Festrede: »Genau wie sein Bruder Alexander die Welt der Pflanzen auf neue Art erforschte, hat uns Wilhelm eine vitale Welt eröffnet, die einem lebenden Organismus gleicht: die der Sprachen. Wie Pflanzen sind Sprachen von ihrer Umwelt bestimmt. Sie sind miteinander und ineinander verwachsen und auseinander hervorgegangenen. Sie verzweigen sich ständig. Jede Sprache enthält für sich eine Welt, in der man sich bewegen, in die man reisen kann.«

Wilhelm ist in dieser Phase des Übergangs Alexanders Halt. Spät im Leben finden sie das Gemeinsame. Berlin wird für den jüngeren Bruder durch Wilhelm erträglich. Dessen vergleichende Sprachwissenschaft basiert auf einem freien Menschenbild, stellt der Linguist Jürgen Trabant fest: »Das scheinbar Schrullige erweist sich als das Humane und wahrhaft Kosmopolitische.« Da sind die Humboldt-Brüder einmal vereint. Er sei nach Berlin gegangen und habe endlich das »so lange entbehrte Glück« genossen, »mit meinem Bruder an einem Orte zu leben und vereint wissenschaftlich zu arbeiten«, sagt Alexander. Neugier auf die Welt, unbedingter Freiheitssinn, lustvoller Forscherdrang – das verbindet die beiden Humboldts. Wilhelm bezeichnet im »Bruchstücke einer Selbstbiographie« als seine »hervorstechendste Seite« die Selbstbeherrschung, »die vollkommene Herrschaft des Willens über mich selbst«. Das trifft bei allen Unterschieden in Temperament und Lebensführung auch Alexanders Wesen.

»Reden statt reisen« lautet nun die Devise. Und so übel wirkt sich der erzwungene Ortswechsel von Paris nach Berlin doch nicht aus.

Die Nähe zum Bruder, der intensive Austausch setzt Kräfte frei. Alexanders Produktivität explodiert geradezu. In wenigen Monaten hält er einundsechzig Vorlesungen an der Universität, die Wilhelm von Humboldt 1809 gegründet hat. Anfang Dezember 1827 wechselt Alexander von Humboldt die Lokalität. Die neben der Universität gelegene Singakademie – das heutige Maxim Gorki Theater – wird zum Schauplatz eines einzigartigen Triumphs. Was sich in sechzehn Vorträgen in der Singakademie bis Ende März 1828 vollzieht, lässt sich als die Begründung der modernen Wissenskultur verstehen. Der Saal platzt bei jedem Auftritt Humboldts aus allen Nähten. Man schätzt insgesamt bis zu dreizehntausend Wissbegierige und Schaulustige bei diesen Lectures, die als »Kosmos-Vorträge« in die Geschichte der Wissenschaft eingehen. Der Vortragszyklus schafft eine neue Form von Öffentlichkeit. Er zieht Zuhörer aus allen Schichten an, Männer wie Frauen. Humboldt ist Stadtgespräch. Die *Vossische Zeitung* schreibt am 7. Dezember 1827: »Die Würde und Anmut des Vortrags, vereinigt mit dem Anziehenden des Gegenstands und der ausgebreiteten tiefen Gelehrsamkeit des Lehrers, die immer aus dem Vollen zu schöpfen vermag, dieser so seltene Zusammenfluss aller für die mündliche Belehrung ersprießlichen Eigenschaften, fesselt den Zuhörer mit unwiderstehlicher, in keinem Augenblick nachlassender Kraft.« Goethe erhält vom Berliner Theaterdirektor Karl von Holtei folgenden Bericht über Humboldts »Kosmos«-Spektakel: »Der König, der ganze Hof, die höchsten Staatsbeamten und Militärpersonen, nebst ihren Damen, alle Gelehrte, Künstler von Bedeutung, die ganze schöne Welt – alle sind versammelt, um Belehrung und Freud in den Worten zu finden, die der große Mann aus dem Schatze seiner Erfahrungen und Kenntnisse spendet. Achthundert Menschen atmen kaum, um den Einen zu hören.« Auch Wilhelm und Caroline von Humboldt fehlen nicht. Caroline will in den brillanten, die Welt umspannenden Ausführungen ihres Schwagers »tiefste Wehmut« gespürt haben, wie Manfred Geier in seiner Doppelbiographie der

Brüder Humboldt schreibt. Genial, erfolgreich – »und doch nicht glücklich«. Reaktionäre Kräfte behaupten eine öffentliche Gefahr: Es gibt Stimmen, die in seiner freidenkerischen, demokratischen Natur Umsturz wittern.

Neu ist, wie Humboldt Zusammenhänge präsentiert, wie Geist und Materie, Natur und Geschichte, Wissenschaft und Kunst und die eigenen Reiseabenteuer in einen mitreißenden Vortrag einfließen. Da spielt im Winter 1827/28 ein Ein-Mann-Orchester und bringt Berlin aus der Fassung. Humboldt selbst zeigt sich überrascht, er spricht von einer »unerwartet lebhaften Teilnahme«. Ob deutsch oder französisch, er spricht frei. Um zu begreifen, wie hoch Humboldt in der Berliner Singakademie greift, lohnt der ausführliche Blick in das Vorlesungsverzeichnis. Es gibt einen Eindruck seines gewaltigen Assoziationsreichtums, seiner manchmal sprunghaften Art zu denken. Alles ist erforschenswert, alles hat seine Bedeutung, jeder Landstrich, jeder Zeitraum, jedes Volk, Flora und Fauna und Mensch kommunizieren miteinander. Und es ist eine Wissenschaft, die mit den Menschen kommuniziert.

1. und 2. Vortrag: Die kosmischen Körper, die Bestandteile unseres Planetensystems, die Größenverhältnisse im Weltall und auf der Erde, die Gestalt der Erde.

3. Vortrag: Vergleich der Planeten untereinander, die Aggregatzustände der Stoffe auf der Erde und auf anderen Himmelskörpern; der Einfluss des Sonnenlichts auf die organische Natur; fossile Menschenknochen, der Aufbau des Erdinnern.

4. Vortrag: Der Aufbau des Erdinnern, die Bildung der Erde, Thermalquellen, Vulkanismus.

5. Vortrag: Die Erdrinde, Gebirgsarten, deren Gesteine und fossile Einschlüsse, die Tiere der Urzeit.

6. Vortrag: Die Luft- und Wasserhüllen der Erde, die Relativität der Aggregatzustände, Winde, Luftdruck, die Verdunstung des Meerwassers.

7. *Vortrag: Die Verteilung des Wassers auf der Erde, die Fische; Ballonaufstiege und ihr Nutzen für die Wissenschaft, die Temperaturzonen der Erde, der Einfluss der Wasserhülle auf das Klima, Meeresströmungen, die physikalische Wellentheorie, historische Veränderungen des Meeresniveaus.*

8. *Vortrag: Die Klimate der Erde, die Lebensumstände der Menschen in verschiedenen Klimaten, die Reaktionen des menschlichen Körpers auf äußere Temperaturen; die Pflanzenformen in den Klimazonen, Urformen der Pflanzen, Zwerge und Riesen unter den Gewächsen, die Zahl der Pflanzenarten.*

9. *Vortrag: Die geographische Verbreitung der Tiere, die Zahl der Tierarten, Vögel und Insekten, die Tierarten in Nord- und Südamerika sowie in Afrika.*

10. *und 11. Vortrag: Die Natureinheit des Menschengeschlechts, die Verurteilung der Sklaverei, die Abstammung des Menschen, Menschenrassen und deren Charakteristik. Die Mongolen, die Bewohner Afrikas und Amerikas, die Eskimos, die fragliche Verwandtschaft zwischen Affe und Mensch.*

12. *Vorlesung: Die Erkenntnis der Einheit der Natur in der Geschichte, mythische Einkleidungen und Epochen der rationalen Erkenntnis, die ionische Naturphilosophie, die Züge Alexanders des Großen.*

13. *Vortrag: Die Araber, frühe Entdeckungsreisen, das Weltsystem von Copernicus, die Entdeckung Amerikas, die Kenntnis des südlichen Sternenhimmels; die Durchsetzung der modernen Naturanschauung, die Entdeckung des Fernrohrs, des Thermometers und des Barometers, neuere Entdeckungsreisen, die Geognosie als Wissenschaft, Elektrizität, Magnetismus, Polarisation.*

14. *Vortrag: Die Elektrizität und deren Anwendung in Physik und Chemie, neuere Entdeckungen in der Optik, die Polarisation des Lichtes und deren Anwendung in der Astronomie, die Entwicklung der Mikrometer, die Einheit von Elektrizität und Magnetismus; Fortschritte in der Astronomie von Copernicus bis Newton, Lichterscheinungen*

der Erde, die Dunkelheit des Nachthimmels, kosmische Dunkelwolken, der Einfluss der Astronomie auf die Kultur des Menschen, die Wellennatur des Lichtes.

15. Vortrag: Die Sichtbarkeit der Sterne am Tage, die Zahl der Sterne, der südliche Sternenhimmel, die Topographie des Mondes.

16. Vortrag: Die kosmische Natur der Meteorite, die Natur der Sonne, die Sonnenflecken; die Geschichte der Naturbeschreibung, die Darstellung der Natur in der Kunst.

Humboldt denkt an eine Publikation der Vorträge in Buchform. Doch bis der erste Band seines »Kosmos« erscheint, vergehen noch siebzehn Jahre. Das Werk wird unendlich viel umfangreicher werden, als er sich es in jenem ersten Winter nach der Rückkehr nach Berlin träumen lässt.

Das Jahr 1827 beginnt für Humboldt mit der unfreiwilligen Rückkehr ins Preußische, einer bitteren Niederlage gleich. Daraus ergibt sich ein neuer Lebensrhythmus, lassen sich Perspektiven entwickeln. In der Balance von innerem Widerstand und Anpassung ist der Diplomat gefragt. Im Juli 1828 begibt sich der Kammerherr mit seinem König Friedrich Wilhelm III. zum Bäderurlaub nach Teplitz; das wird sich in den nächsten zehn Jahren wiederholen. Am Hof fungiert er als Gesellschafter und Berater, und er findet Wege und Mittel, das wissenschaftliche Leben in Berlin voranzubringen, das wird von ihm erwartet. Er sitzt in der Entourage der Herrscherfamilie und muss dabei beweglich bleiben. Im September kommt Carl Friedrich Gauß nach Berlin und nimmt bei Humboldt Quartier. Humboldt hält in der Singakademie die Eröffnungsrede zur Versammlung deutscher Naturforscher und Ärzte, die er leitet. Sechshundert kluge Köpfe tauschen bei dem Treffen ihre Ideen und Erkenntnisse aus, viele von ihnen Schriftsteller. Humboldt erklärt, dass sich Deutschland hier in seiner geistigen Einheit offenbare. Er regt die Einrichtung von geomagnetischen Messstationen an, aber der Schwung der »Kosmos«-

Monate scheint verpufft. Es kommt ihn nun immer wieder hart an: Berlin liegt nicht in den Tropen und es ist nicht Paris. Er schätzt die Gespräche mit Gauß, aber das Kongresswesen, das er soeben neu begründet hat, geht ihm bald auf die Nerven.

Der Erfolg der »Kosmos«-Vorlesungen weckt die Sehnsucht nach neuen Grenzen und Gipfeln. Reisen und forschen, kommunizieren und schreiben, die Welt als globales Geschehen am jeweiligen Ort durchdringen und immer in Bewegung sein, den Informationsfluss beschleunigen: Das ist die Humboldt-Formel. Darin liegt seine Modernität. Wissen besitzt die Eigenschaft, dass es wandert und Sogwirkung entfaltet, und Daten erzeugen Ströme.

Das Interesse an dem frühen Denker der Globalisierung ist sprunghaft gewachsen, und es nimmt in dem Maße zu, in dem die Weltordnung unter dem Einfluss disruptiver Mächte vor unseren Augen zerfällt. Humboldt hat die Welt als Ganzes gesehen, politisch, ökonomisch, kulturell. Es gab für ihn keine überlegenen Nationen, keinen wie auch immer begründeten Anspruch auf Hegemonie. Humboldts praktische Philosophie wirkt wie ein Antidotum in diesen neoautoritären Zeiten. Viele Erkenntnisse hat er aus eigener Anschauung gewonnen. Darin unterscheidet er sich maximal von anderen großen Geistern seiner Zeit. Immanuel Kant, Johann Wolfgang von Goethe und Karl Marx erkundeten die Welt vom Schreibtisch aus, recht bequem und meist ohne Gefahr. Alexander von Humboldt sucht nicht nach Schutzräumen der Theorie, sondern er geht dahin, wo noch keiner war.

Kapitel 2
Der Rausch der frühen Lektüre

AUCH WENN SICH SEIN NAME zuerst mit Natur und Forschungs-
reisen verbindet, ist Alexander von Humboldt ein Mensch der städ-
tischen Zivilisation. Er geht aus ihr und aus sich heraus, um die
Bedingungen des Lebens zu erkunden. Und auch wenn es seinen
250. Geburtstag zu feiern gilt, empfiehlt er sich als früher Zeitgenosse
des 21. Jahrhunderts. In einer angeblich immer mehr zusammen-
rückenden, tatsächlich unheilvoll zerteilten Welt verlinkt sich über
ihn preußische Vergangenheit mit globaler Gegenwart. Wissenschaft
und Kunst gehen bei ihm eine Verbindung mit dem Freiheitsgedan-
ken ein. Natur erleben und Natur begreifen, das gehört zum freien
Individuum, darin liegt Alexander von Humboldts Utopie. Er selbst
ist seinem Entwurf recht nahegekommen.

Man will ihn nicht idealisieren, aber manchmal ist es wirklich
schwer zu vermeiden: Weil sich dieser Preuße als globaler Vermittler
anbietet und weil von seinem umfassenden Wissen und der Art, wie
er es erwirbt, etwas Heilsames ausgeht. Mit seinem durchdringenden
Gerechtigkeitsempfinden gegenüber anderen Kulturen nimmt er eine
historische Sonderrolle ein. Sein langes, überreiches Leben gleicht
einem Dschungel, reich an Gefahren für Biographen. Eine objektive
Schwierigkeit liegt darin, dass ihm letzten Endes so vieles gelungen
ist. Und was hat er nicht alles angepackt! Es sind also Schneisen zu
schlagen, mit und ohne Rücksicht auf Verluste. Es gibt unendlich
viele Verlockungen, hier oder dort abzubiegen, und jede Entscheidung bringt es mit sich, dass anderes unbeachtet bleibt. Das war auch

sein Problem. Welchem Ruf, Plan oder Instinkt folgen? Wohin abschweifen? Welcher Weg oder Umweg führt zum Ziel – und sind die
Ziele richtig gesetzt? Humboldt gehört als Schriftsteller zu den Mä-
andertalern. Abschweifen und ausschwärmen liegt in seinem Charakter. Etwas am Wegrand liegen zu lassen, ist nicht seine Sache. Daher
bietet es sich hier an, einen geraden Weg einzuschlagen, damit am
Ende ein hoffentlich großer Kreis dabei herauskommt.

Am 14. September 1769 wird Alexander von Humboldt im Stern-
bild der Jungfrau in Berlin geboren. Es hat Zeichen gegeben. Ein
Komet, nach dem Astronomen Messier benannt, wird von August
bis Dezember 1769 fast überall auf der Welt erblickt, von China bis
in die Südsee, von Paris bis Teneriffa. Am 22. September wird seine
maximale Helligkeit gemessen. Der Komet Messier, oder der Große
Komet von 1769, wegen seiner außergewöhnlichen Helligkeit mit blo-
ßem Auge zu erkennen, ist Gesprächsthema bei Bürgern und Bauern
wie bei Wissenschaftlern. Zur Zeit Alexanders des Großen, um das
Jahr 330 v.Chr., könnte er schon einmal auf der Erde sichtbar gewesen
sein; die nächste Annäherung wird auf das Jahr 3420 geschätzt. Und
es gibt, Humboldts Kommen betreffend, neben der astronomischen
Attraktion eine tellurische Auffälligkeit. Der Cotopaxi, berühmt für
seine elegante Form, bricht ein Jahr vor Alexanders Geburt dramatisch aus. Eines Tages wird Alexander den Vulkan im heutigen Ecuador besteigen.

Humboldt ist nicht vom Himmel gefallen. Aufbruchstimmung
liegt in der Atmosphäre. Andere deutsche Gelehrte werfen schon
vor ihm ihr Herz weit über die sichtbaren und unsichtbaren Hürden
ihrer Zeit. Johann Gottfried Herder, der Schriftsteller und Philosoph
der Aufklärung, unternimmt in Humboldts Geburtsjahr 1769 – Herder war Mitte zwanzig – eine Reise von Riga aus übers Meer nach
Frankreich. Er schreibt hinterher einen enthusiastischen Text der
umfassenden Naturerfahrung und Kulturvision, eine Zusammenschau der Welt-Phänomene, Gedanken für neue Werke fliegen ihm

zu, Pläne für wildbewegte Bücher. Herders »Journal meiner Reise im Jahre 1769« erscheint erst posthum, es liest sich aber gerade so, als sei es in Humboldts Wiege gelegt: »Wie viel ist hier noch zu suchen und auszumachen! Die Origines Griechenlands, aus Ägypten, oder Phönizien? (…) Nun die Origines Nordens, aus Asien, oder Indien, oder Aborigines? Und der neuen Araber? aus der Tartarei oder China! und jedes Beschaffenheit und Gestalt, und denn die künftigen Gestalten der Amerikanisch-Afrikanischen Literatur, Religion, Sitten, Denkart und Rechte – – – Welch ein Werk über das Menschliche Geschlecht! den Menschlichen Geist! die Kultur der Erde! aller Räume! Zeiten! Völker! Kräfte! Mischungen! (…) Griechisches Alles! Römisches Alles! Nordische Religion, Recht, Sitten, Krieg, Ehre! Papistische Zeit, Mönche, Gelehrsamkeit! (…) Christliche, heidnische Aufweckung der Gelehrsamkeit! Jahrhundert Frankreichs! Englische, Holländische, Deutsche Gestalt! – Chinesische, Japanische Politik! Naturlehre einer neuen Welt! Amerikanische Sitten usw. Großes Thema: das Menschengeschlecht wird nicht vergehen, bis dass es alles geschehe! Bis der Genius der Erleuchtung die Erde durchzogen!«

Ein neues Leben, ein neues Zeitalter kündigt sich mit sprachlicher Ekstase und Selbstberauschung an. »Was gibt ein Schiff, das zwischen Himmel und Meer schwebt, nicht für weite Sphären zu denken!« Unter dem Eindruck der Elemente entfesselt Herder Sturm und Drang, ganz wörtlich, und entwirft eine »Universalgeschichte der Bildung der Welt«. Eine Schöpfung mit zwei starken Genitiven, weit ausschwingende Worte. Ein humboldtsches Wetterleuchten.

Über das Geburtsdatum Alexanders gibt es keinen Zweifel. Und auch wenn der Geburtsort durchaus auch Tegel gewesen sein könnte, vor den Toren Berlins, das Anwesen der Familie draußen am See mit dem kleinen Schloss, so deuten die Quellen doch recht klar darauf hin, dass er in der Stadt das Licht der Welt erblickt, in der Jägerstraße 22 im heutigen Bezirk Mitte. Unter der Adresse findet sich jetzt die Berlin-Brandenburgische Akademie der Wissenschaften, eine Plakette am Eingang erinnert an Alexander. Das alte Haus machte in den 1930er Jahren einem Neubau Platz. Seine Geschichte ist die Geschichte der Familie, die einst *Homboldt* hieß und im 16. Jahrhundert *Humpolt*, ein Stammbaum von Soldaten und Beamten.

Das Haus in der Jägerstraße wird in den 1740er Jahren errichtet. Es gehört dem Geschäftsmann Johann Heinrich Colomb, einem in Paris geborenen Hugenotten, Alexanders Großvater. Die Verbindung nach Frankreich ist von Anfang an da – ebenso die Christoph-Kolumbus-Assoziation. Colombs Tochter Marie-Elisabeth heiratet 1766 – in zweiter Ehe – den ehemaligen preußischen Major und Kammerherrn Alexander Georg von Homboldt. Sie haben zwei Söhne, Alexander und den zwei Jahre älteren Wilhelm. Die Mutter wird als kühl und streng beschrieben, während der Vater ein liebevoller, warmherziger Mensch gewesen sein soll, voller Stolz auf seine Söhne. Er hat sie mitgenommen auf die Jagd und er mag der Erste gewesen sein, der Alexander den Zugang zur Natur eröffnete, die in den Tegeler Wäldern Überraschungen bereithielt; dort gab es Baumschulen mit überseeischen Gewächsen für die Anlagen des Königs. Auf einem Miniaturbildnis macht der Vater einen jovial-fröhlichen Eindruck. Bereits 1779 stirbt der Major, Alexander ist zehn Jahre alt. Materielle Probleme bekommt die Familie nicht, Geld und Gut stehen in ausreichendem Maß zur Verfügung. Es wird keinerlei Einschränkung bei der Ausbildung der beiden Jungen geben, die ihren Vater so früh verlieren.

Marie-Elisabeth, die Mutter, wird häufig als die Unnahbare, Harte dargestellt. Das wird der Frau nicht gerecht. Man darf hier nicht unsere Familienvorstellungen des 20. und 21. Jahrhunderts zum Maßstab nehmen. Sie ist gebildet, unabhängig und hat mit dem Tod des Majors erneut den Verlust eines Ehemanns zu verschmerzen. Der erste, Friedrich Ernst von Hollwede, ein Offizier auch er, ist 1765 gestorben. Er hinterließ ihr das Gut Tegel. Sie hat einen Sohn aus dieser Ehe, Heinrich Friedrich Ludwig Ferdinand von Hollwede, 1762

Die Eltern: Marie-Elisabeth und Alexander Georg von Humboldt

geboren. Er findet sich schwer im Leben zurecht und wird schließlich Rittmeister. Luise, Marie-Elisabeths Tochter aus der Verbindung mit Hollwede, überlebt das frühe Kindesalter nicht. Wahrlich kein schönes Leben: Im Alter von 38 Jahren hat Marie-Elisabeth bereits ein Kind und zwei Ehemänner verloren. Sie bleibt Witwe. Die Erziehung der Söhne übergibt sie dem Hauslehrer Gottlob Johann Christian Kunth, einem jungen Mann mit breitem Wissen, in vielen Sprachen bewandert, mit theologisch-juristischem Hintergrund. Kunth war schon im Haushalt, als der Vater noch lebte, und er hält den Humboldts lange die Treue, kümmert sich um weit mehr als die Aufgaben eines Hofmeisters. Er ist der Mann im Haus – und was das alles einbezieht, muss offen bleiben. In späteren Jahren wird er für Alexander und Wilhelm eine Vertrauensperson in finanziellen Dingen, und dass er aus seiner speziellen Stellung und Hausmacht unanständigen Vorteil gezogen habe, wird nirgends berichtet. Mit dem protestantisch strengen, korrekten Mann verbringen Wilhelm und Alexander Kindheit und Jugend. Intellektuell ist es ihr Schaden nicht. Er vermittelt ihnen eine breite Bildung, weckt das Interesse für vielerlei Fächer und Gebiete. Im Nachhinein können sie der Mutter für Kunth danken. Marie-Elisabeth, allein und verantwortlich für die Kinder, hat eine gute Wahl mit ihm getroffen. Sie erspart den Söhnen die militärische Laufbahn. Es wäre keine Überraschung gewesen, hätte sie Wilhelm und Alexander gemäß der Familientradition in die preußische Uniform gesteckt und zum Drill geschickt.

Aber das Kind Alexander empfindet anders. Er kränkelt, im Unterricht ist er unkonzentriert, bedrückt. Wilhelm eilt ihm voraus, ein guter Schüler. Wenn es um ihre Kindheit geht, wählen beide Brüder später schlimme Worte: öde, freudlos. Das alles klingt nach Überforderung und Unterforderung zugleich, nach Nichtverstehen und Missverständnissen, vor allem bei dem jüngeren Kind, Alexander. Hart das Urteil, wenn er als Erwachsener schreibt: »In Tegel habe ich den größeren Teil dieses traurigen Lebens zugebracht, unter Leuten, die mich liebten, mir wohlwollten, und mit denen ich mir doch in keiner Empfindung begegnete, in tausendfältigem Zwange, in entbehrender Einsamkeit, in Verhältnissen, wo ich zu steter Verstellung, Aufopferungen gezwungen wurde.« Der Ton ist furchtbar und bitter. Nach dem Tod der Mutter – Alexander ist ein erwachsener Mann – wird er in einem Brief an einen Freund sagen: »Du weißt, mein Guter, dass mein Herz von dieser Seite nicht empfindlich getroffen werden konnte, wir waren uns von jeher fremd.«

Die unglückliche Kindheit Alexanders gehört zu den Standards der biographischen Literatur. Greifbare Anhaltspunkte gibt es dafür aber nicht. Er selbst ist wesentlich der Ursprung dieser Interpretation. Es fällt schwer, ihm da zu folgen. Woher diese Verhärtung? Die Brüder können sich entfalten, musisches Leben wird ihnen nicht vorenthalten. Alexanders Interessen werden keineswegs unterdrückt. Und doch erinnert er sich an seine Kindheit und Jugend nicht gern. Sein Drang nach Unabhängigkeit muss von früh an so mächtig gewesen sein, dass er Elternfiguren, Lehrer, Autoritäten überhaupt als Behinderung empfindet – ein äußerst ungeduldiger Junge mit einer jähzornigen Ader. Dafür spricht die bei Alexander schon früh beobachtete Schlagfertigkeit. Er ist hochbegabt. Seine Energie findet keinen Auslass. Natürlich könnte man Kunth anlasten, dass er Alexanders außergewöhnliche Persönlichkeit nicht erkannt hat. Er hat sie aber auch nicht in ihrer Entwicklung behindert und verbogen. Die Erziehung verlangt ein anspruchsvolles Arbeitspensum und ist an Leistung, Disziplin und Arbeitsethos orientiert. Über Sanktionen ist nichts bekannt, von preußisch-militärischem Schliff kann nicht die Rede sein. Wilhelm und Alexander bekommen mindestens das Beste, das ein Haushalt wie der humboldtsche damals in Preußen zu bieten hat, sie genießen eine breite, stimulierende intellektuelle Ausbildung. Das Leben in Tegel hat Alexander mit »Schloss Langweil« tituliert. Er ist schnell mit der Zunge, kann treffsicher austeilen und verletzen. Von ihm geht schon früh eine aggressive Unruhe aus, und nachher ist ihm offensichtlich daran gelegen, sich als unabhängigen, aus eigener Kraft geformten Geist zu stilisieren. Alexander will sich absetzen vom preußischen Biotop und der Familie. Oder wie es Douglas Botting in seiner Biographie zuspitzt: »Alexander von Humboldt hat ein Riesenwerk geschaffen: sich selbst.«

Tegel war so übel wohl nicht. Der »kleine Apotheker«, wie sie ihn liebevoll in der Familie nennen, findet Freude in der Natur, im Schlosspark, der eine Zeitlang wild und weit genug ist für einen Zehn- oder Zwölfjährigen. Später wird sich Alexander erinnern an den »Genuss, den die reizende, anmutsvolle Natur hier in so reichem Maße gewährt«, immerhin. Während Wilhelm für seine Lernerfolge Lob erntet, in Griechisch und Latein brilliert, macht man sich um Alexander Sorgen. Der spielt mit Mineralien, Insekten, Pflanzen; in seinem Zimmer legt er seine erste Sammlung an. Er ordnet seine Funde, schreibt Etiketten, denkt sich Sortierungen aus. Exkursionen in die brandenburgischen Gehölze tun ihm gut und er begeistert sich an seiner Lektüre. Er liest die Bücher der Weltumsegler, die Berichte der englischen und französischen Expeditionen in die Südsee und zum Amazonas. Dabei prägt er sich den Namen des Schriftstellers Georg Forster ein.

Die Welt macht in dieser historischen Phase mit sich selbst Bekanntschaft. Der Globus wird zum Objekt exotischer Abenteuer. Alexander darf Johann Heinrich Campe zu seinen Lehrern zählen. Der angehende Schriftsteller hält sich nur kurz im Hause Humboldt auf, hinterlässt aber Eindruck. Campe begeistert sich für Rousseau, er wird ihn übersetzen, er ist ein leidenschaftlicher Büchermensch, auf ihn wartet eine Karriere als Verleger, Pädagoge, Bestsellerautor. Campe setzt sich für Volksbildung ein und verdient damit Geld. Er gibt Wörterbücher heraus und publiziert 1779 »Robinson der Jüngere«, eines der ersten Kinder- und Jugendbücher überhaupt. Campe variiert den »Robinson Crusoe« von Daniel Defoe, der 1719 erschienen ist und das »Leben und die unerhörten Abenteuer des Robinson Crusoe, eines Seemanns aus York [erzählt], der 28 Jahre lang ganz allein auf einer unbewohnten Insel vor der Küste von Amerika lebte, nahe der Mündung des großen Orinoco-Stroms …«

Dahin will Alexander. Bereits 1781 veröffentlicht Campe »Die Entdeckung von Amerika«, Geschichten von Kolumbus und den Konquistadoren. Das Buch wird ein großer Erfolg. Auf der Liste der Subskribenten finden sich die Namen der noch sehr jungen Herren Wilhelm und Alexander von Humboldt. Sie gehören zum Zielpublikum des neuen Genres der Bücher für ein heranwachsendes Publikum, die zugleich belehren und unterhalten sollen. Wie Fernrohre wirken diese Bücher, sie lassen weit blicken. Wilhelm wird der Erste sein, der aufbricht. Er fährt 1789, nach dem Sturm auf die Bastille, mit Campe nach Paris. Anschließend plant der Schriftsteller eine Amerikafahrt, die aber nicht zustande kommt. Campe wollte, wie Alexander schreibt, »die Verfassung des nordamerikanischen Freistaats aus der Nähe studieren«, und Alexander, der einen solchen Ausflug für selbstverständlich hält, so wie er veranlagt ist, erwartet »täglich den Brief, worin Campe mir das Mitreisen anbietet«. Ihn lockt als Ideal der freie Staat, Freiheit misst sich in Entfernung. Die Freiheit scheint zuzunehmen, je weiter hinaus ein junger Mensch geht. Der preußische Frischling imaginiert die Geographie der Zukunft.

Die jungen Humboldts atmen den Lesestoff ein. Alexander wird einmal die Träume, die ihm aus Büchern entgegengewachsen sind, in eine neue Realität umsetzen. Bücher folgen Büchern, sie sind die globalen Transportmittel der Epoche, so wie die Schiffe. Alexander von Humboldts Werk wird wiederum Generationen von Forschern und Künstlern antreiben und auf den Weg bringen. Lesen, träumen, reisen, schreiben, das sind die vier Aggregatzustände des Geistes. Die fremden Namen der zu entdeckenden Welt haben sich ihm eingepflanzt. Aber noch werden ihm und seinem Bruder zuhause andere Dinge nahegebracht. Damit lässt sich später einiges anfangen, wenn erst einmal der lähmende Schulgeruch verflogen ist. Professoren der Philosophie und Nationalökonomie geben sich die Klinke in die Hand, es gibt Politikunterricht und Pflanzenkunde, die Jungen übersetzen die klassischen Schriftsteller. Wilhelm hat erst einmal mehr davon, er ist schließlich der Ältere und der Unterricht wird auf ihn zugeschnitten, Alexander kann oder will oft nicht folgen. Die breite Bildung ist auf der Höhe der Zeit. Ihre Mutter spart in diesem Punkt an nichts. Die Brüder bekommen die gebildetsten Lehrer, die in Berlin aufzutreiben sind.

Alexander gilt als Hypochonder, ein lust- und kraftloser Junge, und doch saugt er alles auf. In ihm wächst die Wildnis. Und es gibt noch etwas, das ihm neben den Reisebüchern Freude bereitet. Er zeichnet und malt Landschaften und Porträts. Damit beginnt er früh. Mit zehn entwirft er Karten des Planetensystems und Amerikas. Alexander nimmt professionellen Zeichenunterricht, sehr wahrscheinlich bei Daniel Chodowiecki, dem Direktor der Akademie der Künste in Berlin, er lernt das Radieren und den Kupferstich. 1786 stellt er eine

Arbeit in der Akademie aus. Das Sujet wirkt alles andere als jugendlich: »Die Freundschaft weint über der Asche eines Verstorbenen«. Es handelt sich um eine allegorische Zeichnung in schwarzer Kreide nach einem Bild der Malerin Angelika Kauffmann. Auch in den folgenden Jahren ist er mit eigenen Arbeiten vertreten, auch Marie-Elisabeth von Humboldt zeichnet, das gehört zum guten Ton. Und es mag auch ein zarter Hinweis sein, dass das Verhältnis Alexanders zur Mutter nicht immer nur distanziert war. Schließlich hat sie den Söhnen große Freiheiten gewährt, zwischen dem Landsitz Tegel und der Stadtwohnung in Berlin.

Im zweiten Band des »Kosmos« wird Humboldt Jahrzehnte später die Bilder und Bücher der frühen Jahre heraufholen: »Indem wir uns hier auf die einfache Betrachtung der Anregungsmittel zum wissenschaftlichen Naturstudium beschränken, erinnern wir zuerst an die mehrfach sich wiederholende Erfahrung, dass oft sinnliche Eindrücke und zufällig scheinende Umstände in jungen Gemütern die ganze Richtung eines Menschenlebens bestimmen. Kindliche Freude an der Form von Ländern und eingeschlossenen Meeren, wie sie auf Karten dargestellt sind; der Hang nach dem Anblick der südlichen Sternbilder, dessen unser Himmelsgewölbe entbehrt; Abbildungen von Palmen und libanotischen Zedern in einer Bilderbibel können den frühesten Trieb nach Reisen in ferne Länder in die Seele pflanzen. Wäre es mir erlaubt, eigene Erinnerungen anzurufen; mich selbst zu befragen, was einer unvertilgbaren Sehnsucht nach der Tropengegend den ersten Anstoß gab; so müsste ich nennen: Georg Forsters Schilderungen der Südsee-Inseln; Gemälde von Hodges, die Ganges-Ufer darstellend, im Hause von Warren Hastings zu London; einen kolossalen Drachenbaum in einem alten Turme des botanischen Gartens bei Berlin. Die Gegenstände, welche wir hier beispielsweise aufzählen, gehörten den drei Classen von Anregungsmitteln an, die wir früher bezeichneten: der Naturbeschreibung, wie sie einer begeisterten Anschauung des Erdenlebens entquillt: der darstellenden Kunst als

Landschaftsmalerei, und der unmittelbaren objektiven Betrachtung charakteristischer Naturformen.«

Die Kindheitserinnerung produziert den typisch distanzierten Humboldt-Sound, in dem es allerdings heftig brodelt und still glüht. Die große Reise beginnt in Tegel und der Natur des Berliner Umlands. Carl Ludwig Willdenow, ein Jugendfreund, lehrt den etwas jüngeren Humboldt das ordentliche Botanisieren. Willdenow, ein Apotheker, wird später Professor für Botanik und Direktor des Botanischen Gartens in Berlin, er entwickelt sich zu einem hoch geehrten, einflussreichen Wissenschaftler und wird Humboldt als Mitarbeiter bei der Auswertung der Lateinamerikareise zur Seite stehen. Das ist eine ganz typische Geschichte. Bei Humboldt verbindet sich die Freundschaft mit der Profession. Und solche Freundschaften halten bei ihm lang.

Alexander von Humboldt hat häufig das Glück, zur rechten Zeit am rechten Ort zu sein. Mitte der 1780er Jahre werden die Brüder in die Berliner Salons eingeführt, Alexander ist sechzehn Jahre jung. Es herrscht dort ein Geist der Aufklärung und Emanzipation. Die Debütanten machen sich mit Markus Herz bekannt, einem jüdischen Arzt und Physiker, der in seinem Haus Privatvorlesungen hält. Das wohlhabende Bürgertum entwickelt Selbstbewusstsein, es sind vor allem die jüdischen Kreise um Moses Mendelssohn, die sich aus dem Berliner Provinzmief erheben. »Jüdische Männer und Frauen aus der Elite ihres unterdrückten Volks haben die Brüder Humboldt aus der trockenen und pedantischen Atmosphäre Berlins und Tegels in gewisser Weise befreit, gehoben, gebildet, erzogen und zu sich selbst hingeführt«, schreibt Hanno Beck. In den Salons blüht Alexander auf, als wäre es die freie Natur. Schnell wird er ein guter Tänzer, versteht sich auf Konversation, parliert und charmiert, teilt freche Bemerkungen aus. Hier bildet sich schon früh ein Teil seines Netzwerks. Im Salon trifft er Rahel Levin, die den Schriftsteller, Offizier und Diplomaten Karl August Varnhagen von Ense heiraten wird, Alexander

Der Schwarm der Berliner Salons:
Henriette Herz, 1788, Porträt von
Anna Dorothea Therbusch

von Humboldts Freund und Vertrauten der späten Berliner Jahre. Er lernt dort David Friedländer kennen, einen reichen jüdischen Reformer und Aufklärer und Gründer der jüdischen Freischule. Friedländer wird sein Bankier und Mäzen. Der Heißsporn Humboldt schlägt ein, am Rande zu stehen ist nicht seine Art. Ein undatiertes Porträt aus jener Zeit zeigt den vermutlich achtzehnjährigen Alexander: ein rundes Gesicht mit großen, leuchtenden Augen, sinnlicher Mund, auf den Backen ein dünner Bart. Mit leicht geneigtem Kopf blickt er den Betrachter unvermittelt an. Heftig schwärmt er für Henriette Herz, die Frau von Markus Herz. Sie ist fünf Jahre älter als Alexander und siebzehn Jahre jünger als ihr Mann. Ihre Familie stammt aus Portugal, der Vater leitet das Jüdische Krankenhaus. Sie besitzt eine hinreißende Ausstrahlung, ist der Mittelpunkt des Salons. Alexander schreibt ihr schwärmerische Briefe auf Englisch oder Hebräisch, preist ihre Klugheit, ihr Temperament, ihren Humor. Auch Wilhelm

kann nicht genug bekommen von ihr. Er schickt Henriette Liebesde-
peschen in einer deutlicheren Sprache.

Von Hannah Arendt stammt ein berührendes Porträt der Henriette Herz. Sie zeichnet es in ihrem Buch über Rahel Varnhagen.
Bereits in der Jugend habe Henriette »das letzte gleichsam physische
Hemmnis der Assimilation, die jüdische Tradition« überwunden.
Das Christentum habe ihr Friedrich Schleiermacher vermittelt, der
evangelische Theologe und Philosoph. Arendt formt das Bild einer
überaus klugen, attraktiven Frau nach: »Sie lässt sich trotzdem erst
verhältnismäßig spät taufen, weil sie erst den Tod ihres Mannes und
dann den ihrer Mutter abwarten muss. Sie ist geachtet, weil sie sehr
tugendhaft ist, sie wird viel geliebt, weil sie sehr schön ist. Man nennt
sie kalt, weil nichts zu ihr dringt, weil sie unberührt bleibt.«

Tüchtige Privatlehrer und die exquisite Schule der Salons sprechen
gegen das weitverbreitete Klischee von Humboldts freudlosem Start
ins Leben. Er wird mit offenen Armen und offenem Geist empfangen.
Zielsicher findet er die Inseln der Bildung und Kultur im Preußen
jener Jahre. Die Lesegesellschaft diskutiert Kant, Männer und Frauen
debattieren über die Aufklärung, vorgetragen werden lyrische und
dramatische Werke. Wie weit die Beziehung der Brüder zu Henriette
Herz tatsächlich gegangen ist, die sich gern mit jungen, intelligenten
Männern umgibt und das Flirten versteht, ist der Phantasie überlassen. Hannah Arendt bleibt in ihrer Charakterisierung Henriettes
dabei: Verliebtsein habe sie die »verderblichste Gabe der Götter«
genannt und jede Leidenschaft abgewehrt. In der Literatur heißt es,
Alexander habe Henriette, »diese dunkeläugige Jüdin«, wie Douglas
Botting 1973 in »Humboldt and the Cosmos« schreibt, zum Idealbild
der Frau gemacht, dem keine andere je nahe gekommen sei. Während
Wilhelm sich tatsächlich etwas bei ihr ausgerechnet hat.

Von Alexander ist ein kleiner liebespsychologischer Text über-
liefert. Darin macht sich der junge Mann über sich selbst lustig und
legt Henriette die folgenden Worte in den Mund: »Humboldt, der

versteht die Kunst zu lachen. Sind die Menschen unterhaltend, so lacht er mit ihnen. Sind sie langweilig, so lacht er über sie. Die Moral ist nicht übel.« Darauf heißt es, er sei in sich selbst verliebt. Das sagt der Narziss über den Narziss, über sein eigenes Spiegelbild gebeugt. Alexander gibt hier eine frühe Kostprobe seines erschreckenden Talents, sich selbst aus der Distanz zu betrachten, wie eine Pflanze, wie einen Stern am Himmel. Eines Tages wird sich eine in Alexander verliebte Gräfin bitter beklagen, dass »hinter seinem steten Lächeln eine Eisschicht lag, die nie schmelzen wollte«. Es fällt ihm offensichtlich leichter, etwas für die Schönheiten der Natur zu empfinden als für einen Menschen, und das schließt ihn selbst mit ein. Sein Einsamkeitsmodus bildet sich früh.

Er lernt sehr schnell bei diesen Abenden in den Berliner Salons. Auf dem gesellschaftlichen Parkett wachsen dem jungen Träumer aus dem Tegeler Forst Flügel – in ein paar Jahren Paris, Madrid, Washington! Humboldt spürt, welchen Einfluss er auf Menschen ausüben kann, wie Poesie und Wissenschaft und Politik zusammenhängen und dass sie Werkzeuge der Freiheit sind, wenn man sie nur richtig zu nutzen und zu verbinden versteht. In den jüdischen Kreisen verkehren Menschen, die Neues suchen und wollen. Gesprächskultur, Offenheit, Vielfalt der Themen, Weltläufigkeit, Neugier vermitteln sich einem Herangewachsenen, der erkennt, dass Wissen kein toter Stoff ist, vielmehr ein Weg hinaus ins Freie, dass die in den Büchern ausgefaltete andere Welt tatsächlich existiert. Die kulturellen Mittel, die ihm dank seiner Herkunft zur Verfügung standen, hat der junge Preuße optimal ausgeschöpft. Viel verdankt er seinen jüdischen Freunden und Mentoren, die Gesellschaft der Salons lehrt ihn ein robustes Grundempfinden von Loyalität. Moses Mendelssohn, der Kämpfer für religiöse Toleranz und jüdische Emanzipation, stirbt 1786. Alexander nimmt an der Leichenfeier teil.

Kapitel 3
Universitäten und Jungfernreise

ES DAUERT NOCH EINE WEILE, bis er Entscheidungen für sich alleine trifft. Fürs Erste folgt er den höheren Familiengewalten. Er kann, das zeigt sich schon, abwarten, bis der Zeitpunkt zum Absprung gekommen ist. Er führt von früh an ein kalkuliertes Leben. Spontaneität hat bei Alexander ein planerisches Element.

Die Universität in Frankfurt an der Oder genießt keinen besonderen Ruf, aber sie liegt nur eine Tagesreise von Berlin entfernt, und das gibt den Ausschlag. Die Humboldt-Brüder sollen in Reichweite der Mutter bleiben, obendrein begleitet sie der Hauslehrer Kunth zum Studium. Sie bereiten sich, so sieht es aus, auf den zivilen Staatsdienst vor. Der Ältere wird im Herbst 1787 bei den Rechtswissenschaften eingeschrieben, der Jüngere studiert Kameralia. Das ist ein praktisches Gebiet, der Unterricht geht über Eisengewinnung, landwirtschaftliche Fragen, Tuchherstellung. Alexander langweilt und mokiert sich schnell, das liegt in seiner Natur, doch im Prinzip ist er hier nicht ganz falsch, denn er wird sich in Zukunft immer wieder mit Ökonomie im Großen und im Kleinen befassen. Er findet Wege, anderes zu beginnen, hört theologische Vorlesungen, übt sich in Latein und lernt gegen Ende des ersten Semesters Wilhelm Gabriel Wegener kennen, einen seiner treuesten Freunde.

Schon im Frühjahr 1788 kehren die Humboldt-Brüder nach Berlin zurück. Ihrem Wunsch wird entsprochen. Wilhelm zieht bald weiter zum Studium nach Göttingen, Alexander verbringt noch ein Jahr zuhause und nimmt die Privatstudien wieder auf. Physik, Mathematik,

Johann Heinrich Schmidt:
Alexander von Humboldt, Jugendbildnis

Zeichnen und Philosophie stehen auf dem Plan. Und die Botanik, die ihn mit Freund Willdenow verbindet. Alexander lernt und arbeitet am besten in Gesellschaft enger Vertrauter. Aus Freundschaften bezieht er seine Energie. Im April 1789 geht es auch für ihn nach Göttingen, an die bedeutende Universität. Natürlich hört das Schimpfen und Schwärmen nicht auf. In einem Brief an Wegener aus der frühen Göttinger Zeit nennt er die Stadt »ein wüstes Land« und gesteht: »Je länger ich Dich kenne, desto teurer wirst Du meinem Herzen, je weiter ich mich von Dir entferne, desto stärker wird meine Sehnsucht nach Dir.« Es folgt eine dieser für Alexander von Humboldt charakteristischen Selbstbetrachtungen. Der noch nicht Zwanzigjährige sinniert: »Ich bin bereit, den ersten Schritt in die Welt zu tun, ungeleitet und ein freies Wesen. (…) Du kennst mich, lieber Wegener, unter meinen Freunden am besten. Du magst es selbst beurteilen, ob Du mich stark genug hälst, allein auf dem schlüpfrigen Pfade des Lebens zu wandeln.«

Sein Verstand arbeitet schnell und klar, er eilt voraus, das macht einem so jungen Menschen zu schaffen. Er sieht weiter, tiefer als seine Altersgenossen. An Wegener schreibt er, Genuss der reinsten, unschuldigsten Freude bringe ihm nur die Beschäftigung mit der Natur. Und da glaubt man sich verlesen oder im Jahrhundert geirrt zu haben, wenn Humboldt feststellt: »Je mehr die Menschenzahl und mit ihr der Preis der Lebensmittel steigen, je mehr die Völker die Last zerrütteter Finanzen fühlen müssen, desto mehr sollte man darauf sinnen, neue Nahrungsquellen gegen den von allen Seiten einreißenden Mangel zu eröffnen. Wie viele, unübersehbar viele Kräfte liegen in der Natur ungenutzt, deren Entwicklung tausenden von Menschen Nahrung oder Beschäftigung geben könnte. Viele Produkte, die wir von fernen Weltteilen haben, treten wir in unserem Lande mit Füßen, bis nach vielen Jahrzehnten ein Zufall sie entdeckt.« Kaum zu glauben, aber er entwickelt Gedanken zu nachhaltiger Landwirtschaft. Nahrung für alle, Arbeitsplätze, vernünftiger Umgang mit Ressourcen, zumal im lokalen Bereich, mit dem Hinweis auf Umweltzerstörung durch den Unsinn, Güter und Lebensmittel von weit her zu importieren, die lokal angebaut und hergestellt werden können. Im Grunde umreißt Humboldt schon die Strukturen des globalisierten Handels und plädiert für nachhaltige Nahrungsmittelproduktion.

In Göttingen trifft er auf Koryphäen wie den klassischen Philologen Christian Gottlob Heyne, den einflussreichen Naturforscher Johann Friedrich Blumenbach, den scharfsinnigen Physiker Georg Christoph Lichtenberg, dessen spottlustige Reflexionen und Sentenzen herausstechen aus der deutschsprachigen Literatur. All diese Göttinger Gelehrten weisen über die norddeutsche Kleinstadt hinaus, und es hält Humboldt nicht länger am Ort. Im September 1789 bricht er zusammen mit dem holländischen Arzt und Botaniker Steven Jan van Geuns zu einer naturhistorischen Studienreise durch Deutschland auf, die knapp zwei Monate dauert. Es geht über Kassel und Frankfurt am Main zur Bergstraße, in die Pfalz zum Rhein bis Düsseldorf. Während sich Horden von jungen englischen, französischen und deutschen Adligen auf der Grand Tour in Italien herumtreiben, auf antiken Trümmern herumstolpern, abgezockt werden, über Dreck und Armut klagen und sich venerische Krankheiten einfangen, unternimmt Humboldt »Mineralogische Beobachtungen über einige Basalte am Rhein«. So der Titel seines ersten eigenen Buchs, das Campe 1790 in Braunschweig publiziert. Dabei geht es um nichts weniger als die Entstehung der Erdoberfläche. Die Neptunisten glauben an das Meer als Mutter aller Landschaften, das ist damals noch die vorherrschende Meinung. Dagegen steht der Vulkanismus, damit argumentieren die Plutonisten. Sie sind der Ansicht, die Gesteinsformationen seien aus dem heißen Erdinneren gekommen und hätten die Erde geformt. Sie hatten recht. Humboldt hält sich in der Frage offen.

Die »Mineralogischen Betrachtungen« sind aber nicht nur naturhistorisch, sondern ebenso hinsichtlich Humboldts Wahrnehmung der Antike aufschlussreich. Er hat die klassischen römischen und griechischen Autoren präsent und wendet dieses Wissen auf der Rhein-Reise an. Er fragt nach der Entstehung der antiken Bauwerke, denkt über Gesteinsarten und Architektur nach. Das unterscheidet ihn deutlich von den oberflächlichen Sightseeing-Jünglingen, die ein vorgezeichnetes Programm absolvieren.

All die Gelehrten, die tollen Vorlesungen, die Kommilitonen, schön und gut. Aber er ist schon wieder fertig mit Göttingen. Getrieben von einem »Geist der Unruhe«, wie er es nennt, einem »Streben nach Tätigkeit, das mich plagt. Aus dieser inneren Unruhe erkläre ich es mir, warum große körperliche Anstrengung mich so schnell aufheitert. Es ist dann eine Art Gleichgewicht im physischen und moralischen Menschen.« Es ist wieder so, als würde er über einen anderen sprechen. Alexander ist hart gegen sich selbst: »Sinnliche Bedürfnisse kenne ich nicht. Ja selbst der Umgang und die Freundschaft kenntnisvoller Menschen ist mir gleichgültig, wenn ich nicht im Moralischen mit ihnen harmoniere.« Das Moralische meint hier das Seelische: »Um nicht kalt und unteilnehmend zu erscheinen, muss ich Interesse für so viele Dinge affektieren, die mir gleichgültig sind. Ich habe es mir, eben so sehr aus Eitelkeit, einen angenehmen Eindruck zu machen, als aus Gutmütigkeit, zur Pflicht gemacht, jedem etwas Verbindliches zu sagen, mich in die Laune und die individuelle Lage jedes Menschen zu fügen, so dass mir vieler Umgang oft ein Zwang wird.« Hier spricht ein Diplomat, der in Gesellschaft seine Rollen spielt, Smalltalk beherrscht und einen Raum mit Menschen so eingekapselt verlässt, wie er ihn betreten hat. Humboldts Selbstanalyse hat Züge einer Depression. Er geht nach Hamburg und setzt an der Handelsakademie seine sprunghaften Studien fort. In der Hafenstadt trifft er auf ein internationales Publikum. Die Studenten kommen aus wohlhabenden Verhältnissen, genießen Privilegien. Alexander lernt Spanisch.

Davor aber liegt seine erste große Tour über deutsche Grenzen hinaus, von Ende März bis Ende Juli 1790. Es wird seine Jungfernreise und er hätte dafür keinen besseren Führer und Begleiter finden können. Über seinen Bruder Wilhelm lernt er Georg Forster kennen, den Weitgereisten, den Schriftsteller, das Idol aus der Kindheit. In Tegel hat er ihn gelesen. Forster lebt inzwischen als Bibliothekar in der katholischen Residenzstadt Mainz, er ist verheiratet, hat zwei Kinder und fügt sich eine Weile recht solide ins Familienleben. Als aus Frankreich die Wellen der Revolution herüberschlagen, hält er es zuhause nicht mehr aus. Er macht eine heftige Sinn- und Schaffenskrise durch, eigentlich seine Grundbefindlichkeit. Schwer zu sagen, wer da wen mitgezogen hat: der eingesperrte Abenteurer den auf Erfahrung brennenden Studenten oder umgekehrt. Forster lässt sich nicht lange bitten, Humboldt zögert nicht.

Mit ihm erkundet Alexander Belgien, Frankreich, die Niederlande und England. Vier Monate sind sie, Lehrling und Meister, in einem aufgewühlten Europa unterwegs. Am Ende ist es noch nicht Humboldt, sondern Forster, der das Buch schreibt: »Ansichten vom Niederrhein«. Der Titel gleicht einer Tarnung, verbirgt er doch ein epochales Werk. Forster versteht sich als Revolutionär, ein deutscher

Georg Forster, Porträt
von J. H. W. Tischbein, 1785

Jakobiner. Als Junge hat er mit James Cook die Welt umsegelt, er *war* schon berühmt. Seine Schreiberfahrung ist immens, sein Beobachtungs- und Kombinationstalent entscheidend für Humboldt, der zu der Zeit einundzwanzig Jahre zählt; Forster, 1754 in der Nähe von Danzig geboren, ist Mitte dreißig. Mit dem preußischen Landsmann Heinrich von Kleist (1777 – 1811) lässt sich hier vom allmählichen Verfertigen der Gedanken beim Reisen sprechen: »Ich glaube, dass mancher großer Redner, in dem Augenblick, da er den Mund aufmachte, noch nicht wusste, was er sagen würde. Aber die Überzeugung, dass er die ihm nötige Gedankenfülle schon aus den Umständen, und der daraus resultierenden Erregung seines Gemüts schöpfen würde, machte ihn dreist genug, den Anfang, auf gutes Glück hin, zu setzen.« Das Reden und Reisen, das Unterwegssein und das Schreiben gehen einher. Es sind schon die Muster zu erkennen, denen Humboldt zeit seines Lebens folgen wird: Humboldt reist nie allein, sondern stets in animierender Gesellschaft. Wobei die Route geplant spontan verläuft. Gezielt lassen sie sich treiben.

Wie es sich ergibt, besuchen sie die schon Jahrhunderte ruhende

Baustelle des Kölner Doms und die Düsseldorfer Gemäldegalerie, den Dom in Aachen. Landschaft, Leute, Felder und Industrie, mittelalterliche Städte. Forster spürt den Atem einer neuen Zeit. Seine politische Geographie strebt zur ganzheitlichen Beschreibung. Er räsoniert beim Besuch einer Tuchfabrik im holländischen Vaals über Religionsfreiheit und Welthandel. Gedanken über Tyrannei, Pfaffenmacht und Bürgerrecht sind seine ständigen Begleiter, er feiert den »metaphysischen Reichtum«, den sich ein Künstler »aus unbefangenen Anschauungen der Natur« erwerben kann, vom Apoll von Belvedere geht es da gleich zu Demosthenes und Cicero, den Klassikern der politischen Rede, zum Propheten Mohammed bis zu David Garrick, dem berühmten Shakespeare-Schauspieler. »Gent ist eine große, schöne, alte Stadt«, freut sich Forster – vor allem über die hübschen flämischen Frauen, in denen er das Ebenbild der Kunst von Rubens erkennt. Für den Genter Altar der Brüder van Eyck hat er kein Auge. Der Komposition fehle es an Ordnung und Klarheit, Wirkung und Größe. Die sozialen Hierarchien der besuchten Landstriche spürt dieser Reisende körperlich: »Allein es ist ja alles hier gleichsam darauf angelegt, den alten Vorurteilen einen Charakter heiliger Unfehlbarkeit aufzuprägen.«

Georg Forster hat es nicht in den Kanon der Klassiker geschafft. Dafür gibt es viele Gründe. Mit seiner intellektuellen und schriftstellerischen Qualität hat es nichts zu tun. Es schadet ihm, dass sein Hauptwerk, »Reise um die Welt – auf Kosten der Großbritannischen Regierung zur Erweiterung der Naturkenntnis unternommen und während der Jahre 1772 bis 1775 in dem von Capitain J. Cook commandierten Schiffe The Resolution ausgeführt«, so der volle Titel, zuerst auf Englisch erschien und nachher erst auf Deutsch. Und dass es keine deutsche Expedition war. Er gilt als politischer Hitzkopf, glückloser Revolutionsschwärmer, ein auf brutale Weise Unvollendeter. In der preußischen König- und Kaiserzeit, über das gesamte 19. Jahrhundert, wird Georg Forster, der Radikale, von der

Literaturgeschichte vergessen und verdrängt. Humboldt hat die Erinnerung an ihn stets hochgehalten, an ihm liegt es nicht, dass Forster an den exotischen Rand geriet – er, der letzten Endes viel mehr von der Welt gesehen hat als Alexander von Humboldt. Er ist sehr jung in den Indischen Ozean gesegelt, nach Polynesien und Neuseeland, in die Antarktis und um Kap Hoorn zu den Osterinseln. Jetzt ist er als erwachsener Mann mit Humboldt Richtung Nordsee unterwegs.

Die »Ansichten vom Niederrhein« erscheinen zwischen 1791 und 1794 in drei Bänden in der Vossischen Buchhandlung Berlin. Sie sind voller Empathie für die unfreien, geknechteten Menschen, denen die Reisenden begegnen – ein kaum versteckter Aufruf zur Umwälzung. Forster lässt das Land, die Steine, die Verhältnisse für sich sprechen. Er unternimmt als Schriftsteller etwas Revolutionäres: »Forster wendet auf die europäischen Staaten jenen kultur- und politikwissenschaftlichen und jenen ethnologischen Blick an, den er während seiner Weltumseglung ausgebildet und anhand exotischer Völker erprobt hat«, bemerkt Jürgen Goldstein in seiner Forster-Biographie »Zwischen Freiheit und Naturgewalt« (2015). Man könnte mit Blick auf Humboldt und seine Zeitgenossen sagen: zwischen revolutionärer Gewalt und Naturerwachen. In der Vorrede zu den »Ideen zu einer Geographie der Pflanzen« wird Humboldt 1807 bemerken: »Seit meiner frühesten Jugend hatte ich Ideen zu einem solchen Werke gesammelt. Den ersten Entwurf zu einer Pflanzen-Geographie legte ich meinem Freunde Georg Forster, dessen Namen ich nie ohne das innigste Dankgefühl ausspreche, vor.«

Im Lauf einer Biographie wächst die Versuchung, bestimmte Daten und Ereignisse über die Maßen zu stilisieren, ihnen eine überproportionale Bedeutung zu verpassen, damit sich die Sache rundet. Was Alexander von Humboldt und den 13. April 1790 angeht, besteht in dieser Hinsicht keine Gefahr. Im Gegenteil: Das Erlebnis jener Tage ist eine Initiation. In Dünkirchen sieht Alexander zum ersten Mal das Meer. Er ist zu Tränen gerührt, in ihm braust es auf, er weiß nicht, wie ihm geschieht. Ein Traumziel ist erreicht. Weltreisen, wie sie ihm vorschweben, sind gleichbedeutend mit Seereisen. Und da liegt die Nordsee – und dahinter ferne Länder. Vor Humboldt liegt noch, was Forster längst hinter sich hat. Den Weltumsegler, der jetzt in Bibliotheken hockt und fremde Bücher sortiert, übernehmen am Strand von Dünkirchen die Erinnerungen: »Seit zwölf Jahren zum ersten Mal begrüßte ich hier wieder das Meer. Dem Eindrucke ganz überlassen, den dieser Anblick auf mich machte, sank ich gleichsam unwillkürlich in mich selbst zurück, und das Bild jener drei Jahre, die ich auf dem Ozean zubrachte und die mein ganzes Schicksal bestimmten, stand vor meiner Seele. Die Unermesslichkeit des Meeres ergreift den Schauenden finstrer und tiefer als die des gestirnten Himmels. Dort an der stillen, unbeweglichen Bühne funkeln ewig unauslöschliche Lichter. Hier hingegen ist nichts wesentlich getrennt; ein großes Ganzes, und die Wellen nur vergängliche Phänomene. (…) Nirgends ist die Natur furchtbarer, als hier in der unerbittlichen Strenge ihrer Gesetze; nirgends fühlt man anschaulicher, dass, gegen die gesamte Gattung gehalten, das Einzelne nur die Welle ist, die aus dem Nichtsein durch einen Punkt des abgesonderten Daseins wieder in das Nichtsein übergeht, indes das Ganze in unwandelbarer Einheit sich fortwälzt.«

Humboldt schaut das Meer mit Entzücken, im Bewusstsein, dass er hierhingehört. Dieser junge Mensch wird seinen Verstand, seine Sinnesorgane und sein Gefühl wie Instrumente zu benutzen lernen, die den Blick auf die Welt verändern. An der Nordsee geht die Linse seiner Naturwahrnehmung weit auf, mit dem subjektiven Empfinden des romantischen Freigeists. »Tief zwar sind deine Fußstapfen am öden sandigen Strand; doch ein leiser Wind weht darüber hin, und deine Spur wird nicht mehr gesehen.« Dies sind Worte des Malers Caspar David Friedrich, die das berühmte Bild vom »Mönch am Meer« mehr deuten als beschreiben. Das Gemälde entsteht erst um 1810, aber Forster und Humboldt wirken plastisch wie friedrichsche

Rückenfiguren, wie sie da auf die See blicken, am Rand des europäischen Kontinents, zwanzig Jahre zuvor.

Auf dem Meer liegt die Freiheit und die Zukunft der Menschheit. Humboldt weint vor Rührung und träumt. Die Reise geht derweil weiter über den Kanal nach England. Mit vollem Programm in London und Umgebung: Musik in Westminster, Parlamentsdebatte, Bibliotheken und Herbarien, botanische Gärten, Schloss Windsor, das große Teleskop des Astronomen und Uranus-Entdeckers William Herschel werden auf der Tour besucht. Sie reisen in den Norden bis Birmingham, eine Stadt der Fabriken und schreiender Armut, und über Dover zurück nach Calais. Forster bewundert Humboldts Fähigkeit, selbst in unbequemsten Lagen Schlaf zu finden, ein Talent, das Alexander in seinem bewegten Leben sehr helfen wird. Der junge Mann ist aufgewühlt von den Eindrücken der Nordeuropareise, er habe viel Ruhe gebraucht und sei schwer aus dem Schlaf zu wecken gewesen, berichtet Forster. Es scheint, als habe Humboldt eine Inkubationsphase durchgemacht: Ein künftiger Weltreisender schält sich heraus aus seiner eingegrenzten Welt der Studien und Phantasien. Anfang Juli 1790 erreichen die beiden Paris, das sich auf das Föderationsfest vorbereitet. Der König und die Stände schwören auf die Nation und die Verfassung. Die Stimmung ist ausgelassen, naiv. Humboldt packt mit an, macht sich auf dem Marsfeld bei den Aufbauarbeiten für die Fete der Solidarität nützlich, genießt den Taumel und notiert ein gutes Jahr später: »Der Anblick der Pariser, ihre Nationalversammlung, ihres noch unvollendeten Freiheitstempels, zu dem ich selbst Sand gekarrt habe, schwebt mir wie ein Traumgesicht vor der Seele.«

Das helle Traumgesicht wird zum Alptraum. Die Französische Revolution erfindet das maschinelle Töten, das gegenseitige Abschlachten der Protagonisten widerspricht jeder Vernunft. Humboldt kann blutige Umwälzungen ebenso wenig ertragen wie Menschenhandel und Sklaverei. Er ist, seltsam in einem so langen Leben in revolutionären Zeiten, nie direkt an einem Kriegsgeschehen beteiligt. Forster sieht er nach Paris nicht wieder. Er bleibt dem Weltumsegler tief verbunden und würdigt ihn an entscheidenden Stellen seines Werks. In Humboldts »Ansichten der Natur« weht nicht nur im Titel das Echo des Forster-Buchs von der gemeinsamen Reise.

Der Unglückliche ist eine Fundgrube nicht nur für Humboldtianer. In seinen Essays zur Weltgeschichte schreibt Forster, Georg Büchners Fatalismusbegriff um ein halbes Jahrhundert vorwegnehmend: »Der Gang so vieler Revolutionen, die sich immer ähnlich sind, so manches auch die Verhältnisse des Orts und der Zeit darin ändern, zertrümmert also offenbar jene idealischen Systeme, die auf eine grundlose Hypothese erbaut sind. Was in Asien vor etlichen Jahrtausenden, in Peru und Mexiko vor wenigen Jahrhunderten geschah, was in den Inseln des Südmeeres noch vor unsern Augen geschieht, würde unter ähnlichen Umständen, so oft auch das Menschengeschlecht in den angeblichen Stand der Natur zurück träte, immer wieder geschehen. Die ersten Kriege, selbst der Wilden, enthalten einen Keim der Kultur; denn indem der Eroberer seines Sieges genießt, vermehren sich seine Bedürfnisse. Luxus, Kunst und Wissenschaft, die Kinder einer Geburt, vermählen sich miteinander und bringen eine neue Brut – Ungeheuer und Genien – zur Welt. Wer über diesen Kreislauf der Begebenheiten unmutig werden kann, der klage über Winterschnee und Sommerhitze, oder über den Wechsel der Nacht mit dem Tage; er klage über alles in der ganzen Natur, was dem Wechsel unterworfen ist, und – vergesse, dass nur durch diesen unaufhörlichen Wechsel alles besteht.« Humboldt wirkt dagegen wie ein Idealist, er glaubt an Fortschritt und Besserung.

Der Sommer 1791 bringt große Veränderungen. Wilhelm von Humboldt heiratet Caroline von Dacheröden und lebt jetzt auf ihren Gütern in Thüringen. Alexander setzt sich mit seinem Wunsch durch, Bergbau zu studieren. Für knapp neun Monate geht er nach Freiberg in Sachsen. Die Ausbildung an der renommierten Bergakademie zieht Studenten aus aller Welt an. Minenwirtschaft gehört zum Ausbeutungsprogramm der spanischen Kolonien in Übersee, in Eldorado-Land. In Freiberg findet Alexander von Humboldt ideale Bedingungen vor. Ihn fasziniert der Stoff, Mineralogie, Geologie, Maschinenkunde, und die Vorlesungen münden direkt in praktische Erfahrung. Der progressive Lehrplan wird von Abraham Gottlob Werner verfolgt, einem ausgezeichneten Pädagogen und Wissenschaftler.

In Freiberg arbeiten die Studenten täglich bis zu fünf Stunden unter Tage. Humboldt ist das noch nicht genug. Er findet ein eigenes Forschungsfeld, studiert das Wachstum diverser Pflanzen in der Dunkelheit der Gruben, stellt Experimente an und bemerkt, dass die Chemie in deutschen Landen weit zurückhängt hinter dem Wissensstand in Frankreich. Das betrifft vor allem Fragen der Oxydation von Metallen und des Verbrennungsprozesses. Charakteristisch für Humboldt: Wohin er auch kommt, er sieht Optimierungs- oder Nachholbedarf. Er wohnt bei Johann Carl Freiesleben, dessen Familie auf eine lange Bergmannstradition zurückschaut. Sie schließen Freundschaft und bleiben auch später in Verbindung. Auf einer ausgedehnten Reise durch Böhmen besichtigen sie Granatgruben, Glasfabriken, Steinkohlewerke. Freiesleben versteht viel von der Bergbaukunst, sie haben gemeinsame Interessen, arbeiten Seite an Seite. Alexander ist verliebt, auf seine Art.

Einmal schreibt Humboldt an seinen Carl: »Sonderbar, dass wenn man aus der Grube kommt, alles stärker auf das Gefühl wirkt. Ich habe die Tränen im Auge, indes ich dies schreibe.« Der Brief kommt aus Bayreuth. Humboldt ist Staatsbeamter im preußischen Bergbau. Seine Studien hat er ohne Examen abgeschlossen. Er entwickelt auf vielen Gebieten seine Einsichten und Ansichten als Autodidakt. In der praktischen Arbeit kann er nachhaltig Wissen erwerben, unter Tage, unterwegs.

Georg Forster stirbt 1794 krank und verarmt in Paris, ein Revolutionär als Opfer der Revolution.

Kapitel 4
Bergbau und Höhenflüge

HUMBOLDT WIRKT WIE EIN FREIES RADIKALES ELEMENT. Ist er als Abgesandter der Zukunft in der Zeit zurückgegangen, um die Weltgeschichte voranzubringen? Oder taucht der vor 250 Jahren Geborene plötzlich mit verblüffenden Einsichten und Ansichten bei uns auf? Er scheint in den Epochen hin- und herzugehen, die allerdings viel dichter beieinanderliegen und enger zusammenhängen als normalerweise wahrgenommen. Was sind, wenn einer die Gebirge und die Pflanzen studiert, schon ein paar hundert Jahre? Und doch: Wie hat der menschliche Einfluss in dieser kurzen Spanne den Planeten verändert, was wurde aus ihm herausgeholt und unwiederbringlich zerstört!

Ende des 18. Jahrhunderts arbeiten in Preußen die meisten Betriebe noch mit Technik aus grauer Vorzeit. Sie sind unwirtschaftlich, kaum konkurrenzfähig und die Arbeitsbedingungen schreien zum Himmel. Das Land dürstet nach Reformen. Die Forstwirtschaft experimentiert mit Nutzpflanzen und Düngemitteln, um die Erträge zu steigern, die ersten Dampfmaschinen werden aufgestellt. Der preußische Staat verfolgt, wie Ursula Klein in ihrem Buch »Humboldts Preußen. Wissenschaft und Technik im Aufbruch« untersucht, »eine merkantilistische Wirtschaftspolitik, die darauf angelegt war, importierte Waren wie Kaffee, Tabak, Rohrzucker, Seide, Porzellan, Blaufarbe oder schwedisches Eisen durch einheimische Produkte zu ersetzen und so den Geldfluss ins Ausland zu drosseln.« Die neue Politik ist dem Bevölkerungswachstum sowie dem Bedürfnis nach billigeren Luxusgütern geschuldet. Alexander von Humboldt nimmt die frischen Ideen auf. Er ist Reformpreuße durch und durch. Aber etwas unterscheidet ihn von seinen Zeitgenossen. Er sucht Mittel, die Natur zu studieren, die Lebensbedingungen der Menschen erträglicher zu gestalten, ohne der Natur Gewalt anzutun. Wissenschaftliche Erkenntnis um ihrer selbst willen, blinder Fortschritt sind seine Sache nicht. In dieser Phase der technisch-ökonomischen Transformation, die bald die gesamte Gesellschaft erfasst, wird Alexander von Humboldt zum Assessor in einer Schlüsselindustrie ernannt: dem Bergbau. Er ist Anfang zwanzig.

Die Studienzeit ist vorüber, und sie beginnt erst jetzt – denn sein ganzes Leben gilt dem selbstbestimmten Studium der Naturwissenschaften. Unmöglich, dass Alexander nur eine Sache anfängt oder bloß zwei oder drei. Im Frühjahr 1792 nimmt er seinen Dienst im Berliner Ministerium auf. Er bekommt Jobs, die nach Beschäftigungstherapie aussehen. Oder nach Extremtest. Was kann der junge Schlaukopf? Er besichtigt Hüttenwerke und Kalkbrüche, Salinen, eine Torfstecherei. Was steckt hinter seinen losen Reden? Seine Berichte benennen die vielfältigen Mängel und sie enthalten Verbesserungsvorschläge. Vom ersten Tag an zeigt er seinen praktischen Verstand, dabei wird er mit der klebrigen Bürokratie und eitlen Beamtenhierarchie konfrontiert. Er steckt in einem System, das er verachtet, das aber jungen Talenten Möglichkeiten eröffnet. Es gärt in der preußischen Verwaltung, sie hält nicht Schritt mit der Expansion des Landes. Es dauert nicht lang und Humboldt gerät mit dem Oberbergrat, dem Freiherrn vom Stein, in heftigen Streit. Der junge Herr Assessor lässt sich nichts gefallen. Der cholerische Stein, ein Menschenverächter, fordert Humboldt auf einer gemeinsamen Inspektionsreise zum Duell mit Pistolen auf, zumindest hat er in einem seiner Wutausbrüche damit gedroht. Da war wohl Eifersucht auf die jugendliche Energie des Assessors im Spiel.

Besser läuft es mit einem anderen hohen Regierungsvertreter. Die Fürstentümer Ansbach-Bayreuth kommen 1792 zu Preußen, sie sind dem Freiherrn von Hardenberg unterstellt, einem Reformer. Im Frühsommer dieses Jahres ist Humboldt dorthin unterwegs, mit dem Auftrag, das Berg- und Hüttenwesen zu inspizieren. Er erledigt das in Windeseile und wird bereits im September, vor dem Abschluss seines schriftlichen Gutachtens, zum Oberbergmeister befördert. Besichtigungen führen ihn in die Salinen in Polen und Österreich. Wien gefällt ihm, dort herrsche eine andere »Humanität« als in Berlin. Fort will er immer.

1793 publiziert er sein erstes größeres wissenschaftliches Werk: die »Florae Fribergensis specimen«. Das Buch umfasst zweihundert Seiten, ist in lateinischer Sprache abgefasst, die darin ausgebreiteten Erkenntnisse und Gedanken gehen auf die Zeit an der Bergakademie in Freiberg zurück. Der junge Forscher beschäftigt sich zum einen mit den »unterirdischen kryptogamischen Pflanzen«, die ohne Licht gedeihen und grünen. Zum anderen treibt ihn die Frage nach dem Stoff des Lebens um, dem Stoffwechsel der Pflanzen, ihrer »Reizbarkeit« durch Chemikalien, er betrachtet das soziale Verhalten von Gewächsen. »Halb Feuerkopf und doch auch schon halb Pedant«, wie Herbert Scurla in seiner Humboldt-Biographie schreibt, verbindet Alexander chemisch-physikalische und botanische Untersuchungen und diskutiert methodologisch-philosophische Fragen – wie die Pflanzen sich über die Erde verbreitet haben im Laufe der Naturgeschichte und was Naturbeschreibung heißt. Von Immanuel Kant beeinflusst, postuliert Humboldt die Geographie als eigenes Wissenschaftsgebiet, das bisher gar nicht oder nicht genug beachtet worden ist.

In dem griechischen Wort *kryptogam* steckt so etwas wie das »verborgene Geschlecht«, ein dunkles Geheimnis. Alexanders spezielles Interesse an diesen Pflanzen fällt auf. Es ist reizvoll, sich vorzustellen, wie der in privaten Dingen äußerst diskrete junge Herr hier vielleicht ein Porträt seiner selbst zeichnet. Wie ein Organismus aus sich selbst herauswächst, in der dunklen Einsamkeit.

In der deutschen Übersetzung der »Florae Fribergensis« heißt es programmatisch: »Wie die einzelne Pflanze ihre ganze Lebenszeit in der Ausbildung ihrer Organe erschöpft, so dass ihre Geschichte auch ihre Physiologie ist, so auch die ganze Vegetation.« Und, vom Boden in den Äther blickend: »Die einzelne Pflanze beginnt mit der Erzeugung der Einheit, der Wurzel, deren Anfänge auch im Samenkorn zuerst erscheinen, und endet in der Vielheit, der Blume, folgend den ewigen Gesetzen, nach welchen sich die Himmelskörper bewegen.« Vom Acker zu den Sternen und umgekehrt: Die Perspektive, alles umfassend, wird charakteristisch für Humboldt. Der »Florae Fribergensis« gibt er eine Reihe von Pflanzenzeichnungen aus eigener Hand bei. In nuce präsentiert sich hier bereits das kommende Reisewerk, in der Verbindung von Text und Abbildung, Natur- und Welt-Erfahrung und ihrer Klassifizierung. Die Arbeit des Vierundzwanzigjährigen, der vom sächsischen König dafür eine Ehrenmedaille erhält und europaweit Beachtung findet, kündet von seinem unbedingten Anspruch und Ehrgeiz. Humboldt zeigt, dass er ungeheuer schnell arbeitet und dabei gründlich.

Im Juni 1793 tritt er sein Amt in Franken offiziell an. Es beginnt eine wilde Zeit. Sie endet dreieinhalb Jahre später mit seiner Demission aus dem Staatsdienst. Kaum jemand kann mithalten mit dem Tempo, das er vorgibt. Was ist dieser Stoff des Lebens: In Humboldts Praxis ist Leben unaufhörliche Arbeit, wobei er sich die Ziele selbst formuliert. Leben ist Bewegung. Ohne lange Rast reist er durchs Land, ist präsent und ansprechbar, gewinnt Respekt. So verhält sich kein Beamter. »Das Vertrauen der Menschen habe ich. Man glaubt, dass ich acht Beine und vier Hände habe, und das ist bei meiner Lage unter so faulen Offizianten schon sehr gut.« Und noch etwas lebt er vor: Leben heißt Empathie. Er wird die finstere, gefährliche Situation der Bergarbeiter aufhellen, etwas für ihre Familien tun. Bevor man denkt, da sei ein Heiliger am Werk: Er tut es auch für sich, genießt die Rolle des Sozialreformers. Er mag die Rolle, der Erste zu sein, der etwas Gutes und Überfälliges tut und auffällt. Er fragt sich: »Was ist es, das den Menschen so unüberwindlich an das Gebirge fesselt! Nie war ein Wunsch so lebhaft in mir, als jetzt der Wunsch nach Erz.« Humboldt sucht sich selbst.

Hier stellt sich einmal die Frage nach seiner Körpergröße. Was ist das für ein Mann, der in den Bergwerken herumkriecht, was für ein Typ stellt sich da vor die Arbeiter? Die Angaben zu seiner Physiognomie sind spärlich. Er misst etwas über 1,70 Meter, kein Riese, aber nicht klein für seine Zeit. Als klein werden seine Hände beschrieben, sein Wuchs feingliedrig. Aber er hat ein Auftreten. Er hält sich gerade, vielleicht etwas steif. Da betritt einer den Raum, der nicht aussieht, als würde er Befehle entgegennehmen. Alexander von Humboldt besitzt etwas Rares: eine natürliche intellektuelle Autorität. Mit Bergarbeitern redet er so gut wie mit Regierungsräten.

Es vergehen nur wenige Monate und er hat in Bad Steben, seinem fränkischen Hauptquartier, eine Schule für die Söhne der Bergbaufamilien eingerichtet. Er fragt in Berlin nicht um Erlaubnis und zahlt den Betrieb erst einmal aus eigener Tasche. Der Unterricht findet im Winter statt, nachmittags und abends. Humboldt will eine bessere Ausbildung für die künftigen Arbeiter im Stollen, er vermittelt Fachwissen, Rechtschreibung, Geographie und Rechnen, das Lehrbuch verfasst er selbst. Die Lehrer werden angewiesen: »Die Kinder brauchen nicht gequält zu werden.« Das soziale Engagement soll freilich auch der Ertragssteigerung im Bergbau dienen. Und der Sicherheit und Gesundheit. Humboldt schreibt, es gehe hier um die schlechte Luft, die Wetter unter Tage: »Knaben von blühendem Aussehen habe ich mit fürchterlichen Knochenkrankheiten befallen gesehen, bei anderen bringen die bösen Wetter Bleichsucht, Verhärtung der Drüsen, Paralysie der Extremitäten, herpetische Hautausschläge oder frühzeitiges Asthma hervor.« Niemand habe sich bisher darum gekümmert. Er setzt sich selbst diesen Wettern aus, entwickelt Maßnahmen zur Verbesserung der Atemluft, erfindet ein Atemgerät zur Rettung verunglückter Bergleute und eine Sicherheitslampe.

Die Bergschule erfreut sich großer Resonanz und tatsächlich wächst der Profit im fränkischen Revier. Humboldt erstattet ausführlich Bericht in die Hauptstadt und wird zum Bergrat befördert. Hardenberg beordert ihn dann sogleich nach Frankfurt am Main, wo die preußische Staatsführung mit Österreich und der französischen Revolutionsarmee Verhandlungen führt, die den nicht sehr haltbaren Frieden von Basel des Jahres 1795 bringen. Humboldt erledigt seine erste diplomatische Mission und es ist leicht zu sehen, wie steil von hier aus ein politischer Aufstieg hätte verlaufen können. Der preußische Staat braucht Talente. An beide Brüder von Humboldt wird immer wieder der Ruf ergehen, fürs Vaterland zu arbeiten. Zwischen Staatsbürgerpflicht und literarischen Plänen, oktroyierter Tätigkeit und Beschäftigung nach eigenem Wertmaßstab sucht Wilhelm Kompromisse, die beiden Seiten gerecht werden. Alexander dagegen verfolgt seine Ziele konsequent, sie liegen nicht am Hof oder in Ministerien. Im Übrigen arbeitet er fieberhaft an wissenschaftlichen Versuchsreihen. Es klingt wie das Mantra der humboldtschen Lebensbeschreibung: Humboldt schläft wenig, hält sich nicht bei den Mahlzeiten auf und denkt nicht an Erholung. Niemand vermag mit ihm Schritt zu halten. Dabei riskiert er mit seiner Überspanntheit und Übermüdung viel. Es wird wenigstens von einem Vorfall berichtet, bei dem er im Stollen um ein Haar ums Leben gekommen wäre. Er deliriert schon, als er aufgefunden und nach oben gebracht wird. Die Experimente, die er an sich ausführt, wirken ebenso bedrohlich. Sie münden 1798 in der zweibändigen Publikation »Versuch über die gereizte Muskel- und Nervenfaser, nebst Vermutungen über den chemischen Prozess des Lebens in der Tier- und Pflanzenwelt«. Also wieder die Frage: Was ist Leben, kann man es fassen, extrahieren, was ist dieser Stoff? Es sind gefährliche Selbstversuche, immer im Bereich der Möglichkeit einer tödlichen Sepsis. Humboldt schneidet sich den Rücken auf und testet die Wirkung von Metallen auf der blutigen Haut. Zuvor hat er Frösche, Mäuse und Eidechsen seziert, auf der Suche nach der animalischen Elektrizität, dem so genannten Galvanismus. Viertausend Experimente soll er auf diese Art aufgeführt haben. Den eigenen Leib traktiert er mit Chemikalien und Elektroden in den offenen Wunden, am Arm setzt er das Skalpell an.

Seinem Lehrer Blumenbach in Göttingen schildert er das Experiment: »Ich ließ mir zwei Blasenpflaster auf den Rücken legen (den trapezoiden und Deltamuskel bedeckend), jedes von der Größe eines Laubtalers. Ich selbst lag dabei flach auf dem Bauch ausgestreckt. Als die Blasen aufgeschnitten waren, fühlte ich bei der Berührung mit Zink und Silber ein schmerzhaftes Pochen, ja der musc. cucullar. schwoll mächtig auf, so dass sich seine Zuckungen aufwärts bis ans Hinterhauptbein und die Stachelfortsätze des Rückenwirbelbeins fortsetzten. Eine Berührung mit Silber gab mir drei bis vier einfache Schläge, die ich deutlich unterschied. (…) Meine rechte Schulter war bisher am meisten gereizt. Sie schmerzte heftig, und die durch Reiz häufiger herbeigelockte lymphatische seröse Flüssigkeit war rot gefärbt und, wie bei bösartigen Geschwüren, so scharf geworden, dass sie, wohin sie den Rücken herablief, denselben in Striemen entzündete.«

Hier malträtiert sich kein Verrückter in seiner Studierstube, vielmehr befindet sich die halbe wissenschaftliche Welt damals auf der Jagd nach den Geheimnissen der Physiologie, der Formel des Lebens. Seine galvanischen Werkzeuge hat Humboldt stets zur Hand, er führt sie mit sich im Reisegepäck. Und wenn er auch keinen alchimistischen Unsinn treibt, sondern über die elektrischen Experimente mit Kollegen in Europa korrespondiert, fällt doch sein Eifer auf, der Drang, sich Schmerzen zuzufügen. Wie oft hat Humboldt selbst, haben Menschen in seiner nächsten Umgebung von seiner Unfähigkeit gesprochen, Sinnlichkeit zu empfinden. Die galvanischen Experimente haben eine auffällig autoerotische Komponente. Bruder Wilhelm treiben andere Probleme um. Einmal erwähnt er in einem Brief an einen schwedischen Libertin »nächtliche Expeditionen«.

Idyll deutscher Klassik:
Die Humboldt Brüder mit Schiller und Goethe

Freund Gentz »hat von einer dieser Gesellschafterinnen den Tripper bekommen, und an mir hat sich die Prophezeiung wahr gemacht, die Sie mir oft sagten – die Filzläuse«. Wilhelm besucht Bordelle.

Von 1794 an hält sich Alexander häufig in Jena auf. Er besucht seinen Bruder und die Schwägerin Caroline, die 1897 das dritte Kind bekommt. Es lebt sich glücklich in der thüringischen Landschaft. Ein Stich aus der Zeitschrift »Die Gartenlaube« von 1860 idealisiert dieses Idyll, das Familienbild der deutschen Klassik. Goethe, Schiller und Wilhelm von Humboldt sitzen an einem Tisch vermutlich in Schillers Garten, Alexander steht hinter seinem Bruder, hat ihm den Arm auf die Schulter gelegt. Auf dem Tisch Obst und Wein. Hinter der Gruppe ein Gartenhaus – und die freie Natur. Sie sprechen über einen Text, Schiller hält das Manuskript in der Hand, er scheint vorzulesen, seine rechte Hand gibt die Betonung an. Schiller konzentriert, Goethe leicht melancholisch im Ausdruck, nicht ohne die Majestät, die Künstler ihm immerzu überziehen; vielleicht hat ihn der Textvortrag in Gedanken davongetragen. Die Humboldts entspannt aufmerksam, wenngleich Alexanders Ausdruck eine leichte Skepsis zeigt. Hier nicht im Bild: Wilhelms Frau Caroline und ihre Freundin Charlotte Lengefeld, Schillers Frau. Die beiden Familien leben in Jena, Goethe kommt aus Weimar herüber, Alexander aus Bayreuth.

Wie beschwerlich der Alltag sein kann, hat Dominik Graf in seinem schönen Film »Die Schwestern« über die Schiller-Familie nachempfunden. Die widrigen Reisen zu Pferd und in der Kutsche auf erbarmungswürdigen Straßen kosten Kraft und erfordern Geduld. »Um 1800 brauchte ein Brief von Frankfurt am Main nach Berlin neun Tage« mit der Post, schreibt Bruno Preisendörfer in seinem Buch »Als Deutschland noch nicht Deutschland war – Reise in die Goethezeit«. Krankheiten sehen sich auch gut gestellte Menschen hilflos ausgeliefert, Schiller drücken obendrein finanzielle Sorgen. Der Dramatiker fühlt sich Wilhelm von Humboldt nahe: »Er ist beides, ein äußerst fähiger Kopf und ein überaus zarter, edler Charakter.« Ihre philosophischen Gespräche, angestoßen von Kants Schriften, ziehen sich bis spät in die Nacht. Beide bewegt, was Schiller in der Schrift »Über die ästhetische Erziehung des Menschen« ausführt, die Frage der Bildung und Selbstbildung des Menschen, die Rolle des Schönen und die sinnliche Erfahrung in der Kunst. Und wie davon der Lauf der Geschichte beeinflusst ist. Wie entsteht Wissen? Es formt sich daraus für Alexander die Frage: Wie nehmen wir die Welt wahr und wie reagiert die Natur, wenn sie eingenommen wird von den Menschen, ihrer Politik und Wirtschaftsmacht?

Der unersättliche Wissenschaftler, der seine Seele an den Teufel verkauft, um die letzten Geheimnisse zu erforschen, um zu erkennen, »was die Welt im Innersten zusammenhält«, wie es Goethe formuliert – das verweist auf Alexander von Humboldt. Er besitzt die faustisch-mephistophelische Energie. Doch geht er nicht im Stil des Dr. Faustus über Leichen, rast nicht blind durch Länder und Zeiten. Vielmehr begegnet er fremden Kulturen mit Respekt und Verantwortung. Der Faust-Typ ist historisch betrachtet die Regel, ein Humboldt eher die Ausnahme. Manfred Geier gibt dem exklusiven Jenaer Kreis den hübschen Namen »Gruppe 94« – ohne dass es freilich Richtungskämpfe und Wettbewerbe gegeben hätte wie bei den Schriftstellern der »Gruppe 47«. Das literarisch-philosophische Quartett von 1794 besaß intimen familiären Charakter. Zwei Brüder und zwei Dichterfreunde schreiben Kulturgeschichte. Publikationsprojekte werden geplant und besprochen, das Ganze erinnert an eine tätige Sommerfrische. Gemeinsam besuchen sie an der Universität ein anatomisches Kolleg, sezieren und präparieren menschliche Körper. Es ist Wilhelm, nicht Alexander, der in der Anatomie »kannibalische Wut« an den Tag legt, worüber Alexander ätzt: »Wilhelm lebt und webt in den Kadavern. Er hat sich einen ganzen Bettelmann gekauft und (wie Goethe ihm schreibt) frisst menschliches Gehirn.«

»Gesprächsgenies«, wie Rüdiger Safranski in seiner Schiller-Biographie schreibt, sind alle vier. Goethe begeistert sich für Alexander von Humboldt, von ihm bekommen seine wissenschaftlichen Studien einen kräftigen Schub. Farbenlehre, Morphologie der Pflanzen, Gesteinskunde, Knochenlehre: Goethe forscht. Sein Haus in Weimar am Frauenplan wird einmal einem Naturkundemuseum gleichen. Goethe sammelt und sortiert. Wie Alexander ist er ein Augenmensch. 1793 schreibt er: »Sobald der Mensch die Gegenstände um sich her gewahr wird, betrachtet er sie in Bezug auf sich selbst, und mit Recht. Denn es hängt sein ganzes Schicksal davon ab, ob sie ihm gefallen oder missfallen, ob sie ihn anziehen oder abstoßen, ob sie ihm nutzen oder schaden.« Und er fragt: »Inwiefern die Idee, Schönheit sei Vollkommenheit mit Freiheit, auf organische Naturen angewendet werden könne.« Das wäre die Vermählung von Kunst und Wissenschaft, nicht weniger ein Ideal Goethes als humboldtsche Praxis.

Zum Jenaer Kreis gehört Amalie von Imhoff, 1776 in Weimar geboren, eine Nichte der Charlotte von Stein, die in Goethes Leben eine so große Rolle spielt. Amalie wird heftig mit Alexander von Humboldt in Verbindung gebracht, sie soll seine Geliebte, fast schon seine Verlobte gewesen sein, ehe sie ihn verließ. Nichts davon ist wirklich belegt, immerhin: Die Frauen, für die sich Humboldt interessiert, die ihn beschäftigen, zeichnen sich durch Bildung und Klugheit aus. Amalie von Imhoff, gefördert von Schiller und Goethe – sie publiziert in den »Horen« –, wird sich später einen Namen als Dichterin und Übersetzerin machen. Sie steht der Romantik nahe, unterhält einen Salon in Berlin, in dem die Arnims, Clemens Brentano, Adelbert von Chamisso und Friedrich de la Motte Fouqué verkehren.

Der Sesshafte und der Getriebene. Der Dichter, Forscher und Politiker, der es einmal bis nach Italien schafft. Und der poetische Wissenschaftler, der politischen Ämtern ausweicht und die Welt bereist. Die Gemeinsamkeiten und die Gegensätze halten sich bei Johann Wolfgang von Goethe und Alexander von Humboldt die Waage. Beide sind produktiv bis ins hohe Alter, berühmte und erfolgreiche Männer mit Vorbildfunktion, mit gewaltigem Einfluss auf kommende Generationen. Goethe und Humboldt begegnen einander in den 1790er Jahren so häufig und intensiv, wie es später schon aus Zeitgründen nicht mehr möglich sein wird. Von da ab realisieren sich zwei Maßstab setzende, gelingende Lebensentwürfe. Zeitgenossen haben die Verwandtschaft von Humboldt, Faust und Mephisto erkannt, sie sahen Humboldt in der Faust-, aber auch der Teufelsfigur und umgekehrt, so wie Faust und Mephisto sich ineinander spiegeln. In den Entwürfen zu »Faust II« taucht sogar einmal der Name Humboldts auf, wird später aber zugunsten eines griechischen Philosophen gestrichen.

Andrea Wulf hebt diese Verbindung in ihrem Humboldt-Buch »Die Erfindung der Natur« (2016) heraus. Für sie ist traditionell wieder Goethe und nicht der notorisch unterschätzte Georg Forster die wichtigste Inspirationsquelle des jungen Humboldt. Das Verhältnis von Goethe und Humboldt gestaltet sich zuweilen nicht besonders gut und nachher bleiben die Kontakte sporadisch, mit langen Pausen. Aber zu verführerisch ist die Analogie: Wie Faust, so zieht es Humboldt auf die hohen Berge, und Mephisto schwärmt Faust von der vulkanischen Entstehung der Welt vor: »Ich war dabei, als noch da drunten, siedend / Der Abgrund schwoll und strömend Flammen trug / Als Molochs Hammer, Fels an Felsen schmiedend / Gebirges-Trümmer in die Ferne schlug.«

Goethe bleibt der Stubenhocker, Humboldt begibt sich in Gefahr und reißt die Himmel auf. Goethe, auf Sicherheit bedacht, übernimmt sein Regierungsamt und lässt sich ins Herzogstädtchen bringen, was sein Herz aus der Ferne begehrt. Er kommt als Reisender bis Sizilien, während Alexander von Humboldt physisch und literarisch die Alte Welt verlassen und eine neue Hemisphäre erschließen wird. Forster also und nicht Goethe. Und dabei überwindet Humboldt das Altdeutsch-Faustische, er hat einen weiteren Radius als Mephisto, der erst mittelalterlich daherkommt mit der Hexenküche und dem Walpurgisnachtspuk im Harz und dann in der klassischen Walpurgisnacht des »Faust II« die griechische Mythologie verwirbelt. Damit ist das Weimarer Universum im Grunde abgeschritten, nimmt man noch Goethes Begeisterung für altpersische Lyrik und den »Westöstlichen Divan« hinzu.

Von der allgemeinen Humboldt-Begeisterung lässt sich Friedrich Schiller nicht anstecken. Er kommt zu einem harten Schluss. 1797 schreibt er aus Jena an seinen Freund und Gönner Christian Gottfried Körner: »Über Alexandern habe ich noch kein rechtes Urteil, ich fürchte aber, trotz aller seiner Talente und seiner rastlosen Tätigkeit wird er in seiner Wissenschaft nie etwas Großes leisten. Eine zu kleine unruhige Eitelkeit beseelt noch sein ganzes Wirken, ich kann ihm keinen Funken eines reinen objektiven Interesses abmerken, und wie sonderbar es auch klingen mag, so finde ich in ihm, bei allem ungeheuren Reichtum des Stoffes, eine Dürftigkeit des Sinnes, die bei dem Gegenstande, den er behandelt, das schlimmste Übel ist. Es ist der nackte, schneidende Verstand, der die Natur, die immer unfasslich und in allen ihren Punkten ehrwürdig und unergründlich ist, schamlos ausgemessen haben will und mit einer Frechheit die ich nicht begreife, seine Formeln, die oft nur leere Worte, und immer nur enge Begriffe sind, zu ihrem Maßstabe macht. Kurz, mir scheint er für seinen Gegenstand ein viel zu grobes Organ und dabei ein viel zu beschränkter Verstandesmensch zu sein. Er hat keine Einbildungskraft und so fehlt ihm nach meinem Urteil das notwendigste Vermögen zu seiner Wissenschaft – denn die Natur muss angeschaut und empfunden werden, in ihren einzelnsten Erscheinungen, wie in ihren höchsten Gesetzen. Alexander imponiert sehr vielen, und gewinnt in Vergleichung mit seinem Bruder meistens, weil er ein Maul hat und sich geltend machen kann. Aber ich kann sie, dem absoluten Wert nach, gar nicht miteinander vergleichen, so viel achtungswürdiger ist mir Wilhelm.«

Schiller sieht in dem jüngeren der Humboldt-Brüder ein kalkulierendes Wesen, einen Menschen, der nach oben will. Das erschreckende »Maul« und die »Frechheit« passen dazu, das Spotten und Sticheln. Die quecksilbrige Art stößt vielen auf, die Humboldt begegnen. Der Dramatiker Schiller erkennt in Alexander einen Selbstdarsteller, und zwar einen, der »gewinnt«, eben weil er ein »grobes Organ« besitzt. Als Humboldt diese Zeilen in einer Briefausgabe Schillers zu lesen bekommt, um das Jahr 1830, ein Vierteljahrhundert nach Schillers Tod, zeigt er sich verletzt, offensichtlich in seinem Wesen getroffen.

Friedrich Schiller hat Alexander von Humboldt von Herzen nicht gemocht. Bei dem Humboldt-Forscher Ingo Schwarz findet sich ein Brief des Dichters an seinen Verleger Johann Friedrich von Cotta, der voller Häme ist: »Um die Reisebeschreibung des andern Herrn v. Humboldt wird unter den Buchhändlern ein großes Reißen sein, und es ist auch von Seiten des Publikums eine große Erwartung. Aber

Herr v. Humboldt hat keine gute Gabe zum Schriftsteller, und seine Reise möchte leicht interessanter gewesen sein als die Beschreibung derselben ausfallen dürfte.« Schiller, hier doch noch altmodischer Romantiker, schätzt den herumexperimentierenden und dichterisch veranlagten Wissenschaftler Alexander von Humboldt gering, wie vielleicht die moderne Naturwissenschaft überhaupt, die Alexander vertritt. Zur Verteidigung von Schillers Empfindlichkeit muss gesagt werden: Humboldt verschreckt mit seiner schnellen, scharfen Rede so manchen Freund und Gast. Seine Sottisen in Gesellschaft sind gefürchtet. Wie oft hat Alexander von Humboldt sich den Weg mit seinem Mundwerk freigeschossen.

Kapitel 5
Das wissenschaftliche Geschlecht

BIOGRAPHIEN HANDELN GEMEINHIN VON MENSCHEN, aber es gibt neuerdings Biographien von Flüssen und Meeren und Städten. Wer sich durch die Humboldt-Biographien arbeitet, stellt mit Verwunderung fest: Das Gros dieser Bücher scheint eher von einer Naturerscheinung zu handeln, von unbelebten Sachen als von einem Menschen. Keine Liebe, kein Sex. Alexander erscheint fast immer als der Unberührbare, der Unberührte, eine abstrakte Erscheinung. Haben all diese Autoren etwas übersehen oder haben sie weggesehen oder gibt es da nichts zu entdecken?

Alexander von Humboldt und die Sexualität, das ist ein unzugängliches Gebiet. Alexander und die Liebe, eine Sperrzone. Er selbst gibt darüber so gut wie keine Auskunft. Der Mann lebt unter einem Dach oder einem Zelt nur mit Menschen zusammen, mit denen ihn die Arbeit verbindet. Die Leidenschaft für Forschung und Wissenschaft ist in seinem Leben das stärkste zwischenmenschliche Band. Das führt zu Irritationen. Er ist nicht so, wie er sein sollte oder könnte, er erfüllt die Erwartungen seiner Umgebung im Näheren nicht. Wie ist er überhaupt, privat? Er sieht gut aus, sticht heraus mit seiner Eloquenz und Schlagfertigkeit, Männer und Frauen suchen seine Nähe. Er ist eine Erscheinung. Ihn umgibt die Aura des Besonderen, von Tatkraft und Intellektualität. Er ist ungeduldig bis zur Unhöflichkeit, distanziert bis zur Kälte, ein Star im Salon, der seine Rolle ausfüllt und selbstbewusst interpretiert. Das alles macht ihn nur attraktiver, geheimnisvoller. Wenn er den Raum betritt, sehen und horchen die Menschen auf. Er kommt allein und geht allein.

Und es wird heikel, wenn dieser Mann einmal ohne Schutz und Panzer dasteht. Alexander von Humboldt durchlebt mit fünfundzwanzig Jahren eine existenzielle, emotionale Krise. Hervor tritt ein extrem verwundbarer, verliebter junger Mann, er ist verändert, bereit, seinem Leben eine andere Richtung zu geben, neu anzufangen. Reinhard von Haeften heißt der Mann, den er begehrt, ein vier Jahre jüngerer Infanterieleutnant. Es ist der Moment, in dem die biographische Literatur das Thema Humboldt und die Sexualität berührt, um es sogleich wieder fallen zu lassen.

Nicolaas A. Rupke gibt in seiner »Metabiography« (2005) eine eindrucksvolle Darstellung davon, wie Alexander von Humboldt zum Objekt wissenschaftlicher, finanzieller und nationalistischer Begierde wurde. Beim Thema Sexualität zeigt er, wie dreist die Literatur mit Humboldt umgesprungen ist. Rupke ist ein liberaler Wissenschaftler des 21. Jahrhunderts. Die erdrückende Mehrheit der älteren Autoren jedoch gibt sich zumeist unangenehm berührt, erschrocken, angewidert oder ist nur allzu vorsichtig, um Spekulationen zu vermeiden. Es geht bei Alexander schließlich um einen Wissenschaftler und so muss sein Privatleben behandelt werden: am besten gar nicht. Das prägt das Humboldt-Bild bis heute. Adolf Meyer-Abich windet sich in seiner Monographie, 1967 erschienen, peinlich um die Sache herum: »Man versteht die wechselseitigen Beziehungen der romantischen Menschen – einerlei, ob zwischen Männern oder zwischen Männern und Frauen – nur dann, wenn man immer daran denkt, dass für sie alle Liebe und Freundschaft im Grunde Synonyma für die gleiche menschliche Beziehung sind. Für sie waren eben Liebe und das, was wir heute ›Sex‹ nennen, noch lange nicht ein und dasselbe. Ganz gewiss war die Sexualität gerade den Romantikern nicht fremd – man denke nur an Schlegels ›Lucinde‹! –, und auch von Humboldt wissen wir, dass er, was Sexualität betrifft, niemals wie ein Mönch gelebt hat. Aber man verwechselte damals noch nicht Sex und Liebe.« Thema beendet. Es bleibt die Frage, ob und wie Humboldt seine Sexualität gelebt hat.

Relativ sachlich schildert Helmut De Terra in den fünfziger Jahren in »Alexander von Humboldt und seine Zeit« Humboldts leidenschaftliche Beziehung zu seinen »Kameraden«. Hanno Beck lässt sich in seiner zweibändigen Biographie am Ende desselben Jahrzehnts, die lange als Standard galt, auf homosexuelle Geschichten nicht ein. Dabei ist ihm unbehaglich: »Trotzdem mochte die Gefahr bestanden haben, dass Alexander die Grenze der Gefühle, welche die Natur einer Freundschaft von Männern setzt, durch seine Zuneigung gefährdete.« Trotzdem? Von dieser zwanghaften Prüderie der Humboldt-Instanz Hanno Beck zur Theorie des Privatgelehrten Werner Rübe ist es nicht so weit. Rübe präsentiert 1988 in »Alexander von Humboldt – Anatomie eines Ruhmes« eine bizarre Erklärung für Humboldts angeblich dürres Liebesleben: Der Arme habe an einer Penisverkrümmung gelitten, am Morbus Dupuytren und einer damit verbundenen Induratio penis plastica. Impotenz, mit einem Wort.

Das Verdrängen – oder Ironisieren – der humboldtschen Sexualität beginnt früh. Lord Byron widmet dem »ersten Reisenden« in seinem berühmten Poem »Don Juan« (1821) eine spöttische Strophe, die in die Pointe mündet: »*Oh, Lady Daphne! let me measure you!*« Humboldt interessiert sich nur für wissenschaftliche Maße und Instrumente. Das Klischee hat Daniel Kehlmann in seinem Bestseller »Die Vermessung der Welt« breitgetreten. Es war Douglas Botting, der die Dinge erstmals beim Namen nennt. Botting betreibt, wie er es nennt, eine »archaeology of sex«. In Humboldts Fall ist das eine freudlose und ziemlich fruchtlose Disziplin, nur ein paar Scherben lassen sich zu Tage fördern. Botting spricht vom »Ende der Liebe« in Humboldts Leben, sogar von Selbstmordgedanken, als Reinhard von Haeften aus seiner Nähe verschwindet und die Träume zerplatzen. Botting beschreibt die komplizierte Beziehung als »qualvolle sexuelle Leidenschaft«.

Es ist also heraus. Humboldt, ein Homosexueller. Oder bisexuell. Magnus Hirschfeld hat ihn 1914 in seinem Buch »Die Homosexualität des Mannes und des Weibes« geoutet. Doch so klar ist das bis heute nicht im allgemeinen Bewusstsein. In Rainer Simons DEFA-Film »Die Besteigung des Chimborazo« spielt Jan Josef Liefers einen träumerischen, schwulen Humboldt. Ist das wichtig? Muss man wissen, wie sich Humboldt sexuell orientierte, wo er doch selbst darüber schwieg wie ein Grab? Die Antwort ist: ja. Schon allein deshalb, weil so viele Biographien ihn zum selbstlosen Forscher überhöhen, der nichts im Kopf hat als Zahlen, Daten, Bücher, Ehre und das Wohl der Menschheit. Oder er wird, wie bei Kehlmann, als menschliche Rechenmaschine karikiert, als eine Art Cyborg, der bei den Damen in Lateinamerika nur die Kopfläuse zählt.

Es muss möglich sein, Alexander von Humboldt als Mensch aus Fleisch und Blut zu betrachten, so wir wie uns zum Beispiel für Goethes Privatleben interessieren. Und es ist niederträchtig, »homoerotische Abartigkeit« zum Ruhme der Wissenschaft aus der Welt zu schaffen und Humboldt zu einem sexuellen Neutrum zu machen. Manfred Geier schreibt in seinem Buch »Die Brüder Humboldt« über die Biographen, die sich bei ihrer Beantwortung der Frage durch eine »homosexuelle Abwehr leiten lassen, die mehr über ihre eigene sexuelle Orientierung aussagt als über die Neigungen ihres Protagonisten«. Müsste es nicht eigentlich heißen: homophobe Abwehr? Geier sagt es einfach einmal: »Alexander von Humboldt ist homophil.«

Anfang 1794 lernt Humboldt in Bayreuth Reinhard von Haeften kennen. Er wird als gebildet und wissenschaftlich interessiert beschrieben, das gehört zur Mode und ist nicht außergewöhnlich. Von Haeften stammt aus einer begüterten Adelsfamilie vom Niederrhein. Es existiert ein Brief Humboldts an seinen Freund aus Studienzeiten Johann Carl Freiesleben, in dem er von seinem Reinhard schwärmt: »Ich bin schon acht Meilen geritten, um ihn nur einige Stunden zu sehen. Er ist sehr groß, größer als gewöhnlich Männer sind, nur

22 Jahre alt, sieht aber gesetzter als ich aus. Er hat ein außerordentlich merkwürdiges Gesicht, man hält ihn überall für einen der schönsten Männer, ich finde ihn auch schön, aber besonders sah ich nie so einen Ausdruck der Reinheit der Seele, der unaussprechlichsten Güte und Gefälligkeit in menschlichen Zügen als in den seinigen. Er sieht so tiefempfindend und spirituell aus, als er ist. (…) Ich stehe weit unter ihm.« Er beschreibt die Schönheit dieses Mannes, die Ausstrahlung, wie er sie so intensiv gefühlt nur wiederfinden wird in Ansichten der Natur in der Neuen Welt. Und typisch für Humboldt: Er schlägt Freiesleben eine Reise zu dritt nach Schweden vor, mit von Haeften. Humboldt kann nicht wirklich lange allein sein.

Humboldt und von Haeften verbringen viel Zeit miteinander, teilen die Wohnung. Humboldt ist verliebt. Über von Haeften ist so gut wie nichts bekannt, er existiert nur durch die Handvoll Briefe Humboldts, die erst lange Zeit später, 1915, aufgetaucht sind. Private Zeugnisse hat Humboldt fast komplett verschwinden lassen. 19. Dezember 1794, Alexander schreibt Reinhard den ersten Liebesbrief: »Ich halte noch immer Wort, guter innigst geliebter Reinhard. In wenig Stunden reise ich ab, reite morgen bis Lauenstein, den 20. bis Steben, und den Heiligen Abend hoffe ich an Deinem Halse zu hängen. Ich wüsste nicht, welche Geschäfte mich in Steben erwarten und daran hindern sollten. (…) Goethe hat Wort gehalten und kam meinetwegen herüber. Er war drei Tage bei uns (in Jena), unendlich freundlich gegen mich. Er wollte mich mit Gewalt mit nach Weimar nehmen, weil es ihm der Herzog eingeprägt hatte, mich mitzubringen. Aber so gern ich mit Goethe bin (er ist mir hier eigentlich der Liebste), so wären denn doch leicht die Feiertage daraufgegangen. Ich hätte Dich sechs Tage später gesehen, und diesen Verlust ersetzt mir nichts, nichts auf der weiten Erde. Mögen andere Menschen keinen Sinn dafür haben. Ich weiß, dass ich nur mit Dir, durch Dich, guter einziger Reinhard, lebe, nur in Deiner Nähe ganz glücklich bin.«

Welchen Eindruck solche Worte auf von Haeften gemacht haben, wissen wir nicht. Abgeschreckt haben sie ihn jedenfalls nicht. Im Juli 1795 gehen Humboldt und von Haeften, der Heiratspläne hat, zusammen auf Reisen. Die Route führt über München und Innsbruck nach Norditalien. Sie besuchen Venedig, Verona, Padua, sind in Mailand und Genua und gelangen über den Gotthard zu den Naturschönheiten und Sehenswürdigkeiten der Schweiz, schauen sich Gletscher in der prächtigen Alpenwelt an und gehen nach Konstanz, wo sich von Haeften verabschiedet. Dort stößt Freiesleben zu Humboldt. Auch mit ihm hatte Humboldt einmal Pläne für ein gemeinsames Leben. Er ist leicht entflammbar in jenen Jahren, er braucht einen Partner, wenn er sich in seine Experimente und Exkursionen stürzt. Humboldts Reisefieber wirkt wie ein erotischer Aggregatzustand. Auf seiner italienischen Reise mit von Haeften sucht er berühmte Wissenschaftler auf, den Anatom Antonio Scarpa in Pavia, den Physiker Alessandro Volta am Comer See. Die Präsenz eines geliebten Menschen bremst seinen Forscherdrang nicht, im Gegenteil. Er ist inspiriert. In den Alpen soll ihm die Idee gekommen sein, »ganze Länder darzustellen wie ein Bergwerk«, als Zeichnung im Querschnitt. In Genf, damals ein geistiges Zentrum, tauscht er sich mit Gletscherforschern, Geologen und Agronomen aus.

Alexander ist wie ein Blatt im Wind, und er ist der Wind. Reinhard von Haeftens Urlaub war zuende, er wollte zu seiner Verlobten Christiane und Humboldt schickt einen Brief hinterher, allerdings nicht an Reinhard, sondern an Reinhards Zukünftige. Er schlägt ihr unumwunden ein gemeinsames Leben vor, eine Dreierbeziehung: »Sag' dem Reinhard, wie sehr ich die Seen von Luzern und Sarnen liebe (…) und wenn wir nicht nach Amerika gehen können, dann sollten wir dorthin ziehen, fern von allen so genannten Gebildeten, um ein harmonisches und glückliches Leben zu führen.« Sogar ein Domizil will er ausgesucht haben im Schweizer Idyll: »Der Platz zum Hause, alles ist gewählt. Lächeln Sie immer, meine Liebe, meine Luftschlösser bleiben es nicht immer.« Das klingt wie eine zarte

Drohung. Haben ihn seine Freunde nicht ernst genommen, hat er sie mit immer verrückteren Ideen halb enerviert und ennuiert? Das Reisen hat bei Humboldt etwas stark Libidinöses und Selbsttherapeutisches. Ein paar Jahre vor der Begegnung mit von Haeften hat er gesagt: »Was mir vielleicht am meisten schadet, ist ein Geist der Unruhe, ein Streben nach Tätigkeit, das mich plagt. Aus dieser inneren Unruhe erkläre ich es mir, warum große körperliche Anstrengung mich so schnell aufheitert.« Das Reisen damals ist große körperliche Anstrengung und Humboldt bekommt nie genug, wenn es um irre Bergbesteigungen und Höhenrekorde geht.

Früh schon existiert die Idee, in die Neue Welt auszuwandern und keineswegs nur zu wissenschaftlichen Zwecken. Humboldt erklärt in aller Deutlichkeit und feierlich, dass er seine gesellschaftlichen und wissenschaftlichen Ambitionen aufgeben würde, um bei Reinhard zu sein, einem alsbald verheirateten Mann. In einem Brief gerät er ins Träumen, wie ein Maler mit Worten, im poetischen Bild vom Vierwaldstättersee: »In der Mitte des Tals, so arm auch die Felskluft, dringt ein klares Bächchen herab. An diesem liegt die Kirche. Der Vorgrund ist ohne Bäume, aber hoch über den Gräbern säuselt das Buchenlaub. Hart am See liegen Fischerhäuser. Dort spielen die Knaben am Wasser. Am Ende des Tals (…) ragt ein stilles Bergjoch mit ewigem Schnee bedeckt hervor. Dieser Ort heißt Sisikon.« Sollte es hier denn gewesen sein, das Haus, das er mit Reinhard und Christiane von Haeften bewohnen wollte?

Im November 1795 heiraten Reinhard und Christiane in Bayreuth. Humboldt begegnet der Herausforderung, indem er für das Paar einen Ball im Schloss ausrichtet. Hanno Beck stellt mit Genugtuung fest, dass weder die Vermählung seines Freundes Reinhard noch ein hochoffizieller Auftrag aus Berlin Humboldts Arbeit stören können. Im kommenden Jahr ist Humboldt in deutschen Landen unterwegs. Er hinterlegt ein Testament beim Gericht in Berlin und formuliert in einem Brief erstmals den Plan einer umfassenden »physischen

Weltbeschreibung«: »Je concus L'idée d'une physique du monde.« In den Alpen hat es also angefangen. Geologie wird die Theologie. Das Instrument zur Ausbeutung der Bodenschätze der Welt. Humboldt würde sagen: um die Natur besser zu verstehen und zu schützen. Im Sommer 1796 besuchen Humboldt und die von Haeftens den Steingarten Sanspareil in Bayreuth und tragen sich im Gästebuch eines Gasthauses ein. Der Umgang reißt nicht ab.

Anfang 1797 schreibt er einen Brief, der einen Zusammenbruch nahelegt und das Intimste enthält, was Humboldt von sich preisgegeben hat, jedenfalls nach den dünnen Quellen, die vorliegen: »Zwei Jahre sind jetzt verflossen, seitdem wir uns näherten und Dein Schicksal das meinige wurde (…) Nie hatte ich in einem Mann solche Innigkeit der Empfindung, solche Reinheit der Seele gefunden. Ich fühle mich besser in Deinem Umgang, und von der Zeit an war ich mit ehernen Ketten an Dich gebunden. Wenn Du mir noch jahrelang mit Kälte und Verachtung begegnetest, wenn Du mich zurückstößt, würde ich mich an Dich drängen; ich würde nie aufhören, in stummer Betrübnis an Dir zu hängen, doch dem Himmel danken, dass ich vor meinem Tode empfinden durfte, was gute Menschen einander sein können. Mit jedem Tage nimmt diese Liebe und Anhänglichkeit, deren Ausdruck Dir oft lästig wird, zu. Ich kenne kein anderes Glück auf Erden seit zwei Jahren, als Deine Heiterkeit, Deinen Umgang, als den schwächsten Ausdruck deiner Zufriedenheit. Meine Liebe zu Dir ist nicht Freundschaft, Bruderliebe allein, es ist Ehrerbietung, kindliche Dankbarkeit, Ergebung in Deinen Willen als meinem höchsten Gesetz.« Und er schließt: »Ich will sterben, wenn in dieser feierlichen Nacht ein unwahres Wort aus meiner Feder fließt.«

Im folgenden Sommer wollen sie noch einmal nach Italien, mit großer Entourage, Alexander, die von Haeftens und Caroline von Humboldt mit ihren Kindern. Die Reise kommt nicht zustande. Alexander und Reinhard sehen sich nie wieder. Dachte er tatsächlich daran, sein Leben zu beenden wegen einer unmöglichen Liebe? Das Dokument atmet starken Narzissmus, Selbstmitleid und es verweist auf eine andere unglückliche Liebe – zu sich selbst. Äußerungen von Wilhelm von Humboldt und vor allem Caroline von Humboldt gehen dahin, dass Alexander so viele Talente habe, aber keines zum Glücklichsein, davon ist Bruder Wilhelm überzeugt: »Er ist nicht ruhig und er wird es nie werden.« Caroline sagt, und sie wird da stets als Kronzeugin genommen: »Überdies wird auf Alexander nie etwas Großes Einfluss haben, als was von Männern kommt.«

Damit liegt sie nicht ganz richtig. Christiane von Haeften hat ihn beeindruckt, eine erfahrene und mutige Frau, geboren 1768 und vier Jahre älter als Reinhard. Er wird ihr zweiter Mann. Die Tochter eines Bayreuther Oberforstmeisters ist noch mit dem drei Jahre älteren Offizier Karl von Waldenfels verheiratet, als sie eine Affäre mit Reinhard beginnt. 1793 oder 1794 wird sie geschieden, bereits im Januar 1794 kommt ein Kind zur Welt, Friedrich Gustav Alexander von Haeften. Knapp zwei Jahre später erst heiraten Reinhard und Christiane. Im Jahr 1800 wird die Tochter Emma geboren und es soll noch weiteren Nachwuchs gegeben haben. Humboldt haben die familiären Verhältnisse der von Haeftens nicht gestört, im Gegenteil. Es sieht so aus, als habe er sich nach einem gemachten Nest gesehnt, einem jungen Paar mit Kind. Er selbst ist nicht in der Lage und willens, eine Familie zu gründen. Er sucht, ein melancholischer Vampir, nach anderen Modellen des Zusammenlebens. In Christiane und Reinhard sieht er zwei Menschen, die Bereitschaft gezeigt haben, in Liebesdingen ein großes Risiko einzugehen, zu experimentieren. Noch aus Lateinamerika wird er ihnen schreiben. Reinhard Samuel Christian von Haeften stirbt 1803, mit einunddreißig Jahren. Christiane, Mutter mehrerer Kinder, verheiratet sich bald darauf wieder, mit einem niederländischen Offizier.

Humboldt hat seine Männerfreundschaften treu gepflegt: Freiesleben, Wegener, Aimé Bonpland natürlich und die anderen Begleiter in Lateinamerika. Die vielen jungen Wissenschaftler, deren Karriere er mit Geld und Empfehlungen unterstützt, helfen bei der Frage nach Liebe und Sex nicht weiter, das bleibt bei Humboldt ein mühsames Geschäft. Handfestes findet sich nicht, nur Andeutungen, Geraune von Anfang an. Mit seinem Bruder Wilhelm und Friedrich von Gentz ist er in Berlin um die Häuser gezogen, da wird es den einen oder anderen Abstecher zu den Prostituierten gegeben haben. Und auf den langen Wegen der Amerikareise – stellt man sich Humboldt da als Mönch vor, der sich an das Gelübde der Enthaltsamkeit gebunden fühlt? Niemals ein Tritt beiseite, ein Abenteuer, eine Einladung?

In der Literatur wird nach Frauen in Humboldts Nähe regelrecht gefahndet. Eine mögliche Verlobung mit einem adligen Fräulein im Umkreis von Schiller, und hat er nicht ein Auge geworfen auf die bildhübsche junge Dame in Bogotá? Oder war es in Mexiko? Exzesse werden aus Quito kolportiert. Die Stadt, sagt Humboldt, lebe »Wollust und Üppigkeit«, die Menschen seien wild entschlossen, sich zu vergnügen, und ein Kollege schimpft, Humboldt habe sich dort mit »ausschweifenden obszönen jungen Männern« zusammengetan, »Häuser der unreinen Liebe« aufgesucht und »beschämende Leidenschaften« ausgelebt. Endlich! Später hört man so gut wie nichts mehr über das Thema Sexualität.

Es fällt auf, wie er aus der Reihe fällt. Männer in Alexanders engerer und engster Umgebung sind stark libidinös geprägt und aktiv. Sein Bruder Wilhelm führt eine leidenschaftliche, offene Ehe, Caroline war eine Liebesheirat. Dabei hat er eine große Schwäche für Prostituierte und kräftige Bäuerinnen und schnellen, schmutzigen Sex, über den er Buch führt (»27. Juli in Spa einer Hure 1 Krone«, »30. Juli in Brüssel einer Hure 7 Sous«). Wilhelm von Humboldts Sprachphilosophie prägt ein sinnliches Grundelement, die Anziehung der Geschlechter in Gedanken und Gespräch ist es erst, was Bildung in die Welt bringt. Wilhelm gilt heute als Pionier der Geschlechterforschung. In Berlin gibt es eine Wilhelm-von-Humboldt-Stiftung für Sexualwissenschaft. Unterschiedlicher könnten Wilhelm und

Alexander nicht sein im Umgang mit ihrer Sexualität: radikal offen und konsequent der eine, verschwiegen bis ins Grab der andere. Alexander versteckt sich, während die Epoche sich freimütig auslebt und Beziehungsfragen ausgiebig diskutiert. Goethe findet in der Liebe und Sexualität ein Lebensthema, vom »Werther« über die »Römischen Elegien« und die »Wahlverwandtschaften« zum »Faust«. Simón Bolívar rühmt sich seiner vielen Liebschaften. Georg Forster lebt, unter Schmerzen, die freie Liebe, der unglückliche Revolutionär. Ursula Naumann hat über »Liebe in Zeiten der Revolution«, und eben auch der sexuellen, ein Buch geschrieben, »Auf Forsters Canapé«, es spielt in Paris, Humboldts Paris. Humboldt erscheint als sexueller Paria in einer Zeit, die sich sexuelle Freiheit nimmt und ausformuliert. Er wird nie heiraten, keine Kinder haben, allein leben mit seinen Büchern und Sammlungen. Ein Junggeselle. Seltsames Wort, Deckname für dies und jenes, über das man nicht spricht. Homosexuell, bisexuell, asexuell. Alexander von Humboldt ist ein Beispiel dafür, dass diese Kategorien zu eng gezogen sind und vielen Menschen nicht gerecht werden.

Auf einem Stich um das Jahr 1796 ist Humboldts Haar lang und lockig mit Mittelscheitel, das Gesicht glatt, die vollen Lippen haben etwas Mädchenhaftes, Weibliches. Ein unschuldiges Wesen. Knapp zehn Jahre später blickt uns auf der berühmten Zeichnung von François Gérard ein verschlagener Typ an. Ein immer noch junger, selbstbewusster Mann, der aufrecht sitzt in einem eleganten Stuhl. Der Blick ist fest, die Haare kurz. Da hat sich einer nur mal kurz niedergelassen und ist gleich wieder unterwegs, mit einer fast raubkatzenhaften Eleganz und Kühle. Wer so dreinschaut, hat Erfahrungen und Erfolge aller Art gesammelt.

In Schillers »Horen« veröffentlicht er 1795 einen seltsamen Text: »Die Lebenskraft oder Der Rhodische Genius«. Es handelt sich um eine wissenschaftlich-philosophische Allegorie. Der Text bleibt nach mehrmaliger Lektüre im Grunde unverständlich. Die Sache wird ein-

Wandlung: Alexander von Humboldt vor der Amerikareise
(Porträt von A. Krausse, 1776) und danach (Porträt von François Gérard)

facher, wenn man den »Genius«, eine Erzählung von sechs Seiten, als Beschreibung einer gefangenen Sexualität liest. Als krudes Selbstporträt eines jungen Mannes, der versucht, seine Talente, Träume, Zukunftsaussichten, Hemmnisse und Anreize zu sortieren. Ein frühes Testament. Ein Schlüsseltext, so verschlüsselt wie ambitioniert. Ein Essay, der Naturwissenschaft und Kunst zusammendenken will. Eine solche literarische Ausschweifung hat sich Humboldt nie wieder gestattet. Das Motiv der Entsagung spielt eine große Rolle.

Angesiedelt ist das Rätsel im antiken Syrakus. Ein Bilderrätsel: Dargestellt sind »Jünglinge und Mädchen in eine dichte Gruppe zusammengedrängt« um einen Genius herum. Die jungen Leute sind geschmückt, aber nicht heiter, sie kommen nicht zueinander, ihr Ausdruck ist »ernst, trübe«. Der Genius hält eine »lodernde Fackel empor«. Ein Schmetterling sitzt auf seiner Schulter. Niemand in Syrakus habe vermocht, erzählt Humboldt, die Bedeutung des Kunstwerks zu entschlüsseln. Eines Tages gelangte per Schiff ein ähnliches Stück nach Sizilien. Wieder ein Genius aus Rhodos. Auf dem Gegenstück ist die Fackel erloschen, der Genius hat das Haupt gesenkt, der Schmetterling ist weg und: »Der Kreis der Jünglinge und Mädchen stürzte in mannigfachen Umarmungen gleichsam über ihm zusammen; ihr Blick war nicht mehr trübe und gehorchend, sondern kündigte den Zustand wilder Entfesselung, die Befriedigung lang genährter Sehnsucht an.« Kurz: eine Orgie.

Viele griechische Mythen sind sexuell grundiert, so auch die Geschichte der Arethusa. Nach Syrakus flieht die Nymphe vor einem zudringlichen Kerl, einem Jäger oder Gott, je nach Überlieferung. Es hilft ihr nichts. Sie verwandelt sich in ein Wasser, er verwandelt sich in einen Strom. Er fließt ihr hinterher durch das Mittelmeer vom griechischen Hauptland ins heutige Sizilien, wo sie sich vereinen. Die »Quelle der Arethusa« in Ortigia, der Altstadt von Syrakus, wird als Schauplatz dieser supermännlichen Potenzleistung betrachtet. Mythen sind Überlaufbecken, wenn die Triebe überhandnehmen. Und das tun sie ja fast immer. Vielleicht war das auch bei Humboldt und dem Gleichnis vom »Rhodischen Genius« so, wobei die Geschichte für einen Mythos etwas zu kompliziert klingt.

Die Deutung des alten Philosophen in der Erzählung (also wohl Humboldt selbst) sagt, dass die »irdischen Stoffe in ihre Rechte eintreten«, wenn die Lebenskraft weicht; »der Tag des Tods wird ihnen ein bräutlicher Tag«. Was da passiert, lässt sich als Spiel von belebter und unbelebter Materie betrachten, als Ausdruck der Schwierigkeit, »die Lebenserscheinungen des Organismus auf physikalische und chemische Gesetze befriedigend zurückzuführen«, wie Humboldt in den Erläuterungen schreibt. Hier wird Sexualität umschrieben als fremdes, unheimliches Geschehen, als etwas, das außerhalb des eigenen Körpers existiert. Es ist eine todtraurige Geschichte des Verzichts. Die Lebenskraft, der Sextrieb muss sterben vor der Zeit. Das schreibt ein Sechsundzwanzigjähriger und diesen Text stellt er dreißig Jahre später, scheinbar ohne Zusammenhang, zu den Texten in den »Ansichten der Natur«, sein liebstes Buch. Andere Lesarten sind sicher möglich, aber sie führen nirgendwohin. Der »Rhodische

Genius« lässt sich interpretieren als philosophische Spielerei – oder er gibt eine frühe Ansicht von Alexander von Humboldts Natur, ein bis zur Kenntlichkeit verzerrtes Selbstbild.

Dieses Bild hat kleine, feine Risse. Sie lassen Alexander weniger hart und blass erscheinen. Er geht doch nicht unberührt durchs Leben. Gerard Helferich erwähnt in seiner Biographie »Humboldt's Cosmos« (2004) eine »kurze, aber intime Beziehung« Humboldts mit Pauline Wiesel, einer starken, unabhängigen, hochgebildeten Frau, die viele Ehemänner, Liebhaber und männliche Freunde und Vertraute hatte. Drei Briefe Humboldts an Pauline liegen vor, geschrieben zwischen Dezember 1807 und Februar 1809. Er geht jetzt auf die vierzig zu und schwärmt von ihrem »holden unbegreiflichen Sein« und: »Um mich her ist alles wüst und leer. Ich ginge 12 Stunden zu Fuß um Sie zu sehen. Wir sind uns ewig nahe. Sie kennen mich. Schreiben Sie mir bald. Ihr Humboldt.« Pauline Wiesel war eine europäische Berühmtheit. Ihre Männer kamen aus den höchsten Kreisen, darunter Prinz Louis Ferdinand von Preußen und der preußische Diplomat Friedrich von Gentz, der als Frauenheld und Bordell-König gilt.

Es gibt noch eine andere Erklärung für Alexanders Paulinen-Liebe. Einer ihrer Liebhaber ist Jean Joseph Lafon de Cayx, ein Adliger aus dem Südwesten Frankreichs, der als Auditor für die napoleonische Besatzungsarmee in Berlin arbeitet. Humboldt, so legen Briefe Dritter nahe, soll für diesen Mann viel empfunden haben. Und warum nicht auch zugleich für Pauline? Sie folgt de Cayx später nach Paris, wohin es Humboldt wieder heftig zieht. Er suchte Paulines Nähe, um bei Jean Joseph zu sein. Wer will das auseinanderhalten? Zu der Zeit ist Humboldt in seinen Dreißigern, geht schon auf die vierzig zu, und Menschen in seiner Umgebung wundern sich über die Heftigkeit seiner Gefühlsausbrüche. Eine Ménage-à-trois mit sämtlichen Komplikationen ist immerhin denkbar, zumal in Paris.

Carola Stern hat die Frau in der »Zeit« schön beschrieben:

»Pauline Wiesel liebt das Leben: gut Essen, Wein und viel Champagner, frei Spazieren und Theater, sich anzuziehen wie eine Taube mit blauen Astern auf dem Hut. Sie liebt die Freiheit, schöne Menschen .... Ein Domherr, ein Kriegsrat und ein aus Russland stammender sonderlicher Graf, Alexander von Humboldt und Friedrich Gentz, Prinz Louis Ferdinand sowie französische Besatzungsoffiziere – sie alle waren gleichermaßen hingerissen von diesem Erdgeist, dieser Kindsfrau, die sich sinnenfroh im Lotterbett mit Freund und Feind vergnügte. Gleich welchen Alters, Titels, Standes – Männer bleiben in den Augen dieser Liebeskünstlerin komische Geschöpfe, die man so nehmen muss, wie sie sind, und von denen geliebt zu werden wichtiger ist, als sie zu lieben. Sonderlich imponieren können sie Pauline nicht.« Also: »Waß soll ich So viel Umstende machen mit den Kerls.«

Humboldt verdient die Neugier. Die Frage seiner Sexualität kann offen angesprochen werden. Man muss nur aufpassen, die wenigen Zeugnisse nicht falsch zu bewerten. Die Geschichte mit von Haeften bleibt dramatisch, die Sache mit Pauline Wiesel sollte nicht unterschätzt werden. Humboldt ist leicht entflammbar und schnell wieder auf dem Boden der Tatsachen. In der Freundschaft zeichnet ihn große Loyalität aus, anhaltend über Jahrzehnte. Er hat geliebt, er hatte Romanzen. Letztlich war ihm die Freiheit immer wichtiger – zu tun, was er sich lange vorgenommen hat, und zu gehen, wohin es ihm einfällt, um die Welt zu reisen, spontan auf ein Boot, in eine Kutsche zu springen. Frau und Kinder, eine leidenschaftliche, lange Ehe, wie sein Bruder Wilhelm sie mit Caroline führte, selbst wenn es da viele Freiheiten und andere Partner gab – das passt nicht zu Alexander. Er geht keine intime Bindung ein.

Warum nur hat Alexander von Humboldt ein solches Geheimnis um seine Sexualität gemacht, warum vernichtet er private Dokumente? Dafür ist der Hintergrund wichtig, der widersprüchliche Umgang mit Homosexualität in Preußen. Bis 1794 steht auf Liebe unter Männern offiziell die Todesstrafe. Im Preußischen Landrecht heißt es nachher, »widernatürliche Unzucht zwischen Personen männlichen Geschlechts« sei mit Gefängnis zu sanktionieren. Dabei sind zu der Zeit Friedrichs II. homosexuelle Beziehungen im Militär und am Hof nichts Außergewöhnliches. Der König selbst bevorzugt junge Männer, sein Bruder Prinz Heinrich führt eine Scheinehe. Die äußere Form bleibt gewahrt, man spricht nicht darüber, mit wem man ins Bett geht, und daraus entstehen Gerüchte, die mehr oder weniger den Tatsachen entsprechen: Der König hat Liebhaber.

Alexander von Humboldt ist Preuße von Herkunft und Erziehung, preußisch streng in seiner Lebensführung. Die öffentliche Meinung hat die Rollen vertauscht und Wilhelm von Humboldt zum Staatsmann und Vorzeigepreußen gemacht. Das ist offensichtlich falsch. Wilhelm findet in der Bindung an eine geliebte Ehefrau und diverse Staatsämter seine größtmögliche individuelle Freiheit, während Alexander jede Form von Bindung ablehnt und auch in seiner forcierten Unabhängigkeit die Zwänge nicht abschüttelt. Er ist der Preuße der Familie. Das hat sein Sexualleben geprägt. Vieles ist möglich, aber nicht öffentlich. Rücksicht auf Sexualpartner, Vermeidung von Skandal und Verfolgung. Der Adelsstand bietet Schutz. Im 19. Jahrhunderts bleibt Homosexualität unter Strafe gestellt, wird geächtet und verschwiegen. Der berüchtigte Paragraph 175 des Reichsstrafgesetzbuchs von 1872, der eine Aberkennung der bürgerlichen Ehrenrechte vorsah, war eine wörtliche Übernahme der preußischen Bestimmungen, die zu Humboldts Lebzeiten galten. Paragraph 175 verschwindet erst 1994 aus dem Strafgesetzbuch der Bundesrepublik Deutschland. Dagegen hatte der napoleonische *code penal* 1810 die Strafbarkeit homosexueller Handlungen aufgehoben. Zuhause hat sich Humboldt immer nur in Paris gefühlt.

Praktisch betrachtet: Er war sein Leben lang, bis ins hohe Alter, auf Reisen, unterwegs in großen Städten, wo es die Zeitgenossen frei und lustig trieben. Alexander von Humboldt wird sich zurechtgefunden haben. Er hatte Geld und er genoss Ruhm, war stets unter Menschen, alle Türen standen ihm offen. Humboldts Liebesleben – mit all seinen Verstecken – kann man sich als eine Mischung aus heftigen Aufwallungen, langen Durststrecken, viel Herzeleid und einer Variation von mehr oder weniger bequemen Lösungen im Alltag vorstellen. Was er haben konnte, hat er nicht ausgelassen, ähnlich wie sein Bruder Wilhelm. Das ist, zugegeben, eine queere, großstädtische Perspektive des 21. Jahrhunderts. Was auch sonst? Alexander hat das Recht auf ein Privatleben. Weder ist es ihm bigott-gewaltsam abzusprechen noch übergriffig anzudichten.

Kapitel 6
Geben Sie Reisefreiheit!

ES IST, ALS HÄTTE ER DARAUF GEWARTET. Am 19. November 1796 stirbt Marie-Elisabeth von Humboldt mit fünfundfünfzig Jahren in Tegel. Sie hatte Brustkrebs, litt monatelang unter unvorstellbaren Schmerzen. Die Trauer überwältigt Alexander nicht. Aber es bewegt ihn tief, dass die Krankheit sie so quälte. Nicht trauern zu können um einen verstorbenen Angehörigen, ist auch ein hartes Los. Wenn die große Entfernung, die zwischen zwei Menschen liegt, unüberbrückbar wird. Alexander empfindet, als er die Todesnachricht erhält, aber vor allem Erleichterung. Es ist der erste Schritt in die ersehnte Freiheit. Der zweite folgt, als er zum Jahresende den Staatsdienst quittiert. Die Erbschaft, rund 90 000 Taler, macht ihm Flügel. Die schwierige Umrechnung in heutigen Geldwert, mit gewaltigen Kaufkraftunterschieden, ergibt etwa zwei bis drei Millionen Euro. Mit ihrem Tod und der Erbschaft schenkt ihm die Mutter ein neues Leben.

Seit Jahren spricht er von der großen Reise, »außerhalb Europas«, »nach Westindien«. Humboldt will sich für das Abenteuer Amerika »recht präparieren«. Instrumente werden angeschafft, Kurse belegt, der künftige Weltreisende absolviert ein umfangreiches Trainingsprogramm, zunächst in Österreich. In Wien studiert er Pflanzen aus Übersee im Botanischen Garten, von Salzburg geht es in die Alpen, wo er mit dem Geologen Leopold von Buch endlose meteorologische und magnetische Messreihen exerziert, fünf Monate lang in einsamen Berghütten haust ohne jeden Komfort. Humboldt ist frei, aber Europa ist es nicht. Eine Reise in den Süden, wo er nun höher hinaus und die Vulkane untersuchen will, den Ätna und den Vesuv, scheitert an Napoleons Einmarsch in Italien. Frankreich zieht neue Grenzen in Europa und Humboldt beginnt sich im Kreis zu drehen. »Die politische Wendung der Dinge ist aber so geworden, dass für jetzt die Alpen nicht zu passieren sind«, schreibt Humboldt und kapriziert sich, alles ist besser als Stillstand, auf eine Expedition nach Ägypten, wozu ihn ein reicher und spleeniger Engländer eingeladen hat.

Lord Bristol stellt eine Reisegruppe mit diversen Geliebten und Archäologen zusammen. Er will sich am Nil amüsieren und, wie damals üblich, orientalische und antike Kunstschätze einsammeln. Humboldt träumt von Ausflügen nach Syrien und Palästina, aber es wird nichts draus. Der Weg ist versperrt. Napoleon bricht im Mai 1798 mit einem Invasionsheer nach Ägypten auf, mit hunderten von Wissenschaftlern und Kunstexperten, die das Land nach Kräften ausplündern und dokumentieren; mittendrin Dominique-Vivant Denon, der erste Direktor im Louvre. In Kairo gründen die Franzosen ein Ägyptisches Institut. Der Empire-Stil zeigt den altägyptischen Einfluss, in Europa bricht eine wahre Ägyptomanie aus. Nach dem Feldzug macht sich eine Heerschar von zweitausend wissenschaftlichen, künstlerischen und technischen Mitarbeitern an die monumentale Edition der »Description de l'Egypte«. Sie erscheint von 1809 bis 1828 in dreiundzwanzig Bänden. Die Arbeit an dieser Enzyklopädie mit rund dreitausend Abbildungen zieht sich über zwanzig Jahre hin, vierhundert Kupferstecher sind daran beteiligt. Humboldts Reisepublikationen werden eines Tages vergleichbare Dimensionen erreichen. Allerdings ist sein Werk eine private Unternehmung, was das Finanzielle und das Organisatorische betrifft. Hier ein Mann mit ein paar Freunden, dort eine ganze Armee: Ein Vergleich Humboldts mit dem kunstkolonialistischen französischen Herrscher mag absurd erscheinen, zeigt aber, wie Europa in der ersten Hälfte des 19. Jahrhunderts sich auch kulturell der Welt bemächtigt.

Die ägyptischen Pyramiden bekommt er nicht zu sehen, auf ihn warten die Monumente der Maya und der Azteken und der Inka. Die Nilfahrt fällt aus, Lord Bristol wird in Oberitalien von der französischen Polizei verhaftet, wegen angeblicher Spionage für England. So vieles hängt beim Vorspiel zur großen Reise vom Zufall ab. Es ist richtig, dass Alexander sich systematisch präpariert, jahrelang. Dabei bleibt er aber spontan, bereit für jede Gelegenheit, die sich ihm zum Aufbruch bietet. Es hätte eben anders kommen, ihn in andere Teile der Welt verschlagen können: nach Afrika, eine Zeitlang auch eine Option. Die Karibik ist das Fernziel, immer wieder von ihm angesprochen und erträumt, doch das eigentliche Ziel ist die Ferne, die Weite. Und so geordnet, wie es sich im Nachhinein darstellt, kann die Vorbereitung nicht gewesen sein. Er ist nach Lage der Verhältnisse ein autodidaktischer Wissenschaftler in einer Epoche der sich allmählich ausformenden Wissenschaften, er experimentiert und erkennt gelegentlich die Unzulänglichkeiten seiner Zeit: »Möge es der Nachwelt glücken.« Die Zeit vor der Abreise nach Lateinamerika lässt sich als komplizierte, wacklige Versuchsanordnung betrachten, ergebnisoffen, was den Zeitpunkt, die Route, die Bedingungen der Expedition angeht. Ein Glücksspiel, das er sich dank seines Vermögens leisten kann.

Alexander geht im Mai 1798 nach Paris, dort lebt jetzt Wilhelm mit seiner Familie. Die Stadt empfängt ihn, so hat er es im Grunde immer empfunden, mit offenen Armen. Er entwickelt schnell seine Netzwerke, hält in der Akademie der Wissenschaften, dem »Institut«, viel beachtete Vorträge über Gase in der Atmosphäre und zeigt vor Publikum seine galvanischen Experimente. Die Idee einer »medizinischen Geographie« treibt ihn um, ein ungeheuer moderner Gedanke: Wie wirken sich Klima und Ernährung auf die Gesundheit des Menschen aus? Das lässt sich natürlich besser an fernem Ort und abgelegener Stelle erkunden, in extremem Klima, hinaus in die Welt! Sein Name hat in Paris schon einen guten Klang, bevor der große Coup gelingt.

Wenn es funktionieren soll mit der ersehnten Weltreise, so finden sich hier die Kontakte. Und da bietet sich die Chance: Tout Paris spricht von der Weltumseglung, die, in Humboldts eigenen Worten, »das Direktorium unter Anführung des Kapitän Baudin seit einigen Monaten dekretiert hatte. Die Expedition sollte Buenos Aires, das Feuerland und die ganze amerikanische Westküste von Valparaiso bis zum Isthmus von Panama berühren, viele Inseln der Südsee, Neuholland (=Australien) und Madagaskar besuchen und um das Kap der Guten Hoffnung zurückkehren.« Humboldt erhält die Erlaubnis, »mich mit allen meinen Instrumenten einzuschiffen, mit dem Versprechen, die Schiffe verlassen zu dürfen und da zu bleiben, wo ich tiefer in das Land einzudringen wünschte.« Er wartet vier Monate auf den Startschuss, dann wird die Sache auf unbestimmte Zeit verschoben – zu teuer und zu gefährlich in Zeiten des Kriegs.

Humboldt wohnt im Hotel Boston in der Rue du Vieux-Colombier. Saint-Germain ist sein Quartier und wird es noch über viele Jahre bleiben. Hier befinden sich die wichtigsten wissenschaftlichen Einrichtungen, zu Fuß gut zu erreichen für den Mann, der seine Zeit niemals verschwendet. Aber es wartet der nächste Fehlschlag: Humboldt und sein neuer Freund Aimé Bonpland machen sich im Oktober 1798 auf den Weg nach Marseille. Eine schwedische Fregatte soll sie nach Algier bringen, ein neutrales Schiff, das die Engländer, die auf französische Masten im Mittelmeer lauern, würden passieren lassen. Die Fregatte kommt nicht. Wieder hat er Monate gewartet, vergebens. Die Idee, sich auf einem kleineren Boot nach Tunis einzuschiffen, mit all dem schweren wissenschaftlichen Gerät, platzt ebenso. Sie erhalten Nachricht, dass in Nordafrika französische Staatsbürger verfolgt werden. Auch dieser Weg ist blockiert.

Aimé Bonpland, damals fünfundzwanzig Jahre jung, vier Jahre jünger als Humboldt, Arztsohn aus La Rochelle, hat in Paris Medizin studiert, sein Lieblingsfach aber ist die Botanik. Auch Bonpland war für die Baudin-Weltumseglung eingeschrieben. Sie müssen sich von Anfang an verstanden haben; gemeinsame Interessen, wissenschaft-

Im Dschungel: Humboldt und Bonpland,
Gemälde von Eduard Ender

lich und politisch. Bonpland ist der Mann, mit dem Humboldt in
den kommenden fünf Jahren zigtausend Kilometer zurücklegt, durch
dick und dünn, Eis und Gluthitze. Bonpland ist derjenige, der auf so
vielen Humboldt-Darstellungen der Südamerikareise an seiner Seite
steht, vielmehr in seinem Schatten, »der so viele Schicksale mit mir
geteilt hat«.

Nachdem sich so viele Reisepläne und Einladungen zerschlagen
haben, will Humboldt mit Bonpland nun auf Umwegen nach Nordafrika. Die Expedition führt die beiden jungen Herren zunächst auf
dem Landweg von Südfrankreich nach Spanien, das nun gerade nicht
bekannt ist für seine Offenheit Fremden gegenüber und in einer
schweren Krise steckt. Englische Kriegsschiffe sperren die Seewege in
die Kolonien, die Krone ist bankrott und auf französische Hilfe angewiesen, König Karl IV. gilt als machtlos, seine Gattin Luisa Maria und
ihr Geliebter herrschen über ein Reich, das bessere Tage gesehen hat.

Bonpland und Humboldt reiten durch dieses schlecht oder gar nicht kartographierte Spanien mit seiner rückständigen Bevölkerung und nehmen Messungen vor. Dabei wird die Landschaft im Höhenprofil dargestellt, eine wissenschaftliche Innovation en passant. Sie haben ja im Moment nichts Besseres zu tun. »Charakteristisch ist nun, dass er nicht bei den astronomischen Ortsbestimmungen stehenblieb, sondern sie mit barometrischen Messungen verband«, schreibt Hanno Beck, und diese Methode bedeutet Pionierarbeit in einem seinerzeit sich selbst weitgehend unbekannten Land: »Humboldt hatte die Grundzüge der Bodengestalt Spaniens erkannt und bereits geahnt, dass die innere Hochfläche mit 51 Prozent des gesamten Areals in ihrem Gegensatz zu den Rändern ein anthropogeographisch bedeutsames Faktum darstellen musste.«

Entscheidend ist hier der etwas sperrige Begriff *anthropogeographisch*. Mensch und Landschaft, also Land-Wirtschaft, Kultur und Klima im Zusammenspiel: Ein Land in der Summe der natürlichen und von Menschen beeinflussten Erscheinungen zu betrachten, das ist neu; ohne staatlichen Auftrag, aus eigenem Antrieb und auf eigene Rechnung. Auf dem Weg von Barcelona nach Madrid, wo sie Ende Februar 1799 eintreffen, arbeitet Humboldt an seinen Verfahren der Erderkundung. Er hält durch umfangreiche Datenerhebungen fest, was er sieht. Humboldt ist ein unermüdlicher Sammler und wandelnder Datenträger. Die spanischen Bauern unterwegs betrachten die Sextanten und Barometer als Teufelszeug, verjagen die Reisenden, bewerfen sie mit Steinen. Sie sind ins Mittelalter geraten, werden als Ketzer fortgejagt.

Spanien besitzt seit dem frühen 18. Jahrhundert eine ausgezeichnete pflanzenkundliche Tradition. Das hängt mit dem Reichtum der überseeischen Besitzungen zusammen. Hier ist Humboldt richtig. Im Botanischen Garten von Madrid, den er häufig besucht, könnte er den Entschluss gefasst haben, die Sache offensiv anzugehen. »Seit fünf Tagen bin ich hier und schwelge in allen Pflanzen des südlichen

Amerikas«, schreibt er in einem Brief an Reinhard von Haeften, den er nicht vergessen hat. Der Blick geht nach vorn und nach ganz oben und was jetzt geschieht, gleicht einem Wunder. Humboldt bekommt eine Audienz beim König und der Königin am Hof in Aranjuez. Dass er Spanisch spricht, macht Eindruck. Der Preuße, unterstützt von einem sächsischen Diplomaten, entfaltet sein unglaubliches Geschick, die eigenen Interessen und Wünsche als vorteilhaft für die andere Seite darzustellen – als hätte der Hof ihn eingeladen und nicht er sich selbst höflich aufgedrängt und als Berater empfohlen. Den spanischen Außenminister überzeugt er leicht, denn die Spanier ahnen, dass dieser junge Deutsche ihnen von Nutzen sein kann. Er und sein »Sekretär« Bonpland beabsichtigen, in den spanischen Kolonien in der Karibik und Amerikas geologisch-botanische Studien zu betreiben. Humboldts Hinweis auf seine Tätigkeit als Bergwerksfachmann muss den Ausschlag gegeben haben: Spanien braucht Geld, die Minen in Amerika bringen nicht genug ein. Ein internationaler Spezialist könnte die Dinge in Übersee befördern, den schickt der Himmel.

Humboldt legt den Spaniern eine »Denkschrift« in eigener Sache vor, die in einer Rohfassung erhalten ist. Er schwankt zwischen Unterwürfigkeit und Selbstlob: »Der kaum verdiente Erfolg meines ersten Werks über die Basalt-Berge vom Rhein ließ den Chef unserer Bergwerke, den Baron von Heinitz, wünschen, dass ich mich seinem Departement widmete.« Erwähnt wird die Reise mit Georg Forster: »Die meisten der geringen Kenntnisse, dich ich besitze, verdanke ich ihm.« Anschließend kommt er zu der Ausbildung in Freiberg, den Erfolgen bei der Reform der fränkischen Bergwerke, wobei er stets auf seine Loyalität gegenüber dem preußischen Staat hinweist und die unzähligen Experimente und Messungen, Studien in Jena und Wien, Vorträge in Paris ... Humboldt verfasst ein exzellentes Bewerbungsschreiben mit einem Curriculum Vitae, das nicht wirklich geschönt, aber sehr geschickt komponiert ist, um Schutz und Zustimmung von »Seiner katholischen Majestät für eine Reise nach Amerika zu erhalten«. Sie soll über Puerto Rico, Kuba, Mexiko, Kolumbien (damals Neugranada), Peru, Chile, Argentinien bis zu den Philippinen führen. Das ist der ursprüngliche Plan. Die Messinstrumente werden katalogisiert, damit nichts wegkommt, und Bonpland wird ermächtigt, im Falle von Humboldts Tod weiterarbeiten zu dürfen, damit nicht alles verloren wäre. Humboldt denkt an das kleinste Detail und lässt aus Preußen mehr Geld kommen. Humboldt finanziert die große Tour aus eigenen Mitteln, eine einzigartige Mischung von Abenteuer und Vorbedacht, Kalkuliertheit und unwägbarem Risiko. Jetzt wird es ernst.

1787, kurz vor der Französischen Revolution, erlebte in Hamburg Schillers Drama »Don Karlos, Infant von Spanien« seine Uraufführung; Schauplätze sind Aranjuez und Madrid. Tyrannei oder Aufklärung, Macht und Religion, Hoffart und Courage: Im Stück fällt der berühmte Satz des Marquis Posa, der das Intrigenspiel mit seinem Leben bezahlt: »Sire, geben Sie Gedankenfreiheit!« Humboldt hat mehr Erfolg mit seinem Geniestreich. Er erbittet Reisefreiheit und bekommt die Pässe.

»Nie hatte die spanische Regierung einem Fremden größeres Vertrauen bewiesen.« Er hat zu frohlocken allen Grund. Es steht da schwarz auf weiß: Er reist mit dem Schutz der spanischen Krone nach Amerika, »um seine bergmännischen Studien fortzusetzen«, wie es an erster Stelle heißt, »und für den Fortschritt der Naturwissenschaften wertvolle Sammlungen, Beobachtungen und Entdeckungen zu machen«. Der preußische Kolumbus macht sich auf den Weg.

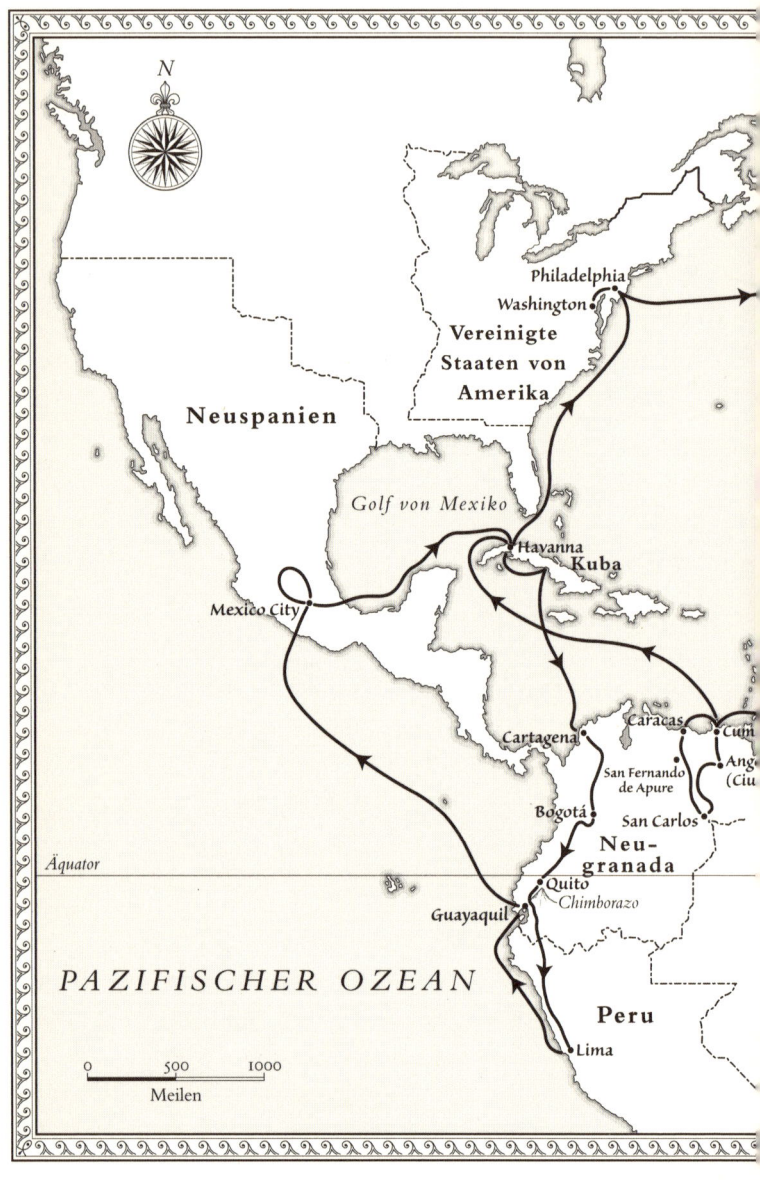

N

Philadelphia
Washington

**Vereinigte
Staaten von
Amerika**

Neuspanien

Golf von Mexiko

Havanna
Kuba

Mexico City

Cartagena

Caracas
Cum
Ang
(Ciu

San Fernando
de Apure

Bogotá
San Carlos

**Neu-
granada**

Äquator

Quito
Chimborazo

Guayaquil

PAZIFISCHER OZEAN

Peru

Lima

0   500   1000
Meilen

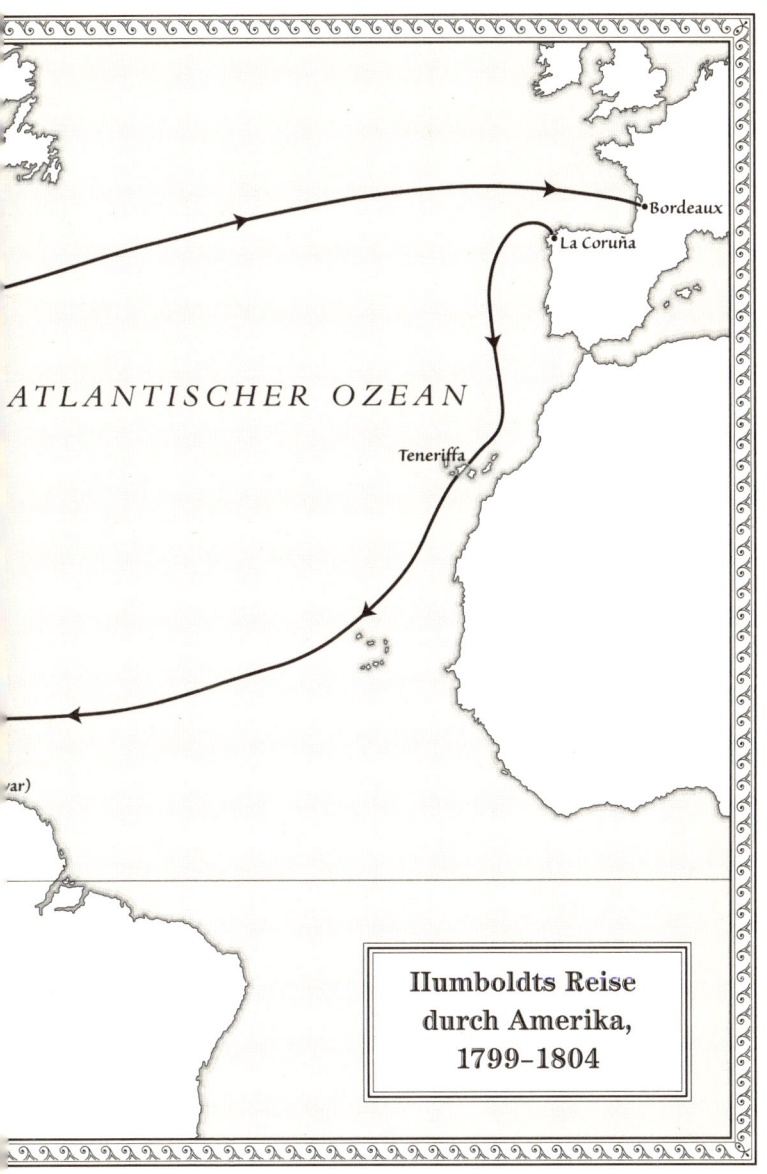

ATLANTISCHER OZEAN

Bordeaux

La Coruña

Teneriffa

(var)

**Humboldts Reise
durch Amerika,
1799–1804**

Kapitel 7
Ausfahrt und Ankunft in Lateinamerika

FÜR EIN SPANISCHES SCHIFF ist es eine Routinefahrt. Für Alexander von Humboldt ist es eine Neugeburt. Die britische Kriegsmarine blockiert den Hafen von La Coruña, doch am 5. Juni 1799, nach Tagen erneuter, enervierender Wartezeit für Humboldt und Bonpland, setzt die *Pizarro* die Segel. Nebel nimmt dem Feind die Sicht, die spanische Fregatte kommt durch: Kurs auf Teneriffa. Humboldt schwebt zum ersten Mal auf hoher See, so fühlt er sich. Stolz und frei und ein wenig melancholisch, wie es beim Erreichen eines großen Ziels häufig der Fall ist. Es entsteht der Eindruck, als folge er einem lange und sorgfältig vorgefertigten Szenario, sobald er europäischen Boden verlassen hat. Als komme die Neue Welt auf ihn zu und nicht umgekehrt. Er reist mit einem Arsenal von fünfzig Messinstrumenten auf der Strecke, die einmal im Monat Spanien mit seinen Kolonien verbindet.

Den Moment der Ausfahrt hat er beschrieben, mal hymnisch, mal sachlich. Im Brief an Carl Freiesleben heißt es: »Welch ein Glück ist mir eröffnet! Mir schwindelt der Kopf vor Freude. (...) Der Mensch muss das Gute und Große wollen. Das Übrige hängt vom Schicksal ab.« Mit fast identischen Worten endet der programmatische Brief an den Freiherrn von Moll: »Ich werde Pflanzen und Fossilien sammeln, mit einem vortrefflichen Sextanten von Ramsden, einem Quadranten von Bird und einem Chronometer von Louis Berthoud werde ich nützliche astronomische Beobachtungen machen können; ich werde die Luft chemisch zerlegen – dies alles ist aber nicht Hauptzweck meiner Reise. Auf das Zusammenwirken der Kräfte, den Einfluss der unbelebten Schöpfung auf die belebte Tier- und Pflanzenwelt, auf diese Harmonie sollen stets meine Augen gerichtet sein. Der arbeitsame Mensch muss das Gute und Große wollen. Ob er es erreicht, hängt von dem unbezwungenen Schicksale ab.« Es erstaunt immer wieder, wie klar und deutlich Humboldt seine Ziele formuliert. Ich reise, also bin ich. »Er segelte mit der Zuversicht eines Mannes, der da weiß, dass er finden muss, was er sucht.« So hat Alexander von Humboldt Christoph Kolumbus charakterisiert: sich selbst.

In der Ferne verschwinden die letzten Lichter des Festlands, die *Pizarro* steuert durch unruhige See. Das Licht der Sterne geht auf am Horizont: »Dergleichen Eindrücke vergisst einer nie, der in einem Alter, wo die Empfindung noch ihre volle Tiefe und Kraft besitzt, eine weite Seereise angetreten hat. Welche Erinnerungen werden in der Einbildungskraft wach, wenn so ein leuchtender Punkt in finsterer Nacht, von Zeit zu Zeit aus den bewegten Wellen aufblitzend, die Küste des Heimatlandes bezeichnet.«

Als Alexander von Humboldt diese Sätze schreibt, sind seit der Abfahrt von Spanien fünfzehn Jahre vergangen. Sie stehen am Beginn des ersten Bandes der »Relation historique«, der ab 1814 in Paris veröffentlichten amerikanischen Reisebeschreibung. »Dergleichen Eindrücke vergisst einer nie …«: Die Emotion ist nachempfunden, nachbearbeitet. Bei seinen Reiseeindrücken und Schilderungen der Natur unterwegs ist stets die zeitliche Distanz zu beachten. Sein Leser erlebt mit ihm nicht unmittelbar, vielmehr reflektiert und vermittelt. Er selbst erkennt und beschreibt den Zwiespalt: »Aber auf einer Reise wie der, die ich angetreten, kommt man selten dazu, die Gegenwart zu genießen. Die quälende Besorgnis, nicht ausführen zu können, was man den andern Tag vorhat, erhält einen in beständiger Unruhe.« Auf jedem Schritt seien Opfer zu bringen, was den Genuss verbittere. Es ist das unlösbare Dilemma des Sinnlichen: Ich sehe, ich erlebe. Aber ich denke darüber nach, will den Moment festhalten, und damit ist er womöglich vertan. Bewusst genießen und schauen – ein Widerspruch. Oder die einzige intellektuelle Möglichkeit, die Welt in sich aufzunehmen. Goethe – nebenbei – hat seine »Italienische Reise« 1816 im Abstand von dreißig Jahren in Buchform gebracht und publiziert.

Humboldt entwickelt eine Balance von Systematik und Sentiment. »Welche Erinnerungen werden in der Einbildungskraft wach ...«: Es folgen aber erst einmal seitenweise Überlegungen und Beobachtungen zu den Äquinoktialströmen und zum Golfstrom, zur Bewegung der Winde über Wasser und Temperatureinflüsse. Informationen und Spekulationen, die er erst am Ende der Reise anstellen und bearbeiten konnte, aber das noch zu erwerbende Wissen wird hier schon einmal interpoliert, kaum dass er auf hoher See dahinsegelt. Nichts mehr von Empfindungen, persönlichen Gedanken, Ängsten. Humboldt steuert seine Biographie, er gibt den Kurs vor, gestattet sich so gut wie keine Abweichungen, schon gar nicht intimerer Art. Jedenfalls soll man das glauben, wenn man mit Bonpland und dem preußischen Supermann an Land geht und in die Neue Welt vordringt. Glück und gute Geister hat er offenbar dauerhaft gepachtet. Er wird in den amerikanischen Jahren niemals ernsthaft oder länger krank, er verpasst nichts: ein medizinisches Mirakel. Humboldt tritt der Natur mit der Kraft einer Naturerscheinung gegenüber. Schon auf der ersten Seereise fällt auf, dass ihn die an Bord grassierende Seekrankheit nicht anficht. Ganz anders Charles Darwin, der sich drei Jahrzehnte später, mit Humboldts Schriften im Gepäck, an Bord der *Beagle* schier um den Verstand kotzt.

Seeschwalben und Delphine begleiten die *Pizarro*. Humboldt und Bonpland begeistern sich am Anblick eines »Schauspiels«, als sie in eine ruhige Zone gelangen, »wo das Meer von einer ungeheuren Menge Medusen bedeckt war. Das Schiff stand beinahe still, aber die Weichtiere zogen gegen Südost, viermal rascher als die Strömung.« Am 19. Juni landen sie in Santa Cruz auf Teneriffa, »eigentlich eine große Karawanserei auf dem Weg nach Amerika.« Sie haben eine Woche Aufenthalt und nur ein Ziel: den Pico del Teide zu besteigen, den Vulkan, mit 3700 Metern der höchste Berg Spaniens. Ein Vorspiel, eine Generalprobe für die bergsteigerischen Gewaltakte in Lateinamerika. Humboldt ist hingerissen vom Gipfelblick mit der »erstaunlichen Durchsichtigkeit der Luft«. Er hält inne: »Trotz der bedeutenden Entfernung erkannten wir nicht nur die Häuser, das Takelwerk der Schiffe, die Baumstämme, wir sahen die reiche Pflanzenwelt der Ebenen in den lebhaftesten Formen leuchten. (…) Wir sahen zu unseren Füßen Palma, Gomera und die große Canaria.« Dass indessen unter bestimmten Umständen auf dem Gipfel der Kanaren Amerika zu sehen ist, wie ältere Schriftsteller behaupten, glaubt Humboldt nicht. Er lässt sich mitreißen und beeindrucken, aber sein Verstand verlässt ihn nicht. »Nach einem alten Brauch, den ohne Zweifel die Spanier eingeführt hatten, obgleich er an sich tief in die Antike zurückweist, hatten die Hirten die Johannisfeuer angezündet. Die zerstreuten Lichtmassen, die vom Winde gejagten Rauchsäulen hoben sich an den Seiten des Pics vom Dunkelgrün der Wälder ab. Freudengeschrei drang aus der Ferne zu uns herüber und schien der einzige Laut, der die Stille der Natur an jenem einsamen Ort unterbrach.«

Humboldts »Naturgemälde« kommen mit einer Tonspur. Die Sinnesorgane arbeiten hellwach, ohnehin braucht er wenig Schlaf. Bei der Erkundung des Vulkankegels teilt er die Vegetation in Zonen ein, wobei ihm offenbar keine Pflanze und kein Wechsel im Wuchs entgeht. Er nimmt einen »senkrechten Durchschnitt« durch die Landschaft vor, dabei entsteht erstmals das emblematische humboldtsche Diagramm, das vom Pico del Teide. Der junge Forscher hat mit der Landung in Teneriffa eine kleine Etappe zurückgelegt. Aber das Bild, das der Mensch sich im nun entfaltenden 19. Jahrhundert von der Welt und sich selbst macht, bis hinein ins All, wird immer detaillierter und genauer. Mit der humboldtschen Naturgeisteswissenschaft

Humboldts Pflanzengeographie am Pico del Teide, Teneriffa

beginnt das visuelle Zeitalter. Und dazu gehört die Reizüberflutung der Sinne. Humboldt kokettiert, »dass ich mich mit zu vielen Dingen zugleich abgebe« und dass »ich meinem großen Werk über die Natur nicht gewachsen bin«.

Die Insel Tobago kommt in Sicht, sie segeln schon in karibischen Gewässern. Auf der *Pizarro* ist ein Fieber ausgebrochen. Es gibt ein Todesopfer. Humboldt hält es aus Vorsicht für geraten, in Cumaná an Land zu gehen. Eine Weiterfahrt nach Havanna erscheint zu gefährlich. Cumaná ist die Hauptstadt Neuandalusiens, mit damals rund 15 000 Einwohnern, im Nordosten des heutigen Venezuela. Humboldt und Bonpland werden vom Gouverneur empfangen, sie rühmen die Gastfreundschaft und haben keine Mühe, ein Haus zu finden, in dem sie ihre Instrumente auspacken und durchsehen können. Wieder ist der Zufall im Spiel und übt »einen glücklichen Einfluss auf den weiteren Verlauf unserer Reisen aus«. Einige Wochen wollen sie in Cumaná bleiben, es wird ein ganzes Jahr. »Ohne die Seuche an Bord der Pizarro wären wir nie an den Orinoco, an den Casiquiare und bis an die Grenze der portugiesischen Besitzungen am Rio Negro gekommen.« Humboldt hat eine spezielle Art, große Dinge gelassen auszusprechen. Mit anderen Worten: Ein entscheidender Teil der gesamten Amerikaexpedition hätte unter anderen Umständen nicht stattgefunden. Und das »größte private Reisewerk der Geschichte«, wie Hanno Beck es formuliert hat, wäre wohl erheblich dünner ausgefallen.

Am Morgen des 16. Juli 1799 sind sie gelandet. Kurz darauf überschlägt er sich in einem Brief an seinen Bruder Wilhelm: »Wir sind hier einmal in dem göttlichsten und vollsten Land.« Zwanzig Meter hohe Palmen, handtellergroße, duftende Blüten, Vögel, Fische, Krebse in himmelblauen, gelben Farben. Komplette Überwältigung durch die Sensation des Neuen: »Wie die Narren laufen wir bis jetzt umher; in den ersten drei Tagen können wir nichts bestimmen, da man immer einen Gegenstand wegwirft, um einen anderen zu ergreifen. Bonpland versicherte mir, dass er von Sinnen kommen werde, wenn die Wunder nicht bald aufhören.« Sie sind in der Euphorie des Ankommens wie die Kinder. Staunen über »viele, viele echte halbwilde Indianer« und Affen, Papageien.

Und Cumaná stürzt sich auf die Neuankömmlinge aus der Alten Welt. Ihre wissenschaftlichen Instrumente sind die Attraktion. Die Damen finden Gefallen an Humboldts Mikroskop. Die europäischen Herren werden zu Bällen eingeladen, karibische Rhythmen mischen sich mit europäischen Harmonien. Humboldt hat sich schon immer glänzend auf dem Tanzparkett präsentiert. Hier wird sein Kopf frei. Innerhalb weniger Wochen erleben sie eine Sonnenfinsternis, ein Erdbeben, einen prächtigen Meteorfall. Cumaná ist für Humboldt ein astronomisches Traumland; es gibt in Neuandalusien weder ein funktionierendes Archiv noch brauchbare Karten. Humboldt produziert Messdaten nach allen Regeln seiner Kunst. Und er sieht, dass dieses Paradies eine Hölle ist: »Wenn unser Haus in Cumaná für die Beobachtung des Himmels und der meteorologischen Vorgänge sehr günstig gelegen war, so mussten wir dagegen zuweilen bei Tage etwas mit ansehen, was uns empörte. (...) Hier wurden die Schwarzen verkauft, die von der afrikanischen Küste herübergebracht werden. (...) Die zum Verkauf ausgesetzten Sklaven waren junge Leute von fünfzehn bis zwanzig Jahren. Man gab ihnen jeden Morgen Kokosöl, um sich den Körper damit einzureiben und die Haut glänzend schwarz zu machen. Jeden Augenblick erschienen Käufer und schätzten nach der Beschaffenheit der Zähne, Alter und Gesundheitszustand der Sklaven; sie rissen ihnen den Mund gewaltsam auf, ganz wie es auf dem Pferdemarkt geschieht. Dieser entwürdigende Brauch schreibt sich aus Afrika her, wie die getreue Schilderung zeigt, die Cervantes in einem seiner Theaterstücke vom Verkauf der Christensklaven in Algier entwirft.« Humboldt vergleicht Länder, Kontinente, Zeiten, ohne die Sache selbst zu relativieren. Ohne dass die Empörung nachlässt: »Man stöhnt auf bei dem Gedanken, dass es noch heutigen Tages auf den Antillen europäische Kolonisten gibt, die ihre Sklaven mit dem Glüheisen zeichnen.«

Die Abscheu vor dem Sklavenhandel sitzt tief. Humboldt macht die Sklavenfrage zum großen politischen Thema seines Lebens. Sie zieht sich durch sein Werk, er lässt da nicht locker. Soziales Engagement und Empathie begleiten die wissenschaftlichen Anstrengungen. Die moderne Wissenschaft geht einher mit revolutionären politischen Ideen, das weiß Humboldt aus Frankreich und er wird es in Lateinamerika vorleben. Ekstase, Experiment, exakte Beobachtung – das Wissen wird auf Reisen erworben. Dabei gibt es keine Hierarchie der Fragen und Phänomene. Der Genuss des Neuen und Unbekannten blendet das Ethos nicht aus: »Der gemeine Eigennutz, der mit den Pflichten der Menschlichkeit, Nationalehre und den Gesetzen des Vaterlandes im Streite liegt, lässt sich durch nichts in seinen Spekulationen stören«, stellt Humboldt fest, als er zum ersten Mal vor dem Sklavenmarkt steht – denn »unter allen europäischen Regierungen war die von Dänemark die erste, und lange die einzige, die den Sklavenhandel abgeschafft hat, und dennoch waren die ersten Sklaven, die wir ausgestellt sahen, auf einem dänischen Sklavenschiff gekommen.« Humboldt fordert ein globales System von Verantwortung und Humanität, mit der Möglichkeit der Sanktion. 1857, zwei Jahre vor seinem Tod, initiiert er in Berlin ein Gesetz, das jedem Sklaven beim Betreten preußischen Bodens die Freiheit garantiert. Wenige Jahre vor Beginn des US-amerikanischen Bürgerkriegs (1861–1865), bei dem die Sklavenfrage eine entscheidende Rolle spielt, ist das ein symbolischer Akt eines greisen Gelehrten. Wie sollen amerikanische Sklaven auch in die Mark Brandenburg gelangen? Aber es ist ein Zeichen für die Welt. Es zeigt, wie der Sklavenmarkt von Cumaná und später die Erlebnisse auf Kuba den jungen Humboldt geprägt haben.

Von Cumaná aus unternehmen Humboldt und Bonpland Ausflüge zu den Kapuziner-Missionen und ins Landesinnere. Ein Erlebnis in der Höhle der Guácharo, der Fettschwalme, zeigt Humboldts Beobachtungsgabe und Kombinationstalent exemplarisch. Dort schlachten die Einheimischen die Höhlenvögel im großen Stil ab, um deren Fett zu gewinnen. Humboldt hat die Ernte der hühnergroßen Tiere eindrucksvoll beschrieben, vor allem das mörderisch laute Geschrei der Guácharos, und darauf hingewiesen, was das für ein verschwenderisches Gemetzel sei, Raubbau an der Natur. Die Indianer werden dazu gezwungen. Mit dem Öl, das aus den Guácharos gewonnen wird, halten die Missionare das ewige Licht in ihren Kirchen am Brennen. Humboldt hält dagegen, dass »der Ertrag der Jagd denen gehörte, die sie anstellen«. Aber er weiß: »In den Wäldern der Neuen Welt, wie im Schoße der europäischen Zivilisation, bestimmt sich das öffentliche Recht danach, wie sich das Verhältnis zwischen dem Starken und dem Schwachen, zwischen dem Eroberer und dem Unterworfenen gestaltet.« Es gilt ohne Einschränkung das Recht des Stärkeren.

Von Cumaná geht es weiter nach Caracas. Dort trifft Humboldt

Großgrundbesitzer und studiert die Lebensbedingungen der höher gelegenen Stadt mit ihrem milden Klima. Er geht ins Theater, erwähnt aber die Stücke nicht, die in dem riesigen Haus vor 1800 Zuschauern gegeben werden. Stattdessen wartet er auf kosmisches Licht: »Zu meiner Zeit war das Parterre, in dem Männer und Frauen getrennt sind, nicht bedeckt. Man sah zugleich die Schauspieler und die Sterne. Da das neblige Wetter mich um viele Trabantenbeobachtungen brachte, konnte ich von einer Loge im Theater aus feststellen, ob Jupiter in der Nacht zu sehen sein würde.« Daraufhin würde er sogleich in sein Haus zu den Instrumenten eilen. Das Theater als Sternwarte und Jupiter, wenn er schon nicht auf der Bühne angerufen wird, hoch oben, am Himmel. Das weist weit voraus auf eine Bemerkung im zweiten Band des »Kosmos«, es ist das Kapitel der »Anregungsmittel zum Naturstudium«. Dort paraphrasiert er einen Brief Wilhelm von Humboldts an Friedrich Schiller: »Bei tiefer Kenntnis von dem Wesen des griechischen Trauerspiels hat man sinnig den Zauber des Chors in seiner allvermittelnden Wirkungsweise mit dem Himmel in der Landschaft verglichen.«

Der Himmel über der Neuen Welt liefert sein eigenes Drama, und das verführt, wie es bei Humboldt gern geschieht, zu einem Ausflug in andere Zeiten und Sphären. Humboldt entwirft ein faszinierendes Lehrstück, in dem die überwältigende Natur der Tropen neben dem klassischen antiken Theateraufbau steht. Seine Vision von Natur und Kultur wird die europäische Bühnenästhetik später im 19. Jahrhundert verändern. Karl Friedrich Schinkel lässt sich in seinen Arbeiten für das Theater von Humboldts Schriften und Illustrationen inspirieren und auf Pariser Bühnen tauchen die Monumente und Pflanzen Lateinamerikas auf. Bei dem in Paris und Berlin tätigen Komponisten Giacomo Meyerbeer (1791–1864) geht der Einfluss noch weiter. Sein Werk verbindet deutsche, italienische und französische Operntraditionen. Wie Humboldt versteht sich Meyerbeer als Universalist, die beiden waren eng befreundet. Richard Wagner hat den »vaterlandslosen« Meyerbeer mit wüsten antisemitischen Schmähungen überzogen, wobei er, bigott und rücksichtslos genug, von dessen radikalen Musiktheaterideen profitierte. Durch die Meyerbeer-Oper »Robert le diable«, 1831 an der Pariser Oper mit riesigem Erfolg uraufgeführt, weht der Atem der humboldtschen Wissenschaft. Robert, ein vom Teufel getriebener junger Mann, bewegt sich in einem Raum, der von der Zeit gefüllt wird. Zeit, kosmische Zeit, bestimmt sein Handeln und Sehnen. Hier fließt und hängt alles mit allem zusammen, steht der Protagonist eines Musiktheaters unter dem Einfluss der Mächte der Natur.

An Ludwig Bollmann, einen Freund aus Hamburger Studientagen, schickt Humboldt Ende 1799 einen ausführlichen Brief. Er schildert dem deutschstämmigen US-amerikanischen Geschäftsmann seine Reiseerlebnisse und bittet ihn, »in ein oder zwei der gelesensten amerikanischen Zeitungen (solche, die nach England gehen) die simple Notiz einrücken zu lassen ...« – den Wortlaut der Meldung reicht er gleich en détail und in der dritten Person mit, fertig zum Abdruck –, »... dass Humboldt, nachdem der physikalische und mineralogische Beobachtungen auf dem Gipfel des Pico von Teneriffa angestellt, sehr gesund und glücklich Anfang Juli mit der Sammlung seiner physikalischen und astronomischen Instrumente in dem Hafen von Cumaná angelegt sei, von wo aus er under the protection of his Cathol. Majesty bereits seine Arbeiten in den Gebirgen von Paria und Nueva Andalucia angefangen. Er wird von hier nach Mexiko abgehen.« Beiläufig erwähnt er sein Buch über die »Gereizte Muskel- und Nervenfaser«, Bollmann möge vielleicht »gelegentlich dessen Verbreitung« veranlassen. Hier spricht der Netzwerker. Es sind ja nicht nur Lebenszeichen, die er gibt, vielmehr wohlgesetzte Worte, die Neugier wecken, von seinen Taten künden und das geneigte Publikum vor allem in Europa auf dem Laufenden halten und in Erstaunen versetzen sollen. Es funktioniert, die Journale ziehen mit. Der Bollmann-Brief ist ein Beispiel für wissenschaftlich-populäre Eigenwerbung.

Humboldt arbeitet an seiner Publicity sorgfältig und mit System. Er weiß, wer ihm wo und unter welchen Umständen nützlich sein kann. Die Welt soll erfahren, wie er dabei ist, ihren Horizont zu erweitern.

So distanziert er wirkt, wie ein Pionier aus vergangener Zeit – es stellt sich für uns heute doch ein Gefühl zeitlicher Nähe ein: dass er die Dinge anpackt, wie wir es tun würden, mit unserem Wissen, unseren technischen und logistischen Möglichkeiten. Sicher, eine Expedition zum Orinoco und in die Anden würde im 21. Jahrhundert minutiös vorbereitet, mit allen erdenklichen Sicherheitsvorkehrungen. Sie wäre jederzeit über Satellitentelefon erreichbar und doch mit Gefahren und Hindernissen konfrontiert, wie es der 2014 gestorbene englische Reiseschriftsteller Michael Jacobs in seinen Büchern »Andes« und »The Robber of Memories. A River Journey through Colombia« plastisch beschrieben hat: Lausige Infrastruktur, kaputte Schiffsmotoren und Korruption bremsen den Reisenden, er wird von Guerillatruppen und schwierigem Wetter festgehalten auf seiner gefährlichen Route, die Humboldts Spuren folgt und auf der er, wie bei Humboldt und Bonpland nicht anders, dem Zufall und der Intuition nachgibt.

Im Prinzip sind wir heute noch in Humboldts Modus unterwegs. Ziel ist das Verständnis des Anderen im globalen Vergleich und seine Anerkennung. Humboldt trägt das ihm zugängliche Weltwissen mit sich und er wendet es an. Das unaufhörliche Sammeln und Abgleichen von Daten ist ein Merkmal des digitalen Zeitalters. Humboldts Globalisierungsblick beruht auf Informationen. Er probiert und prägt Kulturtechniken aus. Das zählt auf Dauer mehr als seine Messergebnisse.

Die Silla ist ein Höhenzug bei Caracas, doch wer wäre je auf die Idee gekommen, den Bergrücken zu besteigen, und wozu? Humboldt und Bonpland müssen hinauf, knapp 2600 Meter. Er packt dort oben seine Instrumente aus, Thermometer, Barometer, Hygrometer, Elektrometer, untersucht und unterteilt die Pflanzenzonen. Schaut, notiert, vergleicht, staunt über die Natur, atmet die Aussicht ein, die kaum ein Einheimischer zuvor genossen hat. Es ist der 1. Januar 1800. Kalter Wind, steile Abhänge, Insekten und beim Abstieg gegen Abend schon schlechte Sicht, Lebensgefahr. Das neue Jahrhundert hätte für Humboldt mit einer Katastrophe beginnen können. Er sagt sich: »Mit Besinnung und Energie übersteht man alles.« Dramatischere Erfahrungen stehen ihm noch bevor, doch das Muster zeichnet sich ab. Humboldts Formel verbindet Emotion und Analyse, ohne sie zu vermischen. Humboldt kultiviert die berechnende Bewunderung und die bewundernde Berechnung.

Tausende Pflanzen, Mineralien, Tiere haben Bonpland und sein deutscher Freund bereits gesammelt, etliche klassifiziert, als sie mit ihrem kleinen Tross Anfang Februar 1800 Richtung Süden aufbrechen. Sie kommen durch die Täler Araguas, mit Kakao- und Zuckerrohrplantagen, es sind blühende Landschaften, von deren Ertrag sich die Grundherren auf Kosten ihrer Sklaven ein angenehmes Leben finanzieren. Humboldt äußert sich abschätzig über das Gerede der Landbesitzer. Sie wollen den Reisenden weismachen, welch gütige und großzügige Sklavenhalter sie sind. Humboldt lässt sich nicht täuschen. Auch nicht, als er zum Tacariguasee kommt, der Jahr für Jahr Wasser verliert, dessen Ufer austrocknen. Die Landbesitzer suchen bei dem Fremden Rat. Doch als er ihnen erklärt, dass die Abholzung der umliegenden Berge und Hügel zu dem bedrohlichen Wassermangel führt, wollen sie davon nichts wissen. Der Eingriff der europäischen Kolonisten hat das natürliche Gleichgewicht am See zerstört. Die Episode führt vor, wie selbstverständlich Humboldt in ökologischen Zusammenhängen denkt. Es ist ein Rätsel, warum nicht andere längst auf solche Antworten gekommen sind.

Die große amerikanische Reise besteht aus langen Reiseabschnitten mit ausgedehnten Zwischenaufenthalten. Auf dem Weg zum Orinoco werden Humboldt und Bonpland die Llanos durchqueren, eine zu der Zeit, als sie unterwegs sind, staubtrockene Ebene, die vor

Hitze bebt. Es ist eine schlechte Reisezeit. Einen Monat brauchen sie, um das Steppengebiet hinter sich zu lassen. Es fehlt an trinkbarem Wasser und wenn sie einmal an einen Tümpel kommen, dösen dort Krokodile. Der lebensgefährliche Teil der Expedition hat begonnen. Humboldt spricht von »glühenden Ebenen«, auf denen das Vieh hungert bis zur Regenzeit, die wieder bedrohliche Überschwemmungen bringt. In der kleinen Stadt Calabazo ruhen sie aus, wie fast immer auf der ganzen Reise gastfreundlich aufgenommen, und machen Bekanntschaft mit einem einsamen Genie. Ein Herr namens Carlos de Pozo führt den unerwarteten Besuchern aus Europa seine elektrischen Geräte vor, Batterien, Elektrometer, alles selbst gebaut in der abgelegenen Einöde, ohne Kenntnis der einschlägigen Literatur. Humboldt ist nicht zu halten, als die Einheimischen ihn zu einem Bach führen. Dort leben Zitteraale, elektrische Fische.

Die Indianer fischen mit Pferden. Humboldt versteht erst nicht, wie das gemeint ist. Plötzlich begreift er: Sie treiben die Pferde ins Wasser. Dabei werden die Fische aufgescheucht, sie greifen sofort an, »drängen sich unter den Bauch der Pferde und Maultiere. Der Kampf zwischen so ganz verschieden gestalteten Tieren gibt das malerischste Bild.« Die Pferde versuchen zu fliehen und werden von den Indianern mit Lanzen zurückgedrängt ins Wasser. »Ehe fünf Minuten vergingen, waren zwei Pferde ertrunken«, von den Stromschläge gelähmt gehen sie unter. Das Wühlen und Stampfen, die Entladungen der Energie erschöpfen die Zitterfische, sie werden jetzt leicht mit Harpunen und Schlingen gefangen.

Nachher beschreibt er das grauenhafte Schauspiel mit kühler Faszination. Dabei entsteht eine emblematische Geschichte, die in keiner Humboldt-Ausgabe fehlt. »Jaguars and Electric Eels«, so heißt eine englische Sammlung humboldtscher Abenteuer. Das horrende Schauspiel der von den Aalen attackierten, umschlungenen Pferde erinnert an das Schicksal des Priesters Laokoon, der mit seinen Söhnen von Schlangen getötet wird; ein berühmtes Motiv der antiken

Bildhauerei. Gotthold Ephraim Lessing hat dem Todeskampf der Laokoongruppe 1766 eine programmatische Schrift »Über die Grenzen der Malerei und Poesie« gewidmet.

Es wirft sich die Frage von Ästhetik und Empathie auf. Humboldts Beschreibung des Kampfes ist so dicht am Geschehen, dass aus dem Text der Lärm der Pferde in ihrer Todesangst dringt, das Schnauben, das infernalische Gebrüll; sein Text ist spektakulär. Zugleich weckt er die stärksten Emotionen und geht selbst als Wissenschaftler kühl an die Sektion der Aale. Es hat etwas Diabolisches. Er schafft selbst die Anlässe dramatischen Geschehens, über das er dann im Detail berichtet.

Humboldt und Bonpland machen sich unverzüglich an die Arbeit. Sie setzen sich den Schlägen der gefangenen Gymnoten aus. Sie sind die Ersten, die diese Tiere zerlegt und untersucht haben. Das Experiment fährt ihnen in die Knochen. Noch am nächsten Tag haben sie Gelenkschmerzen, klagen über »Muskelschwäche und allgemeine Übelkeit«. Wenn Humboldt körperliche Probleme erwähnt, muss es heftig sein. Aber er erholt sich schnell. Ende März erreichen sie die Missionsstation San Fernando am Rio Apure, einem Nebenfluss des Orinoco. Hier steigen sie in Boote um.

Kapitel 8
Ästhetik des Augenblicks

ÜBER DAS MEER sind sie gekommen, nun stürzen sie sich auf die großen Flüsse, lassen sich davontragen in den Urwald, in eine Urwelt, über die frühere Expeditionen kaum zuverlässig Auskunft geben, wenn sie sich denn überhaupt so weit vorgewagt hatten. Zu ausgedehnt das Territorium, zu unsicher, zu hart das Klima, zu ungenau die Karten. Aber das wollen sie ja ändern. Terra incognita – für einen Menschen wie Alexander von Humboldt eine schwer erträgliche Vorstellung. Jede Etappe der Amerikareise kann fatal enden, der Tod wartet auf Bergen in eisiger Höhe, auf stürmischer See, in der staubtrockenen, endlosen Steppe. Doch die fünfundsiebzigtägige Flussfahrt auf dem Orinoco, Rio Negro und Casiquiare, rund 2300 Kilometer, stellt das alles in den Schatten. Einen besseren Schutzengel als Humboldt und Bonpland hat nie ein Reisender gehabt – es sei denn, Odysseus wird herbeizitiert, der Archetyp des Fahrenden. Die Neugier des Griechen aus Ithaka ist unstillbar und er will gar nicht unbedingt nach Hause zurück. Nicht zu schnell jedenfalls. Odysseus lässt sich treiben und lädt sich selbst bei gefährlichen Fabelwesen und gastfreundlichen Frauen auf seltsamen Inseln ein. Er setzt sich den Geschöpfen seiner Phantasie und Sehnsucht aus und lernt den gesamten Mittelmeerraum kennen. So groß und so klein war damals die Welt. Dafür nimmt er sich zehn Jahre Zeit.

Fünf Jahre umfasst, alles in allem, Humboldts Aufenthalt in Süd-, Mittel- und Nordamerika. Die Karibik vergleicht er mit dem Mittelmeer. Der Preuße gilt als »zweiter Kolumbus«, es gibt aber auch gewisse Gemeinsamkeiten mit dem Homerischen Helden. Das Unvergleichbare zu vergleichen, ist nur ein Spiel, aber dabei werden anekdotische Wahrheiten gewonnen. Odysseus hat seine Gefährten, auch Humboldt reist nicht allein. Bonpland ist immer an seiner Seite, ein paar junge Leute schließen sich ihnen an. Jose de la Cruz aus Cumaná macht die Tour mit, der Sohn eines Spaniers und einer Sklavin begleitet Humboldt als eine Art Assistent, dem die Aufgabe zufällt, sich unterwegs um die Messinstrumente zu kümmern. Humboldt hat ihn wie einen Freund behandelt, und er geht später mit ihm nach Europa. Über die breiten Ströme und die Bergketten der Neuen Welt folgen diese Männer einer Erzählung, die sie selbst gestalten und formulieren wollen. Es bleibt immer ein Element der Unsicherheit. Alles könnte anders verlaufen. »Obwohl er viele Male sein Leben aufs Spiel gesetzt hat, genoss er die Freiheit und das Abenteuer«, schreibt Andrea Wulf über Humboldt. Das Gegenteil wird der Fall gewesen sein: *Weil* er immer wieder sein Leben riskiert, gewinnt er die Freiheit.

»Nichts dämpfte mir die glühenden Wandertriebe / Um Länder, Meer und Menschen zu erkunden / Dass fremd mir Laster nicht noch Tugend bliebe«. So heißt es von Odysseus im XXV. Gesang in Dantes »Inferno«. Das ist ein Mann, der für sich selbst entscheidet, der die Ferne ansteuert, das unbekannte Land, das weite Meer. Odysseus präsentiert sich in Dantes um das Jahr 1320 vollendeter Dichtung als maritimer Unruhegeist. Der lässt sich ebenso wenig festhalten wie Francesco Petrarca, der 1336 zu einer unwahrscheinlichen Wanderung aufbricht. Er besteigt den Mont Ventoux in der Provence, einen immerhin 1900 Meter hohen Berg. Wozu? »Dabei trieb mich einzig die Begierde, die ungewöhnliche Höhe dieses Flecks Erde durch Augenschein kennenzulernen.« So etwas hat nie zuvor ein gottesfürchtiger Mensch unternommen, jedenfalls wissen wir nichts darüber. Petrarca steigt hinauf und genießt die Aussicht. Alles Mögliche geht ihm durch den Kopf, Gedanken an Gott und Ereig-

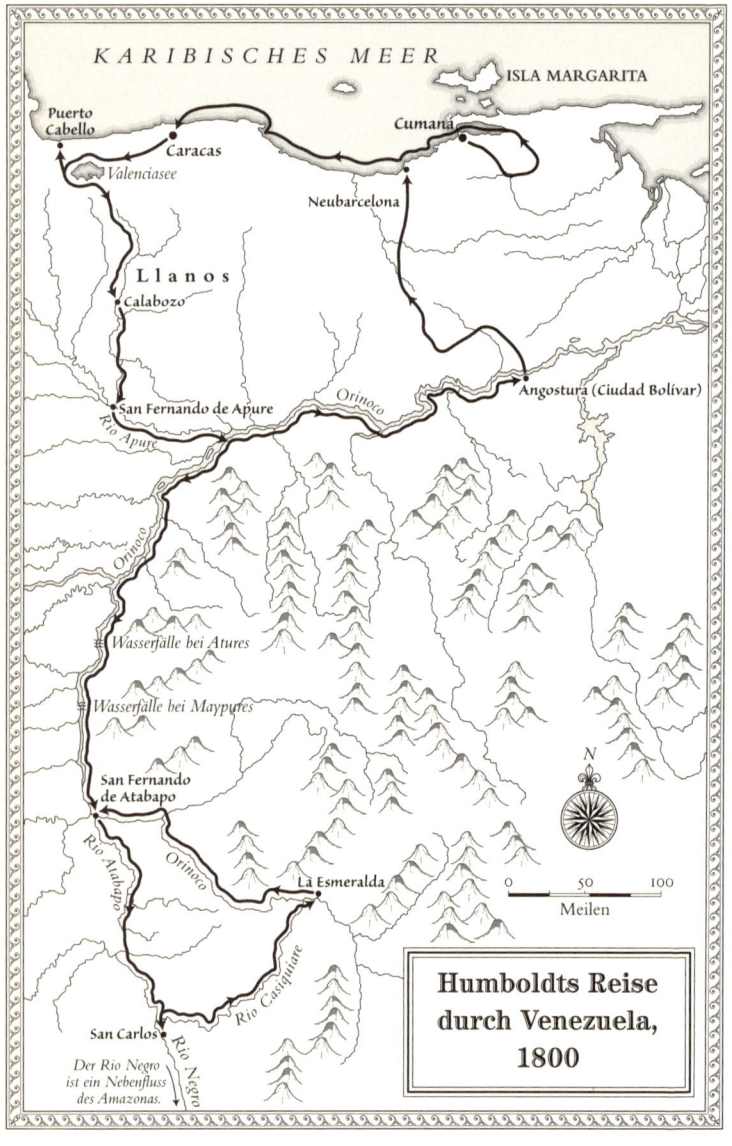

KARIBISCHES MEER

ISLA MARGARITA

Puerto
Cabello

Caracas

Valenciasee

Cumaná

Neubarcelona

L l a n o s

Calabozo

Orinoco

Angostura (Ciudad Bolívar)

San Fernando de Apure

Rio Apure

Orinoco

Wasserfälle bei Atures

Wasserfälle bei Maypures

N

San Fernando
de Atabapo

Rio Atabapo

Orinoco

La Esmeralda

0   50   100
Meilen

Rio Casiquiare

San Carlos

Rio Negro

Der Rio Negro
ist ein Nebenfluss
des Amazonas.

**Humboldts Reise
durch Venezuela,
1800**

nisse aus seinem Leben. Und es setzt sich in der Nacht hin und tut noch etwas bis dahin Unerhörtes. Er schreibt einen Brief an einen Vertrauten in Paris, trotz der Erschöpfung von der Bergtour, »um dir dies hier in Eile und aus dem Stegreif zu schreiben, damit nicht, wenn ich es aufschöbe, durch Ortsveränderung etwa die Gemütsbewegung sich wandele und so der Vorsatz zum Schreiben verbrause«. Frisch fixiert die Eindrücke, das Naturgemälde, wie Humboldt sagen würde, der das Problem kennt. Schreiben oder ruhen, schreiben oder weiterreisen, Schreiben auf Reisen, auf dem Zimmer oder in der Natur. Direkte Mitteilung oder reflektierte Komposition, das Dilemma bleibt. Petrarca hat es für die Neuzeit formuliert.

Eine andere Frage ist, mit was für Büchern sich der Reisende unterwegs beschäftigt, was für eine Literatur für die Reise eingepackt wird. Davon kann abhängen, wie das Reiseerlebnis aussieht. Humboldt hat sich für eine parallele Erzählung entschieden. Er nimmt ein Stück Urwald mit in den Urwald. Unterwegs liest er immer wieder in »Paul et Virginie«, einem exotischen Liebesroman von Bernardin de Saint-Pierre. Das Buch ist 1788 erschienen und spielt auf der Insel Mauritius. Geldgier und eine brutale westliche Zivilisation zerstören das Glück zweier Naturkinder. »Paul et Virginie« hat Manifestcharakter, feiert unberührte Flüsse, tiefe Wälder, fantastische Pflanzen. So stark ist seine Suggestivkraft, dass Humboldt das Buch am Orinoco hervorholt, weil darin »die mächtige Tropennatur in ihrer ganzen Eigentümlichkeit dargestellt ist«. Ein wenig werden Humboldt und Bonpland damit ihr Heimweh nach Europa und Frankreich gestillt haben, wenn es sie überkam. Bei Saint-Pierre finden sich Sätze, die den reisenden Forschern in schwierigen Situationen Mut machen: »Die Wissenschaften sind eine Hilfe des Himmels. Sie sind die Strahlen jener Weisheit, die das Weltall regiert und die der Mensch, durch himmlische Eingebung begeistert, auf der Erde festzuhalten gelernt hat. Sie sind ein göttliches Feuer. Wie das Feuer machen sie die ganze Natur unserem Gebrauch dienstbar. Durch sie vereinigen wir um uns her die Dinge, die Räume, die Menschen und die Zeiten. Sie sind es, die uns die Regeln des Lebens geben.« Und auch noch das: Wissenschaften als Beruhigungsmittel. »Sie dämpfen die Leidenschaften, drängen die Laster zurück, rufen Tugenden hervor durch die erhabenen Beispiele edler Menschen …« Humboldt hat das Buch geliebt wie kaum ein zweites.

Abfahrt von San Fernando, auf dem vierhundert Meter breiten Rio Apure, zum Orinoco. Die Besatzung der Piroge besteht aus einem Steuermann und vier Indianern, die Passagiere sind neben Humboldt, Bonpland und de la Cruz ein paar Spanier, mit denen sie sich angefreundet haben. Hühner, Eier, Bananen, Maniokmehl, Kakao sind geladen. Ebenso Gewehre für die Jagd und zur Selbstverteidigung. Der hintere Teil des Boots ist überdacht, mit Tischen und Bänken, Humboldts und Bonplands Arbeitsplatz.

Was hat ein Europäer zu der Zeit dort verloren, es sei denn, er ist Goldsucher, Missionar, Händler oder gehört zu den Kolonialbehörden! Oder er hat sich in den Kopf gesetzt, das Wassersystem zwischen dem Orinoco und dem Amazonas zu erkunden; wieder so eine Humboldt-Idee. In den späteren Reisewerken Humboldts liest sich die Begegnung mit dem Urwald wie ein abgewogener Expeditionsbericht. Humboldt aber reist nicht im staatlichen Auftrag, vielmehr auf eigene Veranlassung und Kosten und in kleiner Besetzung. Sein Stil bekommt nachher einen offiziellen Klang, kühl und sachlich, als sei damals eine ordentliche wissenschaftliche Entourage unterwegs gewesen. Die Fahrt auf den großen Flüssen – geschildert in der »Relation historique« – wird nach seinem Tod in gekürzten und verfälschten Ausgaben noch im 20. Jahrhundert zu simpler Abenteuerliteratur verbogen. Um einen möglichst frischen Eindruck zu bekommen, werden, wann immer möglich, hier die Reisetagebücher zitiert, in der Übertragung der Berlin-Brandenburgischen Akademie der Wissenschaften und weitgehend in der originalen Rohschreibweise. Die Überraschung, die Fiebrigkeit des Schauens bleibt spürbar, das schnelle Notat auf dem dahinziehenden Boot, das Schaukeln auf dem Wasser. Humboldt schreibt, zeichnet, rechnet, misst in freier Natur: »Von Diamante an tritt man erst eigentlich in eine wilde Natur, in der Tiger, Crocodile, Chiguire, Wildpret und zahllose Vogelgeschlechter als Herren der Erde leben. Der Fluß wird immer breiter und hat bis an den Orinoco die malerischsten Ufer, bald zur rechten, bald zur linken, nämlich immer ein sandiges Ufer, das wo der Strom austritt und versandet, und ein geschütztes Waldufer, bisweilen aber recht selten, wo [das] Ufer recht hoch und sehr fest, auch zwei Waldufer. Der Fluss stets 2 – 300 varas breit und die Ufer (wie der an Kunst gewöhnte Mensch sagt) ein englischer Garten. [Der] Wald, meist das Mangleartige Strauchwerk Sauza fol[iis] lanceolatis servatis, dicht am Fluß eine 4 Fuß hohe, überall gleichhohe, wie geschnittene Hecke bildend (ich begreife nicht, woher diese Gleichförmigkeit?) und hinter der Hecke dicht aneinander gedrängte hohe Laubbäume, Cedrela, Swietenia, Mimosen, Samán, Brasilienholz, Guayacán, keine andere Palme als Corozo und Píritu, doch beide selten – bald fehlt die Hecke und man hat freie Aussicht tief in den Wald. Durch die Hecke haben Tiger und verwilderte Stiere hier und da Öffnungen gebrochen und aus diesen treten die Waldtiere wie auf einen Schauplatz hervor. Je mehr der Hintergrund durch die Hecke versteckt ist, desto angenehmer gespannt ist die Aufmerksamkeit des Reisenden. Man hat das Auge stets geheftet auf die Öffnungen, aus denen Tiger, wilde Katzen … hervortreten, um am Wasser zu trinken … Welche zahllose Tierwelt, wo der Mensch den Lauf der Natur nicht stört oder die Elemente mächtiger als er sind.«

Krokodile faszinieren ihn. Ihn berührt »der sonderbarste Anblick, eine kleine Sandinsel, auf ihr ein Baumstamm und neben diesem zwei Crocodile, Mann und Weib glaubt man, nebeneinander auf den Füßen stehend, den Bauch nicht auf der Erde, über 18 Minuten lang (während wir sie beobachteten) unbeweglich wie Statuen, ohnerachtet eine Garze auf ihrem Kopfe umherhüpfte. Schlafen die Tiere in dieser steinernen Unbeweglichkeit? [Die] Indianer sagen nein?, es sei, um Fliegen zu fangen und Wohlgefallen an der Sonnenwärme. Rachen offen und etwas aufwärts gerichtet. Der Übergang zur Bewegung ist ganz allmählich, nie wie vor Schreck, alles krötenartig auf Feste und sehr gewandt, fisch-schnell im Wasser. Wenn das Crocodil sich zu bewegen anfängt, sah ich es meist das Maul schließen. Farbe grünlichgrau, oft wie alte Statuen.«

Ein Hund reist mit ihnen, er schläft am Feuer, die Gruppe campiert nicht allzu weit vom Ufer. Eines Nachts ist der Hund spurlos verschwunden, vermutlich von einer großen Wildkatze gerissen. Humboldt hat mehr Glück bei einer solchen Begegnung: »Ein gräßlicher Vorfall, der noch lange meine Einbildungskraft beschäftigen wird. Unterhalb der Vuelta des Algodonal, wo wir den Mittag in einer fürchterlichen Sandwüste (immer ein trockner Teil des Flussbettes) zubrachten, trieb mich die Neugierde, Crocodile in der Nähe schlafend zu beobachten, weit von den Gefährten weg. Ich ging allein, ohne alle Waffe dem Strande nach. Zufällig bückte ich mich, um den Glimmer im Sande zu betrachten. Ich sah neben mir frische Tigertritte, gewaltige, leicht erkennbare Tatzen. Ich blickte mechanisch der Spur nach – und etwa 30 Schritt von mir entfernt, vor mir etwas rechts sah ich einen gewaltigen Tiger im Schatten einer Sauzahecke liegen. Ich fuhr schrecklich zusammen, doch verlor ich keineswegs die Besinnung. Ich war wie bei aller großer Gefahr in einer völligen Ergebung, dem Schicksal mich überlassend. Ich besinne mich deutlich, daß mein inneres Gefühl mir zurief, nicht feige, denn nun ist es auf einmal aus mit Dir. Das zweite Gefühl war, kannst du dich retten, so laufe nicht.«

In ihm steckt auch ein hartgesottener Abenteuerschriftsteller, der seine Leser in Atem halten kann. Wobei der »Tiger« natürlich kein Tiger ist, sondern wahrscheinlich ein Jaguar: »Ich wandte mich behend um und ging langsam rückwärts, dem Ufer zu, langsam, ich zwang mich, wollte langsam gehen, aber die Furcht vor der furchtbaren Katze spannte mich mächtig an. Nach 5 – 6 Min. hielt ich es nicht für gefährlich, mich umzublicken. Der Tiger, wohl gemästet, saß majestätisch vor wie nach unter dem Laubdach, stier über den Fluss blickend, mich keines Anblicks würdigend. Beruhigter eilte ich nun weiter. Als ich mich noch einmal umsah, wo der Fluss einen Busen macht, hatte der Tiger seinen Platz verlassen, wahrscheinlich auf Affengeschrei, das ich tief im Walde wahrnahm. Lief ich oder schrie ich vor Schreck auf, so war ich verloren! Wir gingen nun mit Gewehr alle samt den Indianern dem Tiger nach, fanden ihn aber nicht mehr. So war ich bis heute dem Tigerrachen entronnen!«

Solche Actionszenen sind aber eher selten in seinem Werk. Schnell wieder gibt er sich den Schönheiten der Natur hin: »Die Flussschiffahrt ist für die Naturbeobachtung am vorteilhaftesten. Wie lange könnte man im Festen Lande umherstreifen, ehe man jene Schar von Tieren in der Nähe beobachten könnte, welche des Fischfanges, Raubes, Trinkens oder der Kühlung wegen aus dem Dickicht an den Fluss hervortreten. Wie bequem kann man hier schießen, die Sitten beobachten, ja den Tieren sich auf 5 Fuß nahen, da sie großen Teils nie, nie Menschen gesehen haben! Aber wie viele Tiere sieht man durchs Fernrohr halb verwirrt, die man nicht beschreiben kann.«

Humboldt steckt voller Humor und Spottlust. Ihm ist klar, dass die Wissenschaft, die er gerade mächtig vorantreibt, erst am Anfang steht; ein großer Teil der Tiere und Pflanzen sind noch unentdeckt: »Wenn weitreisende Naturalisten, Banks, Sparrmann, Nee die Menge der Gewächse zählen, die sie nie mit Blüten gesehen, die Menge der Vögel, die sie nie in der Nähe beschauen konnten – so wird es wohl klar, dass wir kaum zwei Drittel der Tier- und Pflanzenspezies bisher ordentlich kennen! Bei Vuelta de Basilio (hier Schwalben) sahen wir zwei wunderbare schwarze, kleine Affen, ganz schwarz ohne Abzeichen, mit Rollschwänzen. Was war dies? Ein deutscher Professor wird von diesen genaue Beschreibungen fordern. Schade, dass die Tiere nicht die Mäuler aufsperren, um die Zähne zu zählen.«

Sie erreichen den großen Orinoco. Humboldt hält im Telegrammstil fest: »Wasser des Apure gelblicher, unreiner, Orinoco-Wasser mehr dem Meerwasser ähnlich, bläulich-grün. Die Wasser unterscheiden sich in einem Bette ungemischt bis gegen Cabruta. Im Orinoco sieht man weniger Vögel, weil Wald entfernter. Er hat alles um sich her verwüstet, ist nicht Kanal wie Apure durch des Waldes Dickicht, wenigstens an wenigen Punkten. Mit Mühe zog man uns am Seile bis in den Orinoco, und dort gingen wir unter Segel Stromaufwärts. Ostwind sehr heftig. Wellen hoch schäumend, ganz wie im Meere. Auch fing B schon an, seekrank zu werden. Welche Wassermassen so entfernt vom Meere! Man sieht hier weniger Crocodile als im Apure, weil Fluß tiefer, aber größere, denn die großen im Apure suchen das tiefere Orinoco-Wasser. Ich erstaunte zu sehen, wie mitten im Wellenschlag gegen den Wind diese Ungeheuer über den Strom schwammen.«

Sie fahren flussaufwärts, Krokodile lauern überall. Die Piroge droht zu kentern. Wasser dringt ein, Humboldt kann nicht schwimmen. Er denkt an seinen Bruder und an den geliebten Reinhard von Haeften, schließt mit allem ab, die letzten Momente eines so viel versprechenden jungen Lebens, jetzt helfen keine Messdaten mehr – aber die Besatzung bekommt das Boot wieder unter Kontrolle. Sie erzählen einander nachher Horrorgeschichten, das macht das Erlebte leichter und sorgt für Unterhaltung an Bord.

Munter schreibt Humboldt über Leben und Tod auf dem Fluss, wobei es sich bei den gleich zu Beginn erwähnten »Cariben« um Piranhas handelt: »Wie der Mensch allem trotzt! Wir baden uns jetzt schon mitten unter Cariben, Sägen, Rayas und Crocodillen. Ein Indianer warnt immer den anderen, und nach und nach baden wir uns alle. Die Badelust erfindet immer Gründe, warum gerade hier, des Ufers, Badens, der Tageszeit ... wegen Crocodile nicht sich nähern. Ein wahres Hazardspiel, denn jährliche Beispiele beweisen, nach derselben Versicherung der Indianer, daß alle diese Gründe falsch sind.

Auch werden besonders Indianer ihrer Sorglosigkeit wegen genug gefressen. Aber die Gefährten sind, wie bei allem Unglück der Mitreisenden, gleichgültig. Man sagt mit Recht: Quien va con Indio, va solo. Man hat hundert Beispiele. Indianer sitzen im Vordertheil des Schiffes. Einer fällt ins Wasser. Man könnte ihn retten, Segel einziehen. Nein! Keiner der Kameraden schreit, keiner spricht ein Wort. Der Steuermann sieht den Indianer schon weit hinter sich. Man macht den Indianern Vorwürfe. Er kann schwimmen, und kann er das Schiff nicht erreichen, nun so ersäuft er, so holt ihn Tixitixi (der Teufel). Ein eigener Charakterzug des Wilden (denn was man als Eigenthümlichkeit des Amerikan. Indianers verschreit, gehört allen Menschen im Naturzustande zu), dem lebenden Gefährten gefällig; keiner trinkt, isst etwas allein, ohne nicht dem Gefährten mitzugeben; aber scheint der Gefährte dem Tode nahe (durch Tiger, Crocodil, vor Krankheit sterbend) nun, so ist er nicht mehr Glied dieser Gesellschaft, er gehört dem Tixitixi, keine Hülfe, kein Mitleid, keine Klagen!«

Die Europäer sammeln Proben in großer Zahl, scheinen Augen vorn und hinten im Kopf zu haben. Humboldt führt die besten Instrumente mit sich im Gepäck, die am Ende des 18. Jahrhunderts auf dem Markt sind. Aber die Photographie ist noch nicht erfunden. Die Dokumentationsarbeit verrichten der Stift, der zeichnet, und die Feder, die schreibt. Gespeichert sind die Informationen auf Papier, aber keinesfalls gesichert. Sich treiben lassen und dabei das Ziel vor Augen haben: Die Ufer des Orinoco laden zum Anlegen ein. Kleine Dörfer, Felsen mit »Tierbildern und symbolischen Zeichnungen« tauchen auf, auf einer Insel werden sie Zeugen der jährlichen Schildkröteneierernte der Indianer. Bei dem Spektakel treffen sich weiße Händler und Missionare, die ein primitives Willkürregime ausüben. Humboldt findet, dass die Indianer am Orinoco »im raschen Wechsel ihrer Gemütsbewegungen etwas Kindliches haben«. Sie sind aber, nur weil sie so behandelt werden, »keineswegs große Kinder, so wenig als die armen Bauern im östlichen Europa«. Der Reisende hat die »Barbarei des Feudalsystems« angeprangert, wo immer er sie angetroffen hat. Sie verstößt gegen die »menschliche Geisteskraft« und ist im Übrigen wirtschaftlicher Unsinn, zumal bei steigender Bevölkerungszahl.

Auch wenn die Menge der Daten über die Beschaffenheit des Wassers, die Temperaturmessungen, die Pflanzenproben erst lange nach dem Ende der Reise in eine Ordnung gebracht werden, ist es unglaublich, wie Humboldt, immer schlimmer von Moskitoschwärmen geplagt, hellwach noch Informationen über die Sprachen und Verhaltensweisen der Einheimischen aufnimmt, ihre Situation analysiert, Empathie aufbringt. Er schafft es, sich ebenso mit den in der Einsamkeit verrückt gewordenen Missionaren wie mit abergläubischen Indianern zu arrangieren, damit die Reise weitergehen kann. Sie müssen durch die Stromschnellen, steigen in ein voll bepacktes Kanu um. Ein Pater, Affen und Vögel in Käfigen sind mit von der Partie. Die Indianer rudern. »Man konnte nicht sprechen oder das Gesicht entblößen, ohne Mund und Nase voll Insekten zu bekommen … Aus Furcht vor den kleinen Karibenfischen badeten wir nicht. Die Krokodile, die wir den Tag über gesehen, waren alle außerordentlich groß, 22 – 24 Fuß lang.«

Bei den Stromschnellen von Maipures – an der Grenze zwischen dem heutigen Venezuela und Kolumbien – wird die Ausrüstung ausgeladen und über Kilometer an Land transportiert. Der Orinoco bricht sich an malerischen Steingebilden. Humboldt zeigt sich vom Charakter der Landschaft, von der »Stille in der Luft« und dem »Tosen der Wasser« tief beeindruckt: »Es ist mit den großartigen Naturszenarien wie mit dem Höchsten in Poesie und Kunst. Sie lassen Erinnerungen zurück, die immer wieder wach werden und sich unser Leben lang in unsere Empfindung mischen, sooft etwas Großes und Schönes uns die Seele bewegt.«

Die Indianer brauchen mehrere Tage, um das Boot durch den brodelnden Fluss und die Felsen zu navigieren. Wer hat da jetzt nicht Werner Herzogs großes Urwald-Kino »Aguirre« und »Fitzcarraldo«

vor Augen! Und dazu drängen sich seine lateinamerikanischen Tagebuchaufzeichnungen »Die Eroberung des Nutzlosen« auf. Im Jahr 2013 hat Werner Herzog in dem Auswandererfilm »Die andere Heimat« Alexander von Humboldt gespielt. Wie Humboldt hat Herzog sich in Extremsituationen begeben, in seinem filmischen Werk finden sich zahlreiche Naturdokumentationen.

Der Autor und Dokumentarfilmer Werner Biermann ist Humboldts amerikanischer Reiseroute im Abstand von zweihundert Jahren akribisch gefolgt. In seinem Buch »Der Traum meines ganzen Lebens. Humboldts amerikanische Reise« bezeichnet er die Stromschnellen als einen Höhepunkt der gesamten Unternehmung: »Niemals sonst, auch nicht in den eisigen Höhen des Chimborazo, habe ich Humboldt und Bonpland als Helden physischer Abenteuer mehr bewundert als in diesen Stunden in den Katarakten von Maipures.« Biermann starb 2016 auf einer Recherchereise in Afrika.

Wunder um Wunder, je länger die Reise dauert. Humboldt und Bonpland kommen unversehrt durch. Auf der Flussfahrt in den Süden profitieren sie von der Existenz der Missionsdörfer. Da können sie rasten, Vorräte auffrischen, sich über die weitere Reiseroute beraten. Berichte von Übergriffen und Misshandlungen häufen sich. Die Spanier kümmern sich nicht um ihre eigenen Gesetze. Wenn ein Indianer oder eine Indianerin nicht gehorcht, lautet das Urteil Gotteslästerung und Auspeitschen. Es wird alles notiert. Über Nebenflüsse erreichen sie den Rio Negro und fahren bis zur Grenzstation ans Ende der spanischen Welt. Am anderen Flussufer sitzen die Portugiesen. Zwei Dutzend Soldaten auf jeder Seite sichern die Herrschaft über die Wildnis, sie haben Kanonen aufeinandergerichtet. Humboldt bleibt bei den Spaniern. Auf portugiesischer Seite soll es einen Haftbefehl gegen ihn geben; es bestehe Gefahr, dass er freiheitliche Ideen verbreiten und spionieren könne. Humboldts Reise hat sich bis in diesen hintersten Winkel herumgesprochen.

Tatsächlich sind seine Erkenntnisse von hohem Wert. Am 10. Mai fahren sie ab zum Casiquiare. Das ist die bis dahin nicht bewiesene Verbindung des Orinoco mit dem Rio Negro und damit mit dem Amazonas. Humboldts Bestimmung der geographischen Breite und Länge ergibt, dass die Grenzstation nicht auf dem Äquator liegt wie allgemein behauptet. Humboldt leistet kartographische Grundlagenarbeit und leidet. Die Moskitoplage ist unerträglich, die Nahrungssituation kritisch, das Holz zu feucht, um Feuer zu machen, die Atmosphäre schwül und stickig. Von getrocknetem Kakao, Flusswasser und Ameisen müssen sie sich eine Woche lang ernähren. In der grünen Hölle zerbricht Humboldts Barometer.

Der Casiquiare im heutigen Venezuela ist ein natürlicher Kanal. Mit dieser Gabelung, der berühmten Bifurkation, bilden die beiden größten Flüsse Lateinamerikas ein gigantisches Wassersystem. Unter bestimmten Umständen gelangt Wasser aus dem Orinoco über den Casiquiare zum Amazonas. Auf kleineren Flüssen in diesem Bereich ist es sogar möglich, dass das Wasser in beide Richtungen fließt; ein feines Bild für Humboldts Hirnstrom. Auf der Rückfahrt, in einem dreckigen Nest namens La Esmeralda, schaut Humboldt zu, wie aus der Rinde von Schlingpflanzen das Pfeilgift Curare hergestellt wird. Es tötet durch Muskellähmung. »Das Glück wollte, daß wir einen alten Indianer trafen, der eben damit beschäftigt war, das Curaregift zu bereiten. Der Mann war der Chemiker des Ortes. Wir fanden bei ihm große tönerne Pfannen zum Kochen der Pflanzensäfte, flachere Gefäße, die durch ihre große Oberfläche die Verdunstung fördern, tütenförmig aufgerollte Bananenblätter zum Durchseihen der mehr oder weniger faserige Substanzen enthaltenden Flüssigkeiten. Die größte Ordnung und Reinlichkeit herrschten in dieser als chemisches Laboratorium eingerichteten Hütte.« Humboldt wird in die Geheimnisse des Mannes eingeweiht, den er mit Respekt einen Chemiker nennt. Aus einer Liane kommt der Grundstoff für »das starke Gift, das im Krieg, zur Jagd, und was seltsam klingt, als Mittel gegen gastrische Beschwerden dient«. Sogleich probiert Humboldt die zähe Flüssigkeit, die der alte Indianer in einem komplizierten Verfahren gewinnt. Dabei bestehe keine Gefahr, »da das Curare nur dann tödlich wirkt, wenn es unmittelbar mit dem Blut in Berührung kommt«. Die Curare-Verkostung steht in einer langen Reihe spektakulärer humboldtscher Selbstversuche. Weitere sollten folgen.

Was er auch unternimmt, er kommt glänzend weg und lebend heraus. Die Biographien neigen zur Hagiographie. Unfehlbarer Humboldt! Santo hombre! Es ist aber nicht so, dass er immerzu ein Vorbild abgibt. Humboldts Trupp benimmt sich auf der Reise auch genauso übel, wie es Weiße in der Regel tun. Und wir wissen nur von einigen Vorfällen. Sie entweihen einen heiligen Ort der Indianer und stehlen aus einer Höhle Schädel und andere Skelettteile, die Funde werden nach Europa geschickt. Zwei der Schädel befinden sich heute noch im Musée national d'histoire naturelle in Paris. Der Fall bietet sich heute für die Provenienzforschung und eine mögliche Rückgabe der mitgenommenen sakralen Gegenstände an.

Geschichten von Kannibalen hat es auf der gesamten Fahrt gegeben. Beim Stamm der Otomaken, den sie besuchen, ernähren sich die Menschen buchstäblich vom Boden, essen Erde, die in apfelgroßen Kugeln gelagert wird. Als sie in Angostura ankommen, der Hauptstadt von Spanisch-Guyana, scheint das Ärgste überstanden. Doch ein großer Teil der unterwegs gesammelten Proben ist verdorben und Humboldt, Bonpland und de la Cruz sind am Ende ihrer Kräfte. Bonpland erwischt es am schlimmsten. Fast stirbt er am Fieber, er braucht einen ganzen Monat, um sich zu erholen. Sie steuern wieder nach Cumaná, ihrem Ausgangspunkt, und werden vor der Küste von Piraten gefangen genommen. Die wollen ihre kostbaren europäischen Geiseln nach Neufundland verschleppen und Lösegeld erpressen. Ein englisches Kriegsschiff bringt die Rettung. Ende August 1800 sind sie wieder in ihrem amerikanischen Zuhause. In Cumaná hat niemand mehr mit Humboldt und seinen Begleitern gerechnet. Sie galten als tot.

Forscherglück in der Wildnis:
Gemälde von Friedrich Georg Weitsch, 1806

Die Königlich-Preußische Akademie der Wissenschaften zu Berlin hat ihn im Juli zum außerordentlichen Mitglied gewählt. Humboldt schreibt nach dem ersten großen Reiseabschnitt jede Menge Briefe nach Madrid, Paris, London, schickt geologische Skizzen, Listen mit astronomischen Daten und Proben seiner Sammlung über den Atlantik. Geschickt versteht er es, seine üppige Selbstdarstellung mit einem bescheidenen Ton zu unterlegen: »Dürfte ich mir schmeicheln, dass unter der Menge von Gegenständen, die mich auf dieser Reise um die Welt beschäftigen, der Bau der Erde durch meine Untersuchungen einiges Licht erhalten werde!« Variierende Grundmotive der Aussendungen sind die überstandenen Gefahren, die Schrecken der

Sklaverei und die Unmoral des Christentums, die Weite der Neuen Welt und seine persönliche Hochstimmung. Er hat noch so viel vor, teilt er seinem Bruder Wilhelm, den alten Freunden und den Wissenschaftskollegen in den europäischen Metropolen mit. Die Reise hat erst begonnen.

Vor Weihnachten landet er in Havanna, Kuba. Er will über Mexiko zur Westküste der Vereinigten Staaten, von dort weiter zu den Philippinen und über Indien, Aleppo und Konstantinopel nach Europa zurück. Er entscheidet sich aber anders. Noch immer träumt er von der Weltreise des Kapitän Baudin, er hofft ihn in Peru zu treffen und sich am Pazifik der Expedition anzuschließen. Er hat Nachricht bekommen, dass Baudin von Frankreich abgesegelt ist. Der Weg, den Humboldt und Bonpland entwerfen, führt über Land durch die Anden. Ein Spaziergang von mehreren tausend Kilometern. Dafür müssen sie sich von ihrem schweren Gepäck trennen. Die botanische Sammlung, die sie bisher angelegt haben, wird in drei mehr oder weniger identische Chargen aufgeteilt, aus Sicherheitsgründen; zwei Sendungen gehen später tatsächlich verloren. In einem Brief an seinen Freund und Mentor Willdenow in Berlin, verfasst Ende Februar 1801 in Havanna, zieht Humboldt eine erste Bilanz. Er skizziert einen Plan für das künftige vielbändige wissenschaftliche Werk. Falls er umkomme, soll Willdenow die gesammelten Pflanzen erhalten und auswerten. Er arbeite sehr viel, schlafe wenig, habe in Bonpland einen vortrefflichen Begleiter und Kollegen. »Wie viele Schwierigkeiten habe ich überwunden«, schreibt er und spricht von einer »gefahrvollen Irrfahrt.« Er ist sich selbst ein wenig unbegreiflich: »Meine Gesundheit und Fröhlichkeit hat trotz des ewigen Wechsels von Nässe, Hitze und Gebirgskälte sichtbar zugenommen, seit ich Spanien verließ. Die Tropenwelt ist mein Element, und ich bin nie so ununterbrochen gesund gewesen, als in den letzten zwei Jahren.« Er ist angekommen.

Kapitel 9
Das vollkommene Naturgemälde

DAS WASSER DER MEERE und das Wasser der Ströme, das Feuer der Vulkane, das Papier in seiner Hand – Humboldt lebt für die Elemente. Seine Begeisterung weckt eine Natur, die sich ja selbst nicht betrachten kann. Wenn er auch gern als kühler Weltvermesser dargestellt wird, so kann doch sein wissenschaftlicher Eifer der Natur das Geheimnisvolle nicht nehmen. Er vertieft im Gegenteil das Interesse an den Phänomenen, denn seine Forschungen kennzeichnet noch eine romantisch geprägte Sinnlichkeit. Emotion und Exaktheit sollen kein Widerspruch sein. In der berühmten Querschnittsdarstellung der Vulkane Chimborazo und Cotopaxi gibt es Humboldt auf einen Blick, emblematisch wie Albert Einsteins Formel $E=mc^2$. Das »Tableau physique des Andes et Pays voisins« gehört zu der Schrift »Ideen zu einer Geographie der Pflanzen«; die französische Ausgabe erscheint 1805, die deutsche 1807.

Die Anden-Graphik fehlt in kaum einem Buch über Alexander von Humboldt, der malerische Zuckerhut, der vulkanische Busen der Natur ziert viele Einbände. Die Berge stehen da mit akkurater Beschriftung. Es sind tätowierte Zeichen der Anwesenheit des Menschen, der nach einem System in der belebten und unbelebten Natur sucht. In den Angaben zu Höhen, Entfernungen, Druckluftzahlen steckt der Kampf um Genauigkeit, es zeigen sich wissenschaftlicher Stolz und künstlerische Eleganz. Plastisch wird das Gewaltsame des menschlichen Eingriffs, die Beschreibung hinterlässt physische Spuren. Das Bild wird eingerahmt von Tabellen mit Vergleichszahlen und

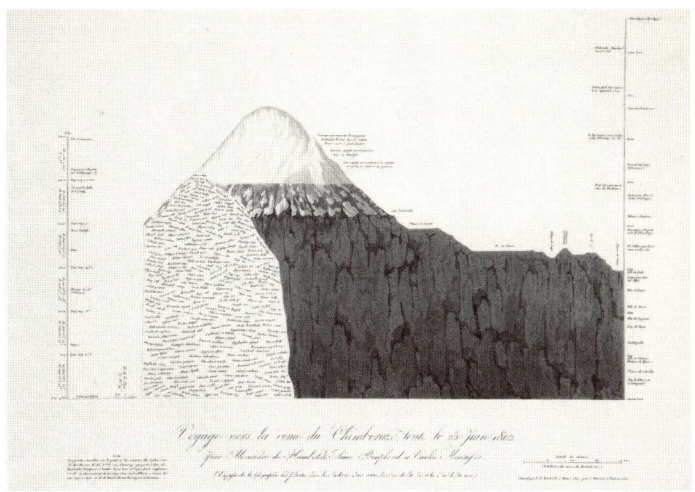

Wort mit Wachstum: Diagramm des Chimborazo

Legenden. Das »Tableau physique« gleicht einer Kalligraphie von Natur und Landschaft globalen Maßstabs, die Höhe des Montblanc in Frankreich und des Pico von Teneriffa sind eingezeichnet, Gesteinsschichten dargestellt, der Meeresspiegel zeichnet sich ab, im Berg tanzen die Namen der Pflanzen, dort, wo sie wachsen, sie wirbeln im botanischen Ballett vor blauem Himmel, den ein dünnes weißes Wolkenband durchzieht. Humboldts physischer Humanismus schärft die Sinne, daraus entwickelt sich überhaupt erst einmal ein Gefühl für die Zusammenhänge. *Relation* ist einer der wichtigsten Begriffe in Humboldts Werk. Es bedeutet in erster Linie »Erzählung«, in der etymologischen Herleitung geht es auch um »Beziehung«. Das »Tableau« lebt.

Und es übt eine eigenartige Sogwirkung aus. Es ist von fast naiver Einfachheit und zugleich ein elaboriertes Werk von hohem ästhetischem Wert. Das »Tableau physique des Andes et Pays voisins« ist die Mutter aller topographischen Darstellungen. Geologie, Biologie, Klimakunde und Kartographie feiern im wahren Sinn des Worts ein Gipfeltreffen bei den Vulkankegeln. Keiner kennt heute mehr

Graveure und Kartographen wie Sidney Hall, Charles Smith oder John Emslie. Sie haben herrliche Vergleichstafeln von Flüssen, Wasserfällen und Bergriesen geschaffen, noch zu Humboldts Lebzeiten, inspiriert von seinem »Tableau«, das in all diesen damals populären systematischen Darstellungen von großer Natur durchscheint. Praktisch nie genannt werden die Ausführenden: Nach einer Skizze Humboldts haben Lorenz Adolf Schönberger und Pierre Jean François Turpin diese Ikone fein gezeichnet, gestochen wurde das Blatt von Bouquet und Beaublé. Ihre Namen stehen sehr klein gedruckt am unteren Bildrand.

Aus dem Cotopaxi steigt auf der Schautafel eine schwarze Wolke auf. Und neben dem Schneegipfel des Chimborazo, der sich über die grünen Zonen und einen Wolkenschleier erhebt, ist der Höhe-Punkt markiert, den Humboldt und seine Begleiter erreichen werden. Die Angaben beruhen auf Humboldts eigener Messung und Schätzung und schwanken zwischen 5600 und fast 5900 Meter. Nur einige hundert Meter fehlen ihnen bis zum Gipfel. Trotzdem Weltrekord. Der Chimborazo wurde damals für den höchsten Berg der Erde gehalten und Humboldts kleine Gruppe steigt am 23. Juni 1802 so hoch wie nie ein Mensch zuvor. Humboldt ist ein versierter Selbstdarsteller. Aber dass er den Gipfel des Chimborazo erreicht hat, das hat er nie behauptet.

Er nimmt einen langen Anlauf. Zufall und Plan halten sich auf dem Weg dorthin die Waage. Was sich bietet, wird mitgenommen. Die Neue Welt heißt so, weil der Mensch hier die Welt noch einmal neu entdeckt. Ende März 1801 sind Humboldt und seine Begleiter, von Kuba kommend, in Cartagena gelandet und wären vor der Küste beinahe gekentert. Drei Wochen später schiffen sie sich auf dem Rio Magdalena ein, im heutigen Kolumbien. Humboldt erinnert sich an die Flussfahrt als »schreckliche Tragödie«. Fieber rafft die einheimischen Ruderer dahin, er selbst erweist sich wieder als immun. In Honda besucht er einen Stollen, in dem deutsche Bergleute arbeiten;

dort beginnt der Aufstieg in das 2600 Meter hoch gelegene Bogotá, die Hauptstadt Neugranadas. Wie Könige werden sie empfangen, bekommen eine eigene Villa, die ersten Tage nichts als Empfänge, Diners, Honneurs. Humboldt wird ein Salzbergwerk besichtigen, aber den knapp zweimonatigen Aufenthalt im Bogotá prägt die Begegnung mit José Celestino Mutis. Der damals siebzigjährige Mediziner, Priester und Naturwissenschaftler, im spanischen Cádiz geboren, lebt seit 1760 in der Neuen Welt und hat sich dem fortschrittlichen Denken und Experimentieren zugewandt. Mutis' Bibliothek ist legendär, er beschäftigt ein Dutzend Zeichner und Maler und gilt als bedeutendster Botaniker der spanischen Welt.

In Bogotá revanchiert sich Humboldt für die großzügige Unterstützung durch die spanische Krone. Über das Bergwerk von Zipaquirá verfasst er ein Gutachten, das technische Neuerungen vorschlägt; es geht ihm, wie schon in Franken, um die Sicherheit der Grubenarbeiter und die Steigerung des Ertrags. Er übergibt dem Vizekönig Karten des Rio Magdalena und der Hochebene von Bogotá bis hin zum Orinoco. Niemand hatte ihm den Auftrag gegeben, diese bis dahin kaum vermessenen Gebiete zu kartographieren. Das hat Eindruck gemacht. Humboldt nimmt sich dafür die Freiheit heraus, mit jungen Männern zu verkehren, die sich einer neuen Elite zugehörig fühlen: Einige haben wegen ihrer freiheitlichen Ansichten im Kerker gesessen. Humboldt gehen die gesellschaftlichen Verpflichtungen in Bogotá bald auf die Nerven.

Vier Monate dauert der Treck von der Hauptstadt bis Quito, durch die Kordilleren. Sie durchqueren stickig heiße Täler und müssen über steile, unzugängliche Pässe, drei- bis viertausend Meter hoch. Die Kolonialherren, wenn sie eine solche Reise antreten, lassen sich von den Einheimischen tragen, sitzen auf Stühlen, die auf dem Rücken der menschlichen Lasttiere festgebunden sind. Humboldt lehnt ab, geht zu Fuß. Die Nachricht von den fremden Reisenden hat sich schnell verbreitet, jedes Kaff erwartet sie mit Unterhaltungsprogrammen und

Banketts. Die Landherren, begeistert von den inzwischen berühmten Besuchern aus Europa, geben ihnen ihre bequemen Betten. Nach einer Woche ununterbrochenem Regen bei eisigen Temperaturen saufen sie fast ab. Sie sehen unterwegs die ersten Vulkane, Humboldt ist kaum zu halten. Anfang Januar 1802 logieren sie in Quito in einem komfortablen Haus, zurück in der Zivilisation, die hier einiges zu bieten hat. Humboldt beschäftigt sich mit den kulturellen Leistungen der Inka, sammelt Material für die späteren »Ansichten der Kordilleren und Monumente der eingeborenen Völker Amerikas«. Hier lernt er den jungen, hochgebildeten Adligen Carlos de Montúfar kennen, der ihm bis nach Europa folgen wird. Montúfar gilt später als ein Befreier Ecuadors.

Mithilfe der »Ideen zu einer Geographie der Pflanzen« lässt sich der Verlauf der Reise bis hierhin noch einmal nachvollziehen: »Wenn man von der Meeresfläche zum Gipfel hoher Gebirge emporsteigt, so verändert sich nach und nach die Ansicht des Bodens und die Reihe physikalischer Erscheinungen, welche der Luftkreis darbietet. Die Pflanzen der Ebene verlieren sich unter Alpengewächse von mannichfaltiger Bildung. Den hohen Waldbäumen folgt niedriges Gebüsch mit knorrigen Ästen; diesem folgen duftende Kräuter, deren zartwollige Oberfläche mit gegliederten Saugröhren besetzt ist. Weiter hinauf, in luftdünneren Höhen, wachsen gesellig die Gräser, und an die einförmige Grasflur stößt die Region der kryptogamischen Gewächse. Flechtenarten liegen hier einsiedlerisch unter ewigem Schnee vergraben und bezeichnen die obere Grenze der organischen Schöpfung.«

Der Vulkan Antisana ist der erste, mit dem Humboldt und seine Begleiter Bekanntschaft machen. Eisige Kälte, körperliche Beschwerden – und die blendende Schönheit der Aussicht, als sich die Wolken einmal verziehen. Auf einer Höhe von über fünftausend Metern spielt das Herz verrückt, einige der ungeübten Bergsteiger bluten aus dem Mund. Auf einem anderen Berg, dem Pichincha, fällt Humboldt in Ohnmacht. Er trägt bei diesen Gipfelstürmereien seinen preußi-

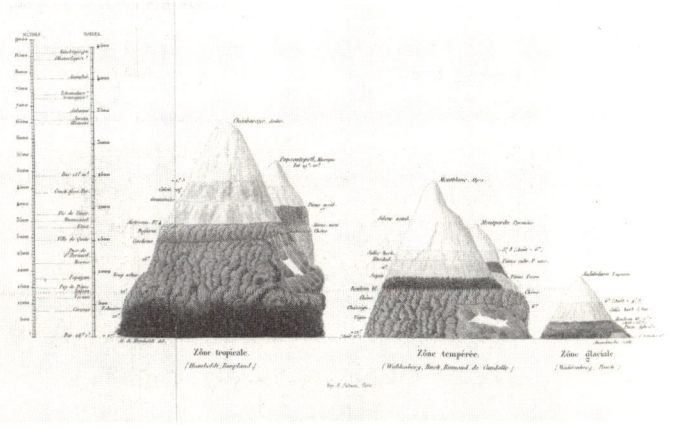

Schnitt durch die Natur: Der Cotopaxi und der Chimborazo,
Montblanc und Sulitjelma in Norwegen

schen Uniformrock. Wiederholt stapft er durch Eis und Schnee beinahe ins Verderben, es droht der Absturz in die Tiefe, das Versinken im Schnee. Sie schlittern über Gletscher, hängen über dem Kraterschlund, balancieren über spitze, glatte Felsen … irgendwann muss sein Seefahrer-Bergsteiger-Glück einmal aufgebraucht sein. Das Training, das er Jahre zuvor in den vergleichsweise flachen Alpen absolviert hat, erweist sich als nützlich. Er versteht es, in unwegsamem Gelände und bei schlechter Witterung seine Messinstrumente einzusetzen. Ende April ist der Cotopaxi dran, aber auf 4400 Höhenmetern geht es nicht mehr weiter. Die perfekte konische Idealform des Vulkans war zu Humboldts Zeit von Bergsteigern nicht zu bewältigen. Von trainierter, passend ausgerüsteter Bergsteigerei kann bei diesen wahnwitzigen Unternehmungen ohnehin nicht die Rede sein.

Am Fuß des Chimborazo erleben sie einen Empfang in einem Dorf, der ihrem Begleiter, einem hohen Beamten, gilt: »Die Wege waren mit Triumphbögen geschmückt, die mit Baumwolltüchern, mit Tellern und anderen Gefäßen aus Silber sowie mit Fahnen verziert waren. Im Hauptbogen gab es eine Nische, in der sich Musiker und ein junges, reich gekleidetes Mädchen befanden, das bei dem Gedanken zitterte, sich so hergerichtet und auf so gefahrvolle Weise ausgestellt zu sehen. Der Redner sang zunächst, wobei er das Gesicht hinter einem Gazeschleier verbarg, der an einer Kordel hing. Die Indianer verfügen über eine ausgeprägte Mimik. (Die wilden Indianer am Orinoco begehen ihre Maskenfeste mit Teufelstänzen.) Nach dem Gesang zeigte der Redner sein Gesicht und hielt eine Ansprache an den corregidor, in der unsere Expedition nicht vergessen wurde.« Humboldt sieht unterwegs Baumwollspinnerinnen und bemerkt: »Sie sind Sklaven, ohne Freiheit, ohne Eigentum und ohne Werkzeug!« Er macht sich Gedanken über unterirdische Flüsse, die auf dem Chimborazo entspringen und erinnert an die katastrophalen Vulkanausbrüche des Winters 1796/97, der Chimborazo aber gilt als friedlich. Die Gewalt bricht anderswo aus der Erde hervor, aus den

Bergen, »vielleicht widersteht die Masse des Chimborazo der Eruption«. Er hört »unterirdischen Lärm«, ein »furchtbares Getöse«, die Erde wackelt, aber nichts kann ihn jetzt mehr abschrecken.

Der Aufstieg beginnt. »Der Tag war sehr dunkel und neblig«, notiert Humboldt im Reisejournal. Es schneit, »man sah den Gipfel nur von Zeit zu Zeit«. Am Fuß des Schneebergs haben sich Seen gebildet. »Wir gingen mehr als 4 ½ Stunden über den Schnee. Unsere Begleiter stiegen erst zu Beginn des ewigen Schnees vom Pferd«. Humboldt hat den Sextanten und den Künstlichen Horizont mitgenommen, »aber das schlechte Wetter machte alles unmöglich.« Auf der Höhe von gut 5000 Metern kehren die meisten um, sie bekommen keine Luft mehr. Humboldt, Bonpland und einige andere Männer steigen weiter und stoßen »auf einen schmalen Grat«. Der Tod klettert mit. Links und rechts geht es steil hinunter. Humboldt denkt über den Absturz nach und zöge es im schlimmsten Fall vor, sich beim Aufprall auf das Felsgestein den Hals zu brechen, besser als in Schnee zu versinken. »Man musste sich mit Händen und Füßen festhalten. Wir alle verletzten sie uns, wir alle bluteten … Auch das Atmen wurde stark beeinträchtigt, und noch unangenehmer war, dass alle Übelkeit, einen Drang sich zu erbrechen verspürten … Außerdem bluteten uns das Zahnfleisch und die Lippen. Das Weiße unserer Augen war blutunterlaufen … Wir fühlten alle eine Schwäche im Kopf, einen ständigen Schwindel, der in der Situation, in der wir uns befanden, sehr gefährlich war … Wir stiegen noch eine halbe Stunde weiter auf. Es wurde so neblig, dass wir den Gipfel nicht sehen konnten. Die Reihe von Felsblöcken setzte sich noch immer fort. In uns kam ein Schimmer von Hoffnung auf, den Gipfel erreichen zu können … Aber eine große Spalte setzte unseren Bemühungen ein Ende.« Das Erlebnis hat jahrzehntelang in ihm gearbeitet. 1837, und noch einmal im Jahr 1853, erinnert er sich: »Die Nebelschichten, die uns hinderten, entfernte Gegenstände zu sehen, schienen plötzlich, trotz der totalen Windstille, vielleicht durch elektrische Prozesse, zu zerreißen. Wir erkannten einmal wieder, und zwar ganz nahe, den domförmigen Gipfel des Chimborazo. Es war ein ernster, großartiger Anblick.«

Trotz des irrsinnigen Leichtsinns, den die humboldtsche Seilschaft von schlecht ausgerüsteten, ahnungslosen Amateuren in eisiger Höhe an den Tag legt, spürt man die Demut, die er vor dem Giganten in seiner »stillen Größe und Schönheit« empfunden hat, eine religiöse Erfahrung. Er beugt sich der Natur; einen anderen Gott akzeptiert er nicht.

Die Torturen und Verzweiflungen in 5500 Metern Höhe haben Paul Kanut Schäfer und Rainer Simon ausführlich beschrieben. 1987/88 unternahmen sie die »Filmexpedition auf Alexander von Humboldts Spuren«. Kälte, logistische Alpträume, immer neue Hiobsbotschaften begleiteten die Dreharbeiten bei ihrer »Besteigung des Chimborazo«. Überwältigende Glücksgefühle, wenn etwas gelingt und halbwegs nach Plan verläuft. Wie gefasst wirkt dagegen Alexander, wenn er sich unvorbereitet und schutzlos auf den Bergriesen stürzt. Im Jahr 1880, ein Menschenleben nach Humboldt, schaffen Bergsteiger zum ersten Mal den Gipfel des Giganten. Der Klimawandel lässt jetzt die Gletscher auf den Andenriesen abschmelzen.

Humboldt erhält Nachricht, dass er die Baudin-Expedition definitiv nicht erreichen wird. Sie hat ihre Route geändert. Aber das kann er ebenso gut: einen anderen Weg einschlagen als den geplanten. Und er war ja so gut wie ganz oben auf dem Vulkan. Sie haben einen Aufstieg überlebt, für den die Menschheit damals noch gar nicht das geistige Fassungsvermögen hatte. So hoch, so weit, zu welchem Zweck? Humboldt setzt neue Maßstäbe. Er macht es auf eigene Faust, er organisiert die Vorstöße ins Unbekannte selbst, zusammen mit einer Handvoll Freunden und Kollegen. Und er fühlt sich wohl dabei, gesund und munter. Nenne es Extremsport oder Erkenntnisdrang. Humboldt attackiert den Berg, weil er es will.

Drei Monate nach dem heroischen Scheitern am Chimborazo – ein mythisch behandeltes Ereignis, das ihn zu einer Berühmtheit in Lateinamerika und Europa macht – erblickt er beim Abstieg aus den Anden einige hundert Kilometer weiter südlich den Pazifischen Ozean. Lima ist der südlichste Punkt der Reise. Dort besteigen sie ein spanisches Schiff, sie wollen nach Mexiko. Ein neues Jahr hat begonnen, 1803, und es wird begrüßt von einem Ausbruch des Cotopaxi. Der Vulkan spielt mächtig auf, es ist noch bis aufs Meer zu spüren, als sie davonsegeln. Die antarktischen, fischreichen Wasser vor der Küste von Chile, Peru und Ecuador sollten einmal nach Alexander benannt werden: der Humboldtstrom, Spanisch la corriente de Humboldt, Englisch the Humboldt Current. Er stellt eines der größten Ökosysteme des Planeten dar. Die gelegentlich im Dezember auftretende Erwärmung des Meerwassers, El Nino genannt, hat heftige Auswirkungen bis nach Mexiko, Brasilien, Afrika und Indien. Überschwemmungen auf der einen Seite, Dürre auf der anderen. Das Klima ist der Bote der Globalisierung, den man nicht wegschicken kann. Der Humboldtstrom bezeichnet den Weg. Humboldts Messungen der Strömungen und Temperaturen des Meeres stehen am Beginn moderner Klimaforschung.

Vulkane verbinden die Höhe mit den Tiefenschichten der Erde, so wie das Meer die Tiefe und die Weite umspannt. Das Vulkanerlebnis auf See hallt nach. Im ersten »Kosmos«-Band wird er vierzig Jahre später schreiben: »Die tätigen Vulkane sind als Schutz- und Sicherheits-Ventile für die nächste Umgegend zu betrachten. Die Gefahr des Erdbebens wächst, wenn die Öffnungen der Vulkane verstopft, ohne freien Verkehr mit der Atmosphäre sind; doch lehrt der Umsturz von Lissabon, Caracas, Lima, Kaschmir und so vieler Städte von Kalabrien, Syrien und Kleinasien: dass im ganzen doch nicht in der Nähe noch brennender Vulkane die Kraft der Erdstöße am größten ist.« Humboldts Schiff hält Kurs nach Norden. Der Amerikareisende am Beginn des 19. Jahrhunderts bedauert, dass sein Handelsschiff keinen Abstecher zu den Galapagosinseln macht. Es wäre zu viel des Guten gewesen, hätte Humboldt dort angelegt und dem damals noch gar nicht geborenen Charles Darwin die Schau gestohlen.

Kapitel 10
Fünf Wochen in den Vereinigten Staaten

EINE MODERNE FORM DES UNTERWEGSSEINS wird kultiviert. Neu daran ist, dass der Reisende emotional und intellektuell durchdringt, was er sieht. Es entsteht ein Gesamtbild. Was er aufnimmt, wird eingeordnet, ohne dass er sich dabei simpler Klischees bedient. Er selbst, der gebildete Europäer, steht nicht im Zentrum des Geschehens unterwegs, sondern er schaut nach den anderen Perspektiven. Humboldt lässt sich auf die fremde Natur ein, ist aber durch seine Vorbereitungen schon mit ihr vertraut. Er taucht ein in die Landschaft und er hat den Kopf über Wasser, weil er die Eindrücke bereits aufzubereiten beginnt für die Zeit danach. Sinnliches Erleben und die zugleich erhobenen Messergebnisse müssen in Einklang gebracht werden. Er ist am Ort und schon wieder fort. In Paris und in Berlin verhält es sich nicht anders, da wirft er sich auf die großen Flüsse und Gipfel Lateinamerikas zurück, um die wissenschaftliche Auswertung voranzutreiben. Er verharrt in einem permanenten Reisemodus.

Mexiko, damals Neuspanien, hat er mehrfach als Ziel angegeben, schon am Hof des spanischen Königs in Aranjuez, als er seinen Pass bekam. Es war ein Land auf einer langen Wunschliste, die er doch nur in Teilen realisieren konnte. Das Humboldt-Dilemma: So ungeheuer viel hat er erreicht und ebenso viel nicht. Auf den Chimborazo gestiegen, aber nicht bis zum Gipfel. Südostasien, die Philippinen, Australien, eine Weltumseglung, das Rote Meer, Ägypten – alles abgeblasen. Die Amerikaexpeditionen aber bringen reiche Ernte.

Dass er ein ganzes Jahr in Mexiko verbringen würde, von März 1803 bis März 1804, hat er sich wohl nicht vorgestellt. Nach den Stromschnellen des Orinoco und den Schneestürmen in den Anden wird es ein zivilisierter, arbeitsamer Aufenthalt. Humboldt reist kreuz und quer durch den reichsten Teil Neuspaniens, verbringt viel Zeit in den Bibliotheken, Ämtern, akademischen und künstlerischen Einrichtungen; die Infrastruktur in Mexiko-Stadt genügt europäischen Ansprüchen. Allerdings mehren sich die Anzeichen von Heimweh und Melancholie bei Humboldt. Vielleicht ist er einfach einmal erschöpft.

Doch die Fülle und Vielfalt der Daten, die Humboldt in Mexiko erheben wird, zudem in relativ kurzer Zeit, grenzt erneut an Verrücktheit. Freilich gehen ihm Beamte und Wissenschaftler zur Hand, der Vizekönig gewährt ihm volle Unterstützung. Dennoch wirkt er unzufrieden, seine in Südamerika beschädigten Apparate sind so leicht nicht zu reparieren oder zu ersetzen. »Vielleicht wird es in Zukunft möglich sein, mit besserem Wissen und vollkommeneren Instrumenten eine andere Reise zu unternehmen, ein Plan, der mich zu den schönsten Träumen verführt«, schreibt er in einem Brief nach Paris. In einem anderen Brief aus der Zeit gibt er eine Kostprobe seines Humors: »Es ist jedermanns Pflicht, im Leben jene Stellung einzunehmen, in der er seiner Generation am besten zu dienen vermag. Ich glaube fast, dass es meine Bestimmung ist, in einem Krater umzukommen oder auf dem hohen Ozean zu ertrinken.« Im Mai 1804, auf dem Weg in die USA, wäre es beinahe passiert. Der Frachter gerät in Seenot, kämpft sich bei den Bahamas durch schwere Stürme. Humboldt spricht vom »schlimmsten Tag seines Lebens«.

Über Mexiko verfasst er ein Werk, das die moderne Länderkunde, die politische Geographie begründet. Ab 1808 erscheint bei F. Schoell in Paris der »Essai politique sur le royaume de La Nouvelle-Espagne«, gewidmet »seiner Katholischen Majestät Karl IV. König von Spanien und beider Indien«. Bald darauf kommt bei Cotta der erste Band der deutschen Ausgabe heraus. Landwirtschaft und Ernährung, Straßen- und Bergbau, Wasserwege, Klima und Kultur, Geschichte und Bevölkerungsentwicklung, Handwerk und Manufakturindustrien, Binnen- und Seehandel, Volksgesundheit und Verwaltungsaufbau, die finanzielle Lage des Staates und selbst das Militärwesen: Der mexikanische Essay ist umfassend, gespickt mit Tabellen und Statistik. Dazu wird belastbares Kartenwerk geliefert. Wenngleich aus persönlicher Sicht geschrieben, in Form des Ich und Wir, erreicht das fünfbändige Werk den höchstmöglichen Grad an Objektivität. Die eigene Anschauung unterscheidet den mexikanischen Essay von nahezu allem, was zuvor über die Neue Welt geschrieben worden ist. Die Vorgänger betrachten Amerika oft nur vom sicheren europäischen Schreibtisch aus. Humboldt formuliert, analysiert aus erster Hand. Der mit dem Freifahrtschein einer imperialen Behörde Reisende macht seine Erkenntnisse öffentlich.

Bei den toltekischen Pyramiden denkt er an die »kolossalen Monumente von Ägypten, Persepolis und Palmyra«; die kennt er allerdings nur aus Büchern. Ihn faszinieren die Form der Sakralbauten und die ihnen zugrunde liegenden profunden astronomischen Kenntnisse, wie man es aus dem antiken Babylon kennt. »Welche Ähnlichkeit mit den Denkmälern des Alten Kontinents!« Die Kunst und Architektur der Azteken nennt er »klassisch«. Was ihn beim Betrachten »hieroglyphischer Figuren« in Mexiko anweht, ist ein Empfinden von Weltkultur. Humboldt verwischt nicht die Unterschiede und Eigenheiten zwischen römisch-griechisch-ägyptischer Klassik und mesoamerikanischen Hochkulturen, er erkennt die Qualität der jeweiligen Zivilisationen an. Das revolutionär Neue im mexikanischen Essay liegt in der Zusammenschau sämtlicher Fakten und Phänomene und im menschlichen Ansatz. Der Aufklärer Humboldt, stellt Hanno Beck fest, orientiert sich an Forster und Herder und Kant und ist »dem Menschen zugewandt«.

Fünf Jahre Lateinamerika – und nun folgen fünf Wochen in den

USA. So kurz der Besuch ausfällt, so mächtig ist die Wirkung auf Humboldt und auf die jungen Vereinigten Staaten. Dieses Kapitel in Humboldts Biographie kommt in der Regel zu kurz und wird sträflich unterschätzt. Der Auftritt des preußischen Herrn und seiner Reisefreunde wirkt wie ein privater Staatsbesuch. Er zeigt Humboldt von seiner opportunistischen Seite. Eingefädelt hat die Sache der US-Konsul in Havanna, Vincent Gray. Er lädt ihn in die Vereinigten Staaten ein. Humboldt und seine Begleiter machen auf Kuba Zwischenstation, von Mexiko kommend. Auch über Kuba wird er einen Essay verfassen, der das Genre der Landeskunde weiterbringt. Der Diplomat Gray avisiert der US-Regierung einen Gast, der wertvolle Informationen über den südlichen Nachbarn der USA liefern könne – das spanische Mexiko. Kurz zuvor, im April 1803, hat Frankreich im so genannten Louisiana Purchase den USA eine gewaltige Landmasse für ein Trinkgeld überlassen, 828 000 Quadratmeilen, die heute die Fläche von fünfzehn US-Bundesstaaten von den Rocky Mountains zum Mississippi umfassen. Die USA expandieren in einer Geschwindigkeit, die es in der Geschichte noch nicht gegeben hat. Der Zukauf von Territorium hat keine historische Parallele. In Washington entsteht eine neue Hauptstadt und die Lewis-und-Clark-Expedition hat sich soeben nach Westen auf den Weg gemacht, als Humboldt den Delaware hinaufsegelt.

In einem Brief an Präsident Thomas Jefferson, datiert vom 24. Mai 1804, Philadelphia, bittet Humboldt um ein Treffen. Der französische Text ist in dem bereits bekannten Ton von gespreizter Untertänigkeit und dem Anpreisen der eigenen Verdienste gehalten. Humboldt gibt Jefferson einen kurzen Abriss der Lateinamerika-Forschungsreise mit dem Hinweis auf den Höhenrekord am Chimborazo. Er spricht von seinem »brennenden Wunsch, nach Paris zurückzukehren«, habe aber der moralischen Verpflichtung nicht widerstehen wollen, die Vereinigten Staaten zu besuchen, ein Volk, »das das kostbare Geschenk der Freiheit versteht«. Humboldt richtet sich vor allem an den Wissenschaftler und Autor Jefferson, er versteht in einem Atemzug zu schmeicheln und zu fordern. Der Präsident ist einundsechzig, sein europäischer Besucher fünfunddreißig Jahre alt. Sie haben manches gemeinsam, vor allem die Verbindung nach Paris, wo Jefferson von 1785 bis 1789 Botschafter war. Jefferson fühlte sich so europäisch, wie Humboldt sich einen »halben Amerikaner« nannte. Die beiden eint, so der Untertitel von Sandra Reboks 2014 erschienenem Buch »Humboldt and Jefferson«, eine »transatlantische Freundschaft der Aufklärung«. Dazu kommen die Wissenschaftsbegeisterung und starke Sympathie. »Humboldt war«, schreibt auch der Historiker und Lateinamerika-Experte Michael Zeuske, »in gewissem Sinne ein atlantischer Intellektueller, nicht nur ein deutscher, französischer oder europäischer«.

In Philadelphia, dem geistigen Zentrum des jungen Landes, werden Humboldt und Co. herumgereicht, die amerikanische Elite reißt sich um die exotischen Europäer, die aus dem Urwald kamen, begierig auf den Austausch von Neuigkeiten und Ideen. Humboldt wird eingeführt in die American Philosophical Society, den intellektuellen Mittelpunkt der USA, er hält einen Vortrag über seine Reise durch Neuspanien. Jefferson ist Präsident der Society. Charles Willson Peale, Künstler und Naturforscher, kümmert sich um Humboldt und sucht seinen Rat. 1786 hatte Peale sein »American Museum« eröffnet, nun will er es zu einer nationalen Einrichtung erweitern. Peale hat George Washington, Benjamin Franklin, Thomas Jefferson und viele andere Berühmtheiten porträtiert. Und Alexander von Humboldt. Das Format des Bildes ist oval, in einem goldenen Rahmen. Humboldt hat einen jugendlichen, frischen Ausdruck, mit roten Backen und gekräuseltem Haar. Sein Blick ist fragend, herausfordernd, skeptisch, leicht abschätzig.

Peale begleitet Humboldt, Bonpland und Montúfar – die Freunde werden; wie üblich nirgends erwähnt – in der Postkutsche nach Washington. Die erste Begegnung mit Jefferson lässt sich auf den 5. Juni

Gemälde von Charles Willson Peale, 1804

1804 datieren. Humboldt bleibt eine gute Woche in Washington, seit 1800 Hauptstadt der USA und damals noch eine Baustelle in den Sümpfen von Maryland und Virginia. Er trifft sich mehrfach mit Jefferson, auch im privaten Rahmen. James Madison, den Außenminister und späteren US-Präsidenten, lernt er kennen, außerdem Finanzminister Albert Gallatin. Wie in Philadelphia ist Humboldt sofort die Attraktion der Gesellschaft. Die Damen schwärmen von ihm und es fällt nicht nur Peale auf, wie souverän sich Humboldt im Englischen, Französischen, Spanischen bewegt, wie schnell er redet, oft in mehreren Sprachen gleichzeitig, auch Deutsch ist dabei. Ein glänzender Unterhalter, der sich zu präsentieren weiß und die Geduld der Zuhörer reichlich strapaziert. Er redet in diesen frühen Jahren schon sehr viel, ohne Pause.

Das Unfertige des Landes, seine endlose Ausdehnung – hier ist Platz zum Denken, Forschen, hier sind die Maßstäbe sinnlich zu greifen, die Humboldt an seine Arbeit anlegt. Hier herrschen Expansion des Denkens und Wissens, Freiheit und Natur. Humboldt träumt seinen amerikanischen Traum. Er gibt dem Staat in der Entstehung grenzenlosen moralischen Kredit. Das hier ist nicht Preußen, sondern ein Paradies. Die Virginia Declaration of Rights und die United States Declaration of Independence, beide von 1776, riechen noch nach frischer Tinte, alles scheint möglich. Humboldts Sympathie für Jefferson und seine Begeisterung für den neuen Staat, der damals noch nicht einmal dreißig Jahre alt ist, können eine Erklärung dafür sein, dass er sich wie ein US-Spion verhält und hier bei der Sklavenfrage wegschaut.

In Monticello, Virginia, hat Jefferson seinen Landsitz erbaut, im Stil des italienischen Renaissance-Architekten Andrea Palladio. Jefferson gilt als Prototyp des Freiheitspräsidenten, er ist einer der US-Gründerväter: Bis heute wird nicht groß darüber gesprochen, ob und wie viele Kinder Jefferson mit der Leibeigenen Sally Hemings gezeugt hat, die dreißig Jahre jünger war als er. Bereits um das Jahr 1802 tauchen Spekulationen über diese Beziehung auf, die sich über eine lange Zeit, Jahrzehnte möglicherweise, hinzog. Sechs Kinder von Jefferson könnten es gewesen sein und alle sollen ihm recht ähnlich gesehen haben. Monticello in Virginia, dieser so europäisch anmutende Herrschaftssitz, war eine Fassade für Sünden, Lügen, Bigotterie und Thomas Jefferson der Liebhaber einer Unfreien, die sehr attraktiv und nicht sehr schwarz gewesen sein soll. Ihr Großvater war Engländer, ein gewisser Captain Hemings. DNA-Analysen haben inzwischen die Existenz eines Kindes bestätigt, das Jefferson mit Sally Hemings hatte. Die Spur der Jefferson-Hemings-Kinder verlieren sich nach dem Erreichen des 21. Lebensjahres. Wahrscheinlich hat der große weiße Mann sie freigelassen. Jefferson hat sich gegen die Sklaverei ausgesprochen, sich aber ebenso rassistisch geäußert. Er entwickelte eine Farben-Rassenlehre, mit der er den Grad des Schwarz- und Sklavenseins von Kindern aus solchen Mesalliancen bestimmen wollte. Das am Ende doch eher glückliche Schicksal seines eigenen Fleisches und

Blutes zeigt die Absurdität dieser First-Family-Geschichte: Einige der Jefferson-Hemings-Kinder gingen offenbar dank ihrer nicht so dunklen Hautfarbe als Weiße durch.

Humboldt besucht Monticello nicht, wie in der Literatur gelegentlich behauptet wurde. Auf seinem herrschaftlichen Landsitz hält Jefferson gut zweihundert Sklaven, eine stattliche Zahl. Bei dem fünfwöchigen USA-Besuch hat Humboldt »das größte Übel der Menschheit«, wie er die Sklavenwirtschaft genannt hat, nicht offen angesprochen. Sonst ist das immer sein Thema, wohin er auch reist. Die Quälerei der Sklaven lässt ihn nicht los. Kaum in Cumaná, in der Neuen Welt gelandet, zeigt er sich auf dem Sklavenmarkt angewidert. In seinem Essay über Kuba wird er klar und deutlich und ausführlich auf die Sklavenfrage eingehen. Und von Berlin aus wird er sein Leben lang beobachten, wie sich die USA in dieser Menschheitsfrage verhalten. Nur jetzt interessiert es ihn nicht, es überwiegt die Höflichkeit, er will seine nordamerikanischen Gastgeber nicht irritieren. Er sieht in den US-Städten nur livrierte Schwarze. Auf die Plantagen kommt er nicht.

Mit Jefferson erörtert er die Möglichkeit eines Landdurchstichs in Mittelamerika, um Atlantik und Pazifik zu verbinden. Das ist seine Vision. Die Geographie der zukünftigen, freien Welt. 1914 wird der Panamakanal eröffnet. Sie sprechen über Hölzer und ihre Eigenschaften für den Bau von Navy-Schiffen. Vor allem aber geht es bei Humboldts Gesprächen im Weißen Haus um die Informationen über Mexiko. Der Gast erweist sich als äußerst nützlich. Freigebig breitet er Aufzeichnungen, Skizzen, Karten aus, wie Minister Gallatin sich erinnert. So viel habe er in Jahren nicht erfahren wie in diesen Stunden mit dem Preußen aus dem Urwald. Der redet sich vor dem exklusiven Publikum in Begeisterung. Sieben Jahre später wird er mit der Publikation des Mexiko-Werks beginnen, jetzt aber sind die Informationen für die Nordamerikaner exklusiv. Nicht einmal die spanische Krone, die ihm die Reise ermöglicht hat, verfügt zu diesem

Zeitpunkt darüber. Dazu gehören Erkenntnisse über die militärische Stärke Neuspaniens. Kein Fremder darf das Land ohne Genehmigung betreten, es steht faktisch unter Embargo. Von besonderer Bedeutung ist Humboldts Landkarte aus dem Grenzgebiet im Süden der USA. Es geht um Texas. Auf Nachfrage Jeffersons liefert Humboldt Informationen über die Zusammensetzung der Bevölkerung in dem Landstrich, um den die USA und Mexiko 1846 bis 1848 Krieg führen werden.

Humboldt stellt sein Material für Kopien zur Verfügung, wovon General James Wilkinson Gebrauch macht. Laura Dassow Walls bezeichnet Wilkinson in ihrem Buch »The Passage to Cosmos. Alexander von Humboldt and the Shaping of America« (2009) als amerikanisch-spanischen Doppelagenten. Die neuere US-amerikanische Humboldt-Literatur bewertet das Karten- und Datenmaterial, das Humboldt freigebig in Washington präsentiert, als unschätzbar wertvoll für die weitere Expansion der Vereinigten Staaten. Es war von deutlich höherer Qualität als das, was Lewis und Clark nach zwei Jahren aus dem Westen zurückbrachten. Humboldt führt Jefferson und den wichtigsten Männern des Kabinetts vor, was moderne Wissenschaft bedeutet, wie wichtig sie sein kann für politische, ökonomische, militärische Zwecke. Er gibt ihnen nicht nur handfeste Fakten an die Hand, sondern auch methodisches Rüstzeug für künftige Erkundungen ins Landesinnere. In seinem Buch »Humboldt's Mexico« (2017) setzt sich der kanadische Historiker Myron Echenberg mit den Spionagevorwürfen auseinander. Es gibt da zwei Lesarten. Er zitiert auf der einen Seite den mexikanischen Wissenschaftler Ortega y Medina – nach dessen Auffassung sind die Dokumente, die Humboldt der US-Regierung zur Verfügung stellt, von »größter strategischer Bedeutung für den Militärdienst der USA« gewesen. Und Humboldt sei sich dessen auch bewusst gewesen. Auf der anderen Seite zeigt sich eine für Lateinamerika nicht untypische Humboldt-Romantisierung. Der mexikanische Historiker Enrique Krauze sieht den Deutschen als »Evangelisten der Wissenschaft«, der die Kunde eines »vielversprechenden und zu respektierenden Mexiko« verbreiten wollte.

Humboldt hat sein Wissen stets geteilt, im Bewusstsein, dass er bei seinem Riesenwerk auf die Mitarbeit und Offenheit anderer Wissenschaftler und Politiker angewiesen ist. Im Grunde strebt er bereits einen freien Informationsfluss und Datenzugang an. Von der Wissenschaft hat er ein demokratisches Grundverständnis: Der Privilegierte reicht seine Funde weiter. Seine Korrespondenz allein mit US-amerikanischen Persönlichkeiten umfasst bis in die späten Jahre hunderte Briefe. Ist er bei seinem Besuch in Washington blind gewesen? Das kann vielleicht für seine Ansicht gelten, in den so fortschrittlichen USA werde sich die Sklavenfrage schon irgendwie lösen. Aber für den Umgang mit den Mexiko-Informationen? Hat er sich dabei einwickeln lassen oder gar eine eigene Agenda verfolgt – etwa die Hoffnung, die junge Washingtoner Republik könnte das morsche Feudalsystem in Lateinamerika zum Einsturz bringen? In Europa setzt Napoleon alles daran, seine Macht auszudehnen und zu etablieren, das schwächt die Spanier. Die USA bereiten sich langsam auf ihre zukünftige Rolle als Welt- und neue Kolonialmacht vor. Humboldt bewegt sich an jenen Stellen, an denen die historischen Verschiebungen beginnen, die politischen Kontinentaldriften. Nicht auszuschließen, dass ihn gelegentlich das Gefühl überwältigte, Geschichte zu schreiben. Und dass dabei alle Zurückhaltung aufgegeben wurde.

In einem Brief an Jefferson aus Philadelphia, 27. Juni 1804, zum Abschied, schätzt er sich glücklich, erlebt zu haben, wie die Menschen »auf diesem Kontinent mit großen Schritten einem vollkommenen gesellschaftlichen Leben entgegengehen, während Europa ein unmoralisches und melancholisches Schauspiel bietet«. Trotz allem Heimweh, die Rückkehr fällt schwer. Im Fall Jefferson bricht Humboldts romantisches Erbe durch. Ein gebildeter Präsident, ein

Wissenschaftler als Staatsmann, ein Ideal! Ein Land, das eine neue Menschheit schafft – für das edle Ziel lohnt es sich, Spion zu sein. Im Dienst der guten Sache fühlt sich das Fragwürdige nicht schlecht an, es stellt sich die moralische Frage gar nicht. Und nie darf bei Humboldt die Eitelkeit unterschätzt werden – wie er da in Washington und Philadelphia zur Krönung des amerikanischen Abenteuers groß herausgekommen ist!

Die Welt leiht sich seine Augen. Seine Beobachtungsgabe und Kombinatorik ersetzen ganze Beraterstäbe. Er benutzt im Gegenzug die Mächtigen für seine Zwecke, das unbehelligte Reisen und Forschen. So war es mit der spanischen Krone, so wird auf lange Sicht das Verhältnis zu den preußischen Herrschern sein und bei Gelegenheit zum russischen Zaren. Er fungiert, allerdings auf eigene Veranlassung, als Kurier und Kundschafter, Diplomat und Dokumentarist. Es ist Humboldt, der mit wenigen Ausnahmen die Spielregeln und den Zeitpunkt der Kollaboration mit den Mächtigen bestimmt oder, wenn es einmal eng wird, sich Auswege und Ausflüchte zu sichern versteht.

Außenminister Madison stellt ihm für alle Fälle einen Pass aus. In Europa herrscht Krieg. Das Schiff, das Humboldt und seine Freunde Bonpland, Montúfar und de la Cruz und fünfundvierzig Kisten mit wissenschaftlichem Material über den Atlantik trägt, heißt *La Favorite*.

Kapitel 11
Der Star, der aus den Tropen kam

NACH HUMBOLDTS AMERIKAREISE ist die eine Welt nicht mehr ohne die andere zu denken. Das ist das radikal moderne Element seines insistierenden Wagemuts. Dreihundert Jahre lang hat die spanische Krone die amerikanische Hemisphäre mehr oder weniger erfolgreich isoliert. Sie war tendenziös schlecht oder gar nicht beschrieben. Das ändert sich mit Humboldt in den kommenden Jahrzehnten: Die Welt wird nicht nur erobert und aufgeteilt sein, sondern durch seine zusammenhängende Beobachtung und Datenauswertung ein zweites Mal entdeckt. Er unterzieht die amerikanische Entdeckungsgeschichte mit all ihren Mythen, Missverständnissen, Grobheiten und überheblichen Thesen einer gründlichen Revision. Mit Humboldts Privatdiplomatie wird die scharfe Trennung zwischen dem nördlichen und dem südlichen amerikanischen Kontinent ein wenig gelockert. Er wirkt in diesem epochalen Zusammenrücken der Welten wie ein Katalysator. Die ausgiebigen Messungen schon bei der Ausfahrt von La Coruña und zuvor in den Alpen, als er sich auf die große Reise vorbereitet hat, bilden die Grundlage für Meteorologie und Ozeanographie, Geologie und verlässliche Kartographierungsmethoden. Von den Sümpfen Washingtons und den Anden nach Paris treibt er politisch-geographische Grundlagenforschung.

So stellt sich die Großwetterlage dar, als Humboldt und Bonpland wieder europäischen Boden betreten: Europa steuert auf ein Jahrzehnt verheerender Kriege und grundlegender Umschichtungen zu, das spanische Amerika kämpft bald um die Unabhängigkeit. Napoleon beendet mit Pomp die revolutionäre Phase endgültig. Humboldt revolutioniert die Wissenschaft. Simón Bolívar wird sich beide zum Vorbild nehmen, um in der lateinamerikanischen Heimat die spanische Herrschaft anzugreifen und schließlich auszuschalten. Humboldt arbeitet an einem Schriftwerk, das diese Umwälzungen beeinflusst und in das sie einfließen. Amerika – ein Jugendtraum hat sich realisiert, nur in ganz anderen Dimensionen, größer und folgenreicher als je gedacht. Wie er da als Berühmtheit durch die Salons der französischen Hauptstadt navigiert! Wie er die schwierigsten Unternehmungen anpackt, er wirkt zielstrebig und selbstverständlich. Die Welt staunt über die reiche Ernte, die Humboldt gemeinsam mit Bonpland einbringt.

Mitte September 1804 spricht er im Institut National in Paris über die Reise und macht mit wilden Geschichten von Indianern und Raubtieren Sensation. In den ersten Monaten nach der Rückkehr hält er etliche Vorträge, »Sur la géographie des plantes« oder über die »Longitude de la capitale du Mexique«. Fünf Jahre hat er in der spanischen Welt in Übersee verbracht und schlüpft nun mühelos in den französischen Sprachraum. Kein Gedanke an Müßiggang, an eine Ruhephase. Es ist die Rede von neuen Reiseplänen, nach Griechenland, nach Asien. Verblüffend seine Fähigkeit, den Aggregatzustand zu wechseln, vom Fahren auf Flüssen und Ozeanen, Klettern auf verschneiten Sechstausendern und strapaziösen Märschen zum Gehen und Verweilen in der eleganten Stadt. Die Bewegung des Körpers hat sich auf sein Denken und Schreiben, seinen Geist übertragen, so dass er zugleich *dort* ist und hier, erfüllt von motorischer Sensibilität.

An Wilhelm von Humboldt schreibt er aus Paris im Oktober 1804: »Ich arbeite hier sehr viel und glücklich. Der Ruhm ist größer als je. Es ist eine Art von Enthusiasmus, auch geht den Leuten fürchterlich das Mühlrad im Kopfe umher, denn in oft einer Sitzung habe ich astronomische, chemische, botanische und astrologische Dinge im größten Detail vorgebracht.« Alexander redet sein Publikum schwindelig, der reißende Humboldtstrom hat die Zeitgenossen fasziniert und auch abgestoßen. Er berichtet dem Bruder noch, dass er sich prachtvolle, teure Kleidung hat schneidern lassen. »Man muss nach solcher Reise nicht scheinen, auf den Hund gekommen zu sein.«

Ein Sesshafter, wie es im Vergleich mit Alexander erscheinen mag, war Wilhelm freilich nicht. Wilhelm von Humboldt ist 1797 mit seiner Familie nach Paris übergesiedelt. In den folgenden Jahren unternimmt er zwei ausgiebige Reisen nach Spanien. 1802 wird er preußischer Botschafter beim Heiligen Stuhl in Rom, in seinem Haus tummelt sich der europäische Dichter- und Künstleradel. Der Posten ist eigentlich ideal – vor allem repräsentativ, Arbeit fällt kaum an. Wilhelm widmet sich dem Studium der Antike, korrespondiert mit Goethe und Schiller. Mit seinen Schreibplänen kommt er kaum voran. Als im August 1803 sein ältester Sohn, Wilhelm, stirbt, bricht die fragile Welt der römischen Sinecure zusammen. Im Winter 1804 nimmt Caroline die beiden älteren Kinder und reist ab nach Paris. Sie könne das Klima in Rom nicht mehr ertragen, sagt sie. Das lässt sich auf vielerlei Art und Weise verstehen. Die Ehe geht durch eine tiefe Krise, wohl ausgelöst durch den Tod des Kindes. Wilhelm weiß, »dass unser Leben von jetzt an nicht mehr so glücklich sein kann. Es ist einmal in seinem Inneren gestört.« Es komme jetzt »nur darauf an, das innere Wesen festzuhalten, mit einer Art schonungsloser Kühnheit ins Leben einzugreifen und es auszuleben«. Caroline trifft in Paris einen Graf von Schlabrendorff wieder, mit dem sie eine intime Beziehung unterhält. Wilhelm führt in der Villa an der Spanischen Treppe nach ihrer Abreise »in keiner Weise eine einsiedlerische Existenz«, wie sein Biograph Lothar Gall bemerkt.

Alexander sieht in Paris seine Schwägerin wieder. Sie bemerkt, dass er im Grunde ganz der Alte sei, nur »viel fetter«. Amüsiert und zuweilen genervt verfolgt sie seinen Zug durch die französische Hauptstadt. Er ist der Mann der Stunde, hat kaum Zeit für sie und die Kinder. Die Ausstellung seiner botanischen und geologischen

Funde aus Lateinamerika zieht im Jardin de Plantes die Massen an. Alexander lässt sich feiern. Er erobert Paris, ist »unendlich beschäftigt und fetiert«. Caroline und auch Wilhelm, immer noch in Rom, sorgen sich um Alexander, weil sie fürchten, er gehe ihnen und der deutschen Kultur verloren. Alexander hat sich für Paris entschieden, Paris trägt ihn auf Händen, und sollte er die Stadt verlassen, dann höchstens Richtung Mittelmeer. Auch St. Petersburg lockt ihn. Bloß nicht Berlin!

Beide Brüder bemühen sich ein Leben lang um ein balanciertes Verhältnis von Nähe und Distanz zum preußischen Staat. Darin unterscheiden sich Alexander und Wilhelm im Grunde wenig. Beide verfolgen ihr individualistisches Ideal. Die Herausbildung des Menschen zum Geschöpf von Geist und Kultur kommt wieder dem Staat zugute, der Gemeinschaft, der sie auf allerdings unterschiedliche Weise dienen. Wilhelm lässt sich von Fall zu Fall in den Staatsdienst berufen, während Alexander durchaus nach seiner Überzeugung lebt, er habe der Wissenschaft seine Existenz und ganze Kraft zu widmen. Ein kluger Monarch weiß sich das zunutze zu machen. Jedenfalls ist der preußische König Friedrich Wilhelm III. schlau genug, Alexander von Humboldt zu nichts zu zwingen; davon hätten beide Seiten nichts gehabt. 1805 wird Alexander ordentliches Mitglied der Akademie der Wissenschaften zu Berlin – und zum königlichen Kammerherrn ernannt, ein Titel ohne Verpflichtung, aber mit Salär, was nicht für alle Kammerherrn selbstverständlich ist. Im gleichen Jahr besorgt Humboldt seinem Reisegefährten Bonpland eine französische Staatspension von 3000 Franc jährlich. Das ist er ihm nicht nur schuldig, es ist darin auch ein Grundzug des humboldtschen Wesens zu erkennen: Großzügigkeit.

Flamboyant. Mit einem Wort ist die Wirkung des preußischen Baron aus dem Urwald auf die Pariser beschrieben. Er darf sich als Star fühlen und führt sich so auf. Aber sein Höhenflug bekommt einen äußerst unangenehmen Dämpfer. Er wird am 28. Oktober 1804 bei einer diplomatischen Audienz dem Ersten Konsul der Französischen Republik vorgestellt. Die Unterredung mit Napoleon verläuft kurz und schmerzhaft. »Also, mein Herr, Sie beschäftigen sich mit Pflanzen?«, soll Napoleon Humboldt gefragt haben. Als der höflich zustimmt, bemerkt Napoleon: »Das tut meine Frau auch.« Er nimmt ihn als Mann nicht ernst, verspottet ihn als Weichling. Es klingt wie eine Anspielung auf Humboldts Homosexualität. Aimé Bonpland steht eine Zeitlang in Diensten der Kaiserin Joséphine. Er betreut als Direktor ab 1804 die Parks und Gärten des Chateau de Malmaison mit den exotischen, frisch nach Frankreich eingeführten Gewächsen; hier wohnt das Kaiserpaar privat.

Der Imperator aus Korsika und der Kolumbus aus Preußen sind gleich alt, beide 1769 geboren. Das weltgestalterische Element teilen sie gleichfalls. Nur dass Napoleon mit seiner Grande Armee Millionen Menschen in den Tod schickt und einen Kontinent anzündet, während Humboldt Pflanzen aus dem Boden zieht, Tiere aufspießt und unzählige Blätter füllt mit seiner krakeligen Handschrift, um die Welt zu begreifen und zu verändern. Napoleon lässt ihn nicht aus den Augen. Eifersucht auf Humboldts wissenschaftliche Erfolge, die er im Alleingang erringt, muss bei Napoleon eine Rolle gespielt haben. In den folgenden Jahren wird Humboldt in Paris von der Geheimpolizei überwacht, seine Post wird geöffnet, einmal steht er kurz vor der Ausweisung aus Frankreich. Der französische Herrscher, sagt Humboldt, der damit vielleicht seine eigene Bedeutung anheben will, sei »voll Hass« auf ihn gewesen. Es ist eine schöne ironische Schlusspointe, dass Napoleon am Vorabend der Schlacht von Waterloo, seiner definitiven Niederlage, in Humboldts Schriften liest. Humboldt überlebt Bonaparte um Jahrzehnte.

Es trifft zu, was Mathias Énard in seinem faktenreichen, mit dem Prix Goncourt ausgezeichneten Roman »Kompass« feststellt: »Seit Bonaparte in Ägypten 1798 die Dienste von Wissenschaftlern in Anspruch genommen hat, um seine Proklamation an die Ägypter zu

Legendenbildung: Simón Bolívar und Alexander von
Humboldt auf einem Gemälde von Etna Velarde, 1983

schreiben und sich als ihr Befreier feiern zu lassen, gerieten Wissenschaftler, Künstler und ihre Arbeiten wohl oder übel immer wieder
in die Lage, den politischen oder wirtschaftlichen Interessen ihrer
Epoche zu dienen.« In der Einschätzung der Macht der Wissenschaft
liegen Humboldt und Napoleon dicht beieinander. Der Forscher
verteidigt die Freiheit, die der Herrscher gewährt, um sie bei Bedarf
einzuschränken.

Humboldt ist selbst nie zimperlich gewesen, wenn es ums Austeilen und Abfertigen geht. Humboldts Worte beißen schnell und spitz
wie Piranhas. In Paris begegnet er dem jungen Simón Bolívar. Der
noble Herr aus Venezuela fällt ihm nicht weiter auf und noch viele
Jahre später wird Humboldt sagen, er habe damals, 1804 und 1805,
sich wirklich nicht vorstellen können, dass dieser Spieler und Salon-
löwe, dieser Schuldenmacher und Herzensbrecher eines Tages den
lateinamerikanischen Kontinent mit Krieg und Revolution überzieht.
Bolívar, Anfang zwanzig, versucht in den Pariser Salons sein Leid zu
vergessen. Bald nach der Hochzeit ist seine Frau verstorben. Er sieht

keinen Sinn mehr im Leben, er will es verprassen. So sagen seine Biographen, die häufig zu Hagiographien neigen. Dazu gehört das gern glorifizierte Zusammentreffen mit Humboldt. Norbert Rehrmann schreibt in seiner nüchternen Bolívar-Biographie (2009): »Die Bekanntschaft mit Humboldt, der auch Venezuela bereist hatte, machte er vermutlich im Salon seiner Geliebten – eine weitere Legende war geboren: Der gefeierte Wissenschaftler und Humanist, mit den Verhältnissen in Südamerika bestens vertraut, erkannte in Bolívar den künftigen Befreier und ermutigte ihn zu seinen kühnen Taten. Die Wirklichkeit stimmt freilich nicht mit der romantischen Bilderbuchgeschichte überein.«

In Gabriel García Márquez' Bolívar-Roman »Der General in seinem Labyrinth« ist Humboldt eine aktive Rolle zugedacht. Simón Bolívar, schreibt der kolumbianische Literaturnobelpreisträger, »hatte ihn in seinen Pariser Jahren kennengelernt, als Humboldt gerade von seiner Reise durch die Äquinoktialländer zurückgekehrt war. Ebenso wie Intelligenz und Weisheit überraschte ihn an dem Mann der Glanz einer Schönheit, die er bei einer Frau noch nie gesehen hatte.« Humboldt habe ihn überhaupt erst auf die Idee gebracht, »dass die spanischen Kolonien reif für die Unabhängigkeit seien«. Humboldt habe Bolívar die Augen geöffnet.

1983 brachte die DDR eine 35-Pfennig-Briefmarke mit den Konterfeis von Humboldt und Bolívar heraus, im Hintergrund der Umriss Südamerikas. Legenden halten am längsten. Diese ist auch nicht zu belegen: Von Paris seien sie gemeinsam nach Italien gereist und hätten den Vesuv bestiegen. Zwei Gipfelstürmer, vereint in der Höhe! Auf einem etwas niedrigeren Berg, dem Monte Sacro bei Rom, soll Bolívar im August 1805 den Schwur geleistet haben, die Ketten zu sprengen und als »Führer des amerikanischen Kreuzzugs« die Heimat aus der spanischen Knechtschaft zu befreien. Bei ihm unter der heißen Sommersonne war nicht Humboldt, sondern sein geistiger Mentor Simón Rodríguez – als Zeuge nicht besonders überzeugend.

Tatsächlich sind sich Humboldt und Bolívar in Rom noch einmal über den Weg gelaufen. Humboldt zeigt sich immer noch nicht beeindruckt. Zuvor wird Bolívar Zeuge eines bizarren Pariser Schauspiels: Sein Idol Napoleon krönt sich am 2. Dezember 1804 in Notre-Dame in Anwesenheit des Papstes selbst zum Kaiser. Prunk und Protz der Zeremonie spotten jeder Beschreibung. »Allein der Krönungsmantel Joséphines trug einen Hermelinbesatz, der über einhunderttausend Francs gekostet hatte«, schreibt Johannes Willms in seiner Napoleon-Biographie: »Die Gegenrevolution hatte auf der ganzen Linie triumphiert. Ihr war es gelungen, die absolute Monarchie mit allem, was dazugehört, zu errichten, aber das sollte ihr nicht lange zum Vorteil gereichen.«

Humboldt erlebt den Beginn einer wunderbaren neuen Freundschaft. Joseph Louis Gay-Lussac (1778 – 1850) ist Physiker und Chemiker. Die beiden stürzen sich sogleich in Experimente, beschäftigen sich mit der Elektrolyse und werten die Messungen über den Sauerstoffgehalt der Luft aus, die Gay-Lussac von seinem gefährlichen Ballonflug im September 1804 mitbringt; dabei erreicht er eine Rekordhöhe von knapp über siebentausend Metern, deutlich mehr Höhenmeter als Humboldt bei seinem Versuch, den Chimborazo zu besteigen. Die beiden Gipfelstürmer verstehen sich ausgezeichnet; wissenschaftlicher Neid ist Humboldt fremd. Er sieht sich in Gesellschaft der Besten. Gay-Lussac geht mit Humboldt 1805 nach Italien. Sie besuchen Wilhelm von Humboldt in Rom und ziehen weiter nach Neapel, besteigen den Vesuv, der kurz vor einem Ausbruch steht. Humboldts Begeisterung für Vulkane ist ungebrochen.

Er kann einmal die vulkanische Aktivität aus nächster Nähe beobachten: »Einen Tag nach dem Einsturz des 400 Fuß hohen Schlackenkegels, als bereits die kleinen, aber zahlreichen Lavaströme abgeflossen waren, in der Nacht vom 23. zum 24. Oktober, begann der feurige Ausbruch der Asche und der Rapilli. Er dauerte ununterbrochen 12 Tage fort, doch war er in den ersten 4 Tagen am größten.

Während dieser Zeit wurden die Detonationen im Innern des Vulkanes so stark, dass die bloße Erschütterung der Luft (von Erdstößen hat man durchaus nichts gespürt) die Decken der Zimmer im Palaste von Portici sprengte. In den nahegelegenen Dörfern Resina, Torre del Greco, Torre dell'Annunziata und Bosche Tre Case zeigte sich eine merkwürdige Erscheinung. Die Atmosphäre war dermaßen mit Asche erfüllt, dass die ganze Gegend, in der Mitte des Tages, mehrere Stunden lang in das tiefste Dunkel gehüllt blieb. Man ging mit Laternen in den Straßen, wie es so oft in Quito, bei den Ausbrüchen des Pichincha, geschieht. Nie war die Flucht der Einwohner allgemeiner gewesen. Man fürchtet Lavaströme weniger als einen Aschenauswurf: ein Phänomen, das in solcher Stärke hier unbekannt ist und durch die dunkle Sage von der Zerstörungsweise von Herculanum, Pompeji und Stabiä die Einbildungskraft der Menschen mit Schreckbildern erfüllt.«

Auf den breiten Flüssen Südamerikas und an den Hängen des Vesuv am Mittelmeer: Das unpersönliche »man« ist charakteristisch für Humboldts distanzierten Stil. Eigentümlicherweise bleibt er zugleich dicht am Geschehen und den Menschen.

In den Namen der Orte am Golf von Neapel klingt die Katastrophe des berühmten Ausbruchs von 79 n. Chr. nach. Heute befinden sich dort vielbesuchte Ausgrabungsstätten und Museen, riesige römische Villen beeindrucken mit ihrer eleganten Wandmalerei, ihren raffinierten Grundrissen. Beschreibungen des Vesuv bilden eine eigene Naturliteraturgattung seit Plinius dem Jüngeren, der in seinen Briefen die Umstände schildert, unter denen sein Onkel Plinius der Ältere, der römische Kommandant und Naturforscher, in den Untergang Pompejis hineinsegelt.

Humboldt spannt gleichsam ein Seil von den Vulkangipfeln der Anden zum Vesuv. Naturkatastrophen verbinden die Kontinente. In ihrem Roman »Der Liebhaber des Vulkans« hat Susan Sontag die von feuerspeienden Bergen ausgehende Faszination wunderbar ausgemalt. Ihr Held ist ein englischer Diplomat, Kunstsammler, Müßiggänger, der sich – Ende des 18. Jahrhunderts, ein wenig vor Humboldts großer Zeit – in den Vesuv und seine Erscheinungen verguckt. Immer wieder geht er hinauf, entnimmt Bodenproben, setzt sich der Gefahr aus, genießt die Nähe der elementaren Hitze: »Selbst in den friedfertigsten Seelen weckte der Vulkan den Wunsch, Zerstörung zu sehen«, so beschreibt Sontag die Liebe zu den heißen Steinen. Die Romanfigur des Cavaliere Hamilton erinnert zuweilen stark an Alexander von Humboldt. Die Beziehung des Engländers zu den Naturgemälden, vor allem den vulkanischen, trägt erotische Züge – und sonst interessiert er sich wenig für Liebesdinge.

Vulkane haben die Welt geformt. Humboldt lebt in einer vulkanischen Zeit. Revolution und Gegenrevolution schaffen mit explosiver Gewalt neue Staaten und Verfassungen. Seine Naturbeschreibungen, die Weite und ein starkes Freiheitsempfinden vermitteln, haben einen brutalen Romantiker wie Simón Bolívar befeuert. Bolívar bezeichnete die Natur als die »unfehlbare Lehrerin der Menschheit«, man müsse von Flüssen, Bergen und Wäldern lernen. 1822 stürmt er, auf Humboldts Spuren, auf den Chimborazo. Hier erreicht der Bolívar-Kult in jeder Beziehung seinen Höhepunkt. Der Befreier hat eine Vision und schreibt das »Delirium auf dem Chimborazo«. Hier die Apotheose, in Norbert Rehrmanns Übersetzung: »Beobachte und behalte all das im Gedächtnis, was du gesehen hast. Zeichne für die Augen deiner Mitmenschen das Bild des physischen Universums und des moralischen Universums, behalte die Geheimnisse, die der Himmel dir enthüllt hat, nicht für dich, sondern verbreite die Wahrheit unter den Menschen.« Die Wahrheit hat ihm der »Gott von Kolumbien« eingegeben. Natürlich darf bezweifelt werden, ob Bolívar das selbst verfasst hat. Humboldtisch echot es schon, obwohl bei Alexander meist die gefasste Beobachtung überwiegt.

Dieser Humboldt notiert am neapolitanischen Vulkan recht kühl: »Der heiße Wasserdampf, welcher während der Eruption aus dem

Die Freunde François Arago (links) und
Joseph Louis Gay-Lussac

Krater aufstieg und sich in die Atmosphäre ergoss, bildete beim Er-
kalten ein dickes Gewölk um die neuntausend Fuß hohe Aschen- und
Feuersäule. Eine so plötzliche Kondensation der Dämpfe und, wie
Gay-Lussac gezeigt hat, die Bildung des Gewölkes selbst vermehrten
die elektrische Spannung. Blitze fuhren schlängelnd nach allen Richtungen aus der Aschensäule umher, und man unterschied deutlich
den rollenden Donner von dem inneren Krachen des Vulkans. Bei
keinem andern Ausbruche war das Spiel der elektrischen Schläge so
auffallend gewesen.«

Nach der italienischen Reise begleitet Gay-Lussac im Spätherbst
1805 Alexander nach Berlin. Er ist, zusammen mit François Arago
Humboldts engster wissenschaftlicher Freund und Partner; Humboldt und Arago lernen sich 1809 kennen. Aus Paris schreibt Humboldt ein paar Jahre zuvor an Friedrich Wilhelm III. einen Brief mit
reichlich Schmeicheleinheiten: »Großmütiger Schutz für die Wissenschaften, Einfluss milder Gesetze und freie Forschung nach Wahrheit und Recht haben im Anfang des neunzehnten Jahrhunderts die
Preußische Monarchie zu der höchsten Stufe des sittlichen Glückes

und des äußeren Glanzes erhoben.« Er erzählt von seinen Reisen, an deren Auswertung er den König teilhaben lassen will. In Wahrheit geht es ihm um Aufschub. Den Winter will er »im südlichen Italien« bei seinem Bruder Wilhelm verbringen, denn er fürchtet, »meine an Tropenhitze gewöhnte Gesundheit durch plötzlichen Einfluss des norddeutschen Winters ganz zu zerstören«.

Berlin ist also großartig, ja vorbildlich, aber nichts für ihn. Auf delikat-unverschämte Eingaben in eigener Sache versteht er sich vorzüglich. Er hat damit in der Regel Erfolg. Humboldts Briefwechsel mit dem preußischen Hof empfiehlt sich als Lehrbuch zur Gewinnung und Verteidigung persönlicher Freiheiten und des Grundgehalts aus der Staatskasse. Das durchaus persönlich geprägte Verhältnis Friedrich Wilhelms III. zu Alexander von Humboldt erstreckt sich über bald vier Jahrzehnte. Bärbel Holtz hat 2014 in dem Aufsatz »Cicerone des Königs?« in der Online-Zeitschrift »Humboldt im Netz« diese asymmetrische Beziehung untersucht. Der König lässt den Kammerherrn gewähren, um ihn in wichtigen Momenten zu sich zu zitieren und gezielt einzusetzen: »Im Sommer 1815 beansprucht ihn der König wieder als Begleiter in Paris, drei Jahre später kurzzeitig in den Tagen des Aachener Kongresses und 1822 im Umfeld des Kongresses von Verona. In all den Pariser Jahren versieht Humboldt seinen Dienst vorwiegend außerhalb Preußens.«

Nach Alexanders Amerikareise ist auch die Alte Welt nicht mehr die Alte. Was die junge Adlige Ottilie in Goethes Eheexperiment-Roman »Wahlverwandtschaften« über den Naturforscher Alexander von Humboldt sagt – »Es wandelt niemand ungestraft unter Palmen, und die Gesinnungen ändern sich gewiss in einem Lande, wo Elefanten und Tiger zu Hause sind« –, das gilt im Prinzip für ganze Völker und Nationen und ihre Herrscher. Die Geschichte dreht am großen Rad. Napoleon befindet sich auf dem Vormarsch, zerwirbelt die überkommene Staatenordnung. Bis zu sechs Millionen Menschen kosten die napoleonischen Feldzüge das Leben, mit ihm beginnt in Europa das Massenschlachten. Im November 1805 nehmen die Franzosen Wien ein, im Dezember, in der Schlacht von Austerlitz, schlagen sie die Österreicher und die Russen. Kaum ein Jahr später, im Oktober 1806, geht die preußische Armee bei Jena und Auerstedt unter, Friedrich Wilhelm III. flieht mit seiner Familie nach Ostpreußen. Es ist nicht ohne Ironie: Der frankophile und frankophone Humboldt, der Paris unwillig verlassen hat, lebt und arbeitet in einem französisch besetzten Berlin. Aus einem Besuch in seiner Geburtsstadt wird ein zweijähriger Aufenthalt. Er schreibt in dieser Zeit sein schönstes und populärstes Buch, die »Ansichten der Natur«.

Kapitel 12
»Ansichten der Natur«

DIE HUMBOLDTFORSCHER BÉNÉDICTE SAVOY und David Blankenstein entdecken 2015 in Paris ein bis dahin unbekanntes Porträt Alexander von Humboldts. Es ist nicht größer als eine Postkarte und zeigt
ihn, unschwer am unteren Bildrand zu lesen, im Alter von 38 Jahren –
anno 1807 – in Berlin. Sein Blick wirkt jugendlich frisch, das Haar locker in die Stirn frisiert, die Lippen voll und sinnlich. Die Zeichnung
strahlt attraktives männliches Selbstbewusstsein aus. »Die Fronta-
lität, der enge Bildraum, das Spiel von Licht und Schatten schaffen
eine ergreifende Präsenz. Unter den bis heute bekannten Porträts
Humboldts scheint keines die in Briefen und Zeitungsartikeln seiner
Zeitgenossen immer wieder beschriebene unvermittelte Vitalität des
Wissenschaftlers, seine bestechende Persönlichkeit, die Schärfe seines Blickes und den Charme seiner Gesichtszüge besser wiederzuge-
ben«, schreiben die Wissenschaftler, die das Bild in einem Album in
der Pariser Bibliothek des Conseil d'Etat, des obersten französischen
Verwaltungsgerichts, gefunden haben. Es liegt in dieser »Präsenz«,
dass sich spontan einmal das Gefühl einstellt, Humboldt, dem stets
so Distanzierten, etwas näherzukommen. Der Fund fordert heraus.
Offensichtlich kann Humboldt noch lange nicht als ausgeforscht gelten, es darf weiterhin mit Überraschungen gerechnet werden.

Das Pariser Album erweist sich als großer Schatz. Es enthält 225
Porträts aus den Jahren 1797 bis 1835, gezeichnet von Frédéric Christophe d'Houdetot (1778 – 1859). An die sechzig Porträts dieser Gale-
rie sind in Berlin entstanden, zur Zeit der napoleonischen Okkupa-

Zwischen Frankreich und Preußen:
Zeichnung von d'Houdetot

tion. D'Houdetot, ein Schüler des berühmten Malers Jacques-Louis David, residiert von 1806 bis 1808 als Mitglied der französischen Finanzverwaltung in der preußischen Hauptstadt. D'Houdetot gehört zur Besatzungsmacht, aber seine Zeichnungen erzählen in ihrer ausgeprägten Individualität noch eine andere Geschichte als die des gedemütigten Preußens. Hier begegnet die Nachwelt, wie Savoy und Blankenstein ausführen, »jungen Erwachsenen, zwischen 20 und 30 Jahre alt, aus der Nähe und meistens in Frontalansicht festgehalten. Die Zeichnungen d'Houdetots zeigen keinerlei Unterscheidungen nach Nationalität oder Religion, noch enthalten sie Elemente, die das politisch schwierige Kräfteverhältnis der Berliner Okkupation andeuten. Die Gesichtszüge dieser jungen Menschen zeichnet eine gewisse Verwegenheit aus: intensive Blicke; herausfordernde Haltung und kalkulierte Lässigkeit; rebellische Frisuren, wie sie zu der Zeit modern waren.« Berlin zeige sich »als eine offene Stadt in der Peripherie des post-revolutionären Europas, bevölkert von Menschen, die man heute sicher ›kreative Nonkonformisten‹ nennen würde.« Zwischen Deutschen und Franzosen, Siegern und Besiegten deutet sich ein sicher nicht spannungsfreier, aber auf Austausch und Verständigung bedachter Umgang in den Berliner Salons an, in denen der Porträtist Houdetot verkehrt. Von der jungen, geschiedenen Rebecca Friedländer – die zukünftige Schriftstellerin gehört, wie viele Juden, zu Humboldts Kreis – macht Houdetot ein Dutzend Zeichnungen. Sie künden von der wilden Romanze, in die sich die beiden stürzen.

Mitten in den napoleonischen Kriegen scheint eine Vision enger deutsch-französischer Beziehungen, ja Freundschaften auf. Die französische Besatzung Berlins gab dem preußischen Zentrum Impulse des Fortschritts. Savoy und Blankenstein haben das 2014 in ihrer Pariser Ausstellung über Alexander und Wilhelm von Humboldt nachgezeichnet: »Les frères Humboldt, l'Europe de l'Esprit«. Ein Europa des Geistes und der Bildung, der Kultur zeigt sich am Horizont. Als Vorbilder einer gemeinsamen europäischen Kultur, die sich idealerweise auch politisch umsetzt, eignen sich die Humboldt-Brüder dank ihrer bewegten Biographien noch viel mehr als Freund Goethe, der in Weimar auch »die neue Energie« spürt. Doch die Lage kippt um. Europas Bürger leiden bitter unter Napoleons Kriegszügen und werden alsbald die Gewalt der Restauration zu spüren bekommen. Schon damals konnte der europäische Geist, das Europa der Kultur, den Aufstieg moderner Despoten nicht verhindern.

»Sie trinken alle Bier: Humb: auch«, schreibt Rahel Varnhagen 1807 in einem Brief. »Humb: liest uns was und bemüht sich liebenswürdig zu sein.« Alexander ist traurig, fühlt sich isoliert, trotz allem. Dem französischen Maler François Gérard, der ihn in Paris porträtiert hat, schreibt er einen tiefdunklen Brief aus Berlin: »Seit meiner Rückkehr aus Italien, vor allem seit die Wege meines engen Freundes Gay-Lussac sich hier von den meinen getrennt haben, lebe ich in einer tiefen Traurigkeit. Die Ereignisse, die gerade unsere politische Unabhängigkeit zerschlagen haben und jene, die dieser furchtbaren Niederlage den Boden bereitet haben, lassen mich die Wälder des Orinoco schmerzlich vermissen, die majestätische und wohltuende Einsamkeit dieser Natur. Nachdem ich während der letzten zehn oder zwölf Jahre von einem steten Glück begleitet wurde, nachdem ich weit entfernte Regionen bereist habe, kehre ich nun zurück um die Misere meines Vaterlandes zu teilen! Die Hoffnung Ihnen bald wieder ein wenig näher zu sein, tröstet mich ein wenig. Ich werde dieses Projekt angehen, sobald der Takt und meine Verpflichtungen es mir erlauben werden.« Er schreibt auf Französisch, die Übersetzung ist von Savoy und Blankenstein, die neueste Humboldtforschung hat ihnen viel zu verdanken.

Stets hat Humboldt seine Methodik, sein Schreiben reflektiert. Nichts wird ohne Zweifel hingenommen. Dass so vieles in seinem Werk fragmentarischen Charakter hat, liegt an den Riesenaufgaben, die er sich stellt, und an der schriftstellerischen Unruhe und Unzufriedenheit bei der Suche nach dem angemessenen Ausdruck für die Naturphänomene. Dieses Gefühl des Unzulänglichen überkommt jeden, der sich mit Humboldts Biographie eingehender beschäftigt, und weil er in privaten Dingen so hyperdiskret bleibt, glaubt man, ein Phantom zu verfolgen. Der Brief an Gérard ist tatsächlich nicht sehr privat, das Schriftstück fängt eine allgemeine Stimmung ein und verbindet das mit Alexanders nun schon gut bekannter Sehnsucht nach der Ferne und nach Paris, wo er immerhin an seinem Fernweh arbeiten kann. Und dennoch dieses Leuchten im Porträt von Houdetot. Dazwischen ist er zu suchen, zwischen den brieflichen Äußerungen der großen Niedergeschlagenheit und der Lebenskraft der Zeichnung. Beides lässt sich gleichzeitig als Momentaufnahme und Langzeitstudie betrachten. Nichts anderes tut Humboldt in seinen »Naturgemälden«. Er fertigt Skizzen, die er später ausmalt, sie beruhen freilich auf einem schnellen, wenn nicht flüchtigen Eindruck des

Reisenden, der keine Kamera hat, sondern Bleistift, Tinte und Papier. Zeichnung und Schrift. Augen und Gedächtnis.

Die Misere des Vaterlandes ist eine Sache, Humboldts emotionale Finsternis eine andere. Es entwickelt sich, nicht allzu verwunderlich, eine Phase hoher Produktivität. »Seinem theuren Bruder Wilhelm von Humboldt in Rom« gewidmet, erscheinen 1808 bei Cotta in Stuttgart und Tübingen die »Ansichten der Natur«. Die Sammlung von ursprünglich fünf, in späteren Ausgaben von 1826 und 1849 sieben Essays zählt zu den ungewöhnlichsten Büchern der deutschsprachigen Literatur. Humboldt schreibt hier auf Deutsch und es ist Literatur im schöngeistig-poetischen Sinn, trotz der erdrückenden Menge von »wissenschaftlichen Erläuterungen«, was als humboldtsche Spezialität gelten kann – ein Thema mit einem Tsunami von Ergänzungen und Daten zum erschöpfenden Ende hin erklären zu müssen, wo es in diesem Fortschrittszeitalter der sich rasant entwickelnden Wissenschaftsdisziplinen kein Ende der Erkenntnis geben kann. Die Erläuterungen machen drei Viertel des gesamten Textes aus. Humboldt wird mit diesem Buch große Popularität gewinnen. In der bemerkenswerten Vorrede zur ersten Ausgabe legt er offen, wie er zu den »Ansichten« gekommen ist. Es ist ein schriftstellerisches Grundsatzprogramm: »Schüchtern übergebe ich dem Publikum eine Reihe von Arbeiten, die im Angesicht großer Naturgegenstände, auf dem Ozean, in den Wäldern des Orinoco, in den Steppen von Venezuela, in der Einöde peruanischer und mexikanischer Gebirge entstanden sind. Einzelne Fragmente wurden an Ort und Stelle niedergeschrieben und nochmals nur in ein Ganzes zusammengeschmolzen. Überblick der Natur im großen, Beweis von dem Zusammenwirken der Kräfte, Erneuerung des Genusses, welchen die unmittelbare Ansicht der Tropenländer dem fühlenden Menschen gewährt, sind die Zwecke, nach denen ich strebe.«

Die Probleme der sprachlichen Komposition lassen ihn nicht los. Er wiederholt seine Zweifel wie ein Mantra: »Jeder Aufsatz sollte ein in sich geschlossenes Ganzes ausmachen, in allen sollte eine und dieselbe Tendenz sich gleichmäßig aussprechen. Diese ästhetische Behandlung naturhistorischer Gegenstände hat, trotz der herrlichen Kraft und der Biegsamkeit unserer vaterländischen Sprache, große Schwierigkeiten der Komposition. Reichtum der Natur veranlasst Anhäufung einzelner Bilder, und Anhäufung stört die Ruhe und den Totaleindruck des Gemäldes. Das Gefühl und die Phantasie ansprechend, artet der Stil leicht in eine dichterische Prosa aus. (…) Mögen meine *Ansichten der Natur,* trotz dieser Fehler, welche ich selbst leichter *rügen* als verbessern kann, dem Leser doch einen Teil des Genusses gewähren, welchen ein empfänglicher Sinn in der unmittelbaren Anschauung findet.« Er gibt sich demütig und schwingt sich plötzlich hinauf zu einem panoramischen Seelenbild: »Überall habe ich auf den ewigen Einfluß hingewiesen, welchen die physische Natur auf die moralische Stimmung der Menschheit und auf ihre Schicksale ausübt. *Bedrängten Gemütern* sind diese Blätter vorzugsweise gewidmet.« Er zitiert aus Friedrich Schillers Drama »Die Braut von Messina«. Diese Verse sind den Landsleuten in Preußen gewidmet, den von Krieg und Besatzung »bedrängten Gemütern«:

> »*Auf den Bergen ist Freiheit! Der Hauch der Grüfte*
> *Steigt nicht hinauf in die reinen Lüfte;*
> *Die Welt ist vollkommen überall,*
> *Wo der Mensch nicht hinkommt mit seiner Qual.*«

Die Franzosen haben sich in Berlin nicht nur salonfähig benommen. Es kommt zu Plünderungen und Zerstörungen, die preußische Bevölkerung leidet Hunger und Not, selbst Schloss Tegel wird in Mitleidenschaft gezogen. Darüber schweigt Kammerherr Humboldt. Will er sich und die Seinen, den König schützen, empfindet er nicht immer große Sympathie für die Franzosen? Im Buch geht es jetzt »Über die Steppen und Wüsten«, »Über die Wasserfälle des Orinoco bei Atures und Maypures« und »Das Hochland von Caxamarca, der alten Residenzstadt des Inca Atahualpa« und weiter zum ersten »Anblick der Südsee vom Rücken der Andeskette«. Innerliche Flucht aus Preußen, radikaler Eskapismus: Das Buch ist im eigentlichen Sinn Weltliteratur, Weltbeschreibung, die Maßstäbe setzt. Ein Buch wie die »Ansichten der Natur«, im Titel schon den alten Freund und Lehrer Georg Forster grüßend, hat es zuvor noch nicht gegeben. Auch nicht in dieser leserfreundlichen Kombination von Text und Textzugaben. Der wissenschaftliche Apparat befindet sich im Anhang, um den Lesestrom nicht zu unterbrechen. Die Erläuterungen wiederum können von großer poetischer Schönheit sein, wie zum Beispiel in der Beschreibung vom »Leuchten des Ozeans«; da geht die Reise über den Atlantik in die Karibik und zurück in die venezianische Lagune. Der Mann berichtet und weiß Unwahrscheinliches, allerdings aus eigener Anschauung. Gelebtes, nicht Zusammengelesenes, auch wenn manches märchenhaft klingt. Viele den Diskurs bestimmende Bücher des 18. Jahrhunderts über die Neue Welt stammten von Autoren, die nie dort waren; mit ihnen hat er sich an anderer Stelle ausführlich auseinandergesetzt.

Hier präsentiert sich Humboldt als souveräner Reiseschriftsteller, neben allem anderen. Die »Ansichten der Natur« sind ein Fluchtbuch, aber auch ein Freiheitsmanifest. Der reichste, schönste Text, mit zwölf Druckseiten wohl auch der kürzeste, beschreibt »Das nächtliche Tierleben im Urwalde«. Nach allgemeinen Überlegungen zu Wald und Urwald und einem Auszug aus dem amerikanischen Reisetagebuch vom Rio Apure und dem Orinoco folgt das eigentliche Nachtstück. Der Leser hört in den Text hinein wie in eine Sinfonie: »Nach 11 Uhr entstand ein solches Lärmen im nahen Walde, dass man die übrige Nacht hindurch auf jeden Schlaf verzichten musste. Wildes Tiergeschrei durchtobte die Forst. Unter den vielen Stimmen, die gleichzeitig ertönten, konnten die Indianer nur die erkennen, welche nach kurzer Pause einzeln gehört wurden. Es waren das einförmig jammernde Geheul der Aluaten (Brüllaffen), der winselnde, fein flötende Ton der kleinen Sapajous, das schnurrende Murren des gestreiften Nachtaffen (Nyctipithecus trivirgatus, den ich zuerst beschrieben habe), das abgesetzte Geschrei des großen Tigers, des Cuguars oder ungemähnten amerikanischen Löwen, des Pecari, des Faultiers und einer Schar von Papageien, Parraquas (Ortaliden) und anderer fasanenartigen Vögel. Wenn die Tiger dem Rande des Waldes nahekamen, suchte unser Hund, der vorher ununterbrochen bellte, heulend Schutz unter den Hängematten. Bisweilen kam das Geschrei des Tigers von der Höhe eines Baumes herab. Es war dann stets von den klagenden Pfeifentönen der Affen begleitet, die der ungewohnten Nachstellung zu entgehen suchten.« Ein Nachtrag zu dem armen Hund und den großen Katzen: Tiger gibt es in Amerika bekanntlich nicht. Humboldt meint andere Raubtiere.

Affen und Vögel haben ihn auf seiner Bootsfahrt begleitet. Nun paddelt Humboldt, im strengen preußischen Winter, noch einmal durch das heiße Abenteuerland, in dem er sich so wohlgefühlt hat, geistig und gesundheitlich: »Fragt man die Indianer, warum in gewissen Nächten ein so anhaltendes Lärmen entsteht, so antworten sie lächelnd: Die Tiere freuen sich der schönen Mondhelle, sie feiern den Vollmond. Mir schien die Szene ein zufällig entstandener, lang fortgesetzter, sich steigernd entwickelnder Tierkampf. Der Jaguar verfolgt die Nabelschweine und Tapirs, die dicht aneinandergedrängt das baumartige Strauchwerk durchbrechen, welches ihre Flucht behindert. Davon erschreckt, mischen von dem Gipfel der Bäume herab die Affen ihr Geschrei in das der größeren Tiere. Sie erwecken die gesellig horstenden Vogelgeschlechter, und so kommt allmählich die ganze Tierwelt in Aufregung. Eine längere Erfahrung hat uns gelehrt, dass es keineswegs immer die gefeierte Mondhelle ist, welche die Ruhe der Wälder stört.«

Auf der Südamerikareise hat Alexander für seinen Bruder Wilhelm bei den Einheimischen Sprachmaterial gesammelt. Wenn Wilhelm, der Sprachforscher, der Welt sein Ohr leiht und Alexander der Augenmensch ist, so kommt hier beides zusammen. Alexander lauscht dem Klang des Urwalds und der Tiere, ohnehin geht es ihm um den »Totaleindruck« der Natur. Und so treffen sich hier die Brüder über viele tausend Kilometer Entfernung, mit Auge und Ohr: »Die Stimmen waren am lautesten bei heftigem Regengusse oder wenn bei krachendem Donner der Blitz das Innere des Waldes erleuchtet. Der gutmütige, viele Monate schon fieberkranke Franziskanermönch, der uns durch die Katarakten von Atures und Maipures nach San Carlos des Rio Negro bis an die brasilianische Grenze begleitete, pflegte zu sagen, wenn bei einbrechender Nacht er ein Gewitter fürchtete: Möge der Himmel, wie uns selbst, so auch den wilden Bestien des Waldes eine ruhige Nacht gewähren!«

Die »Ansichten der Natur« zeigen schon, was in den kommenden Jahrzehnten und Editionen sichtbar wird: Die Amerikareise endet im Grunde nie. Humboldt greift ein Leben lang auf sie zurück: »Mit den Naturszenen, die ich hier schildere und die sich oft für uns wiederholten, kontrastiert wundersam die Stille, welche unter den Tropen an einem ungewöhnlich heißen Tage in der Mittagsstunde herrscht. Ich entlehne demselben Tagebuche eine Erinnerung an die Flussenge des Baraguan. Hier bahnt sich der Orinoco einen Weg durch den westlichen Teil des Gebirges Parime. Was man an diesem merkwürdigen Pass eine Flussenge (Angostura del Baraguan) nennt, ist ein Wasserbecken von noch 890 Toisen (5340 Fuß) Breite. Außer einem alten dürren Stamme der Aubletia (Apeiba Tiburbu) und einer neuen Apozinee, Allamanda salicifolia, waren an dem nackten Felsen kaum einige silberglänzende Croton-Sträucher zu finden. Ein Thermometer, im Schatten beobachtet, aber bis auf einige Zolle der Granitmasse turmartiger Felsen genähert, stieg auf mehr als 40 Grad Réaumur. Alle ferne Gegenstände hatten wellenförmig wogende Umrisse, eine Folge der Spiegelung oder optischen Kimmung (mirage). Kein Lüftchen bewegte den staubartigen Sand des Bodens. Die

Sonne stand im Zenit, und die Lichtmasse, die sie auf den Strom ergoss und die von diesem, wegen einer schwachen Wellenbewegung funkelnd, zurückstrahlt, machte bemerkbarer noch die nebelartige Röte, welche die Ferne umhüllte.«

Sound and Vision. Eine wimmelnde Welt, fruchtbares Chaos, das beschrieben wird, als dringe ein Mensch zum ersten Mal in das Laboratorium der Natur ein. Humboldt begegnet nichts anderem als der ungestörten Schöpfung, der Polyphonie des Ursprungs. Das Ethnologische Museum Berlin besitzt ein einmaliges Schallarchiv mit über 150 000 frühen Aufnahmen von Musik und Sprachen aller Kontinente, ein Klangarchiv der Welt. Erste Tondokumente auf Edisonwalzen entstanden um das Jahr 1893. Im Humboldt Forum sollen diese Tonbilder einen herausgehobenen Platz bekommen, dem Publikum zugänglich. Das ab 1951 an der Humboldt-Universität zu Berlin angelegte Tierstimmenarchiv gehört zu den ältesten und umfangreichsten weltweit. Optische und akustische Aufnahmetechnik stand Humboldt freilich noch nicht zur Verfügung, er verlässt sich auf seine Sinnesorgane: »Alle Felsblöcke und nackten Steingerölle waren mit einer Unzahl von großen, dickschuppigen Iguanen, Gecko-Eidechsen und buntgefleckten Salamandern bedeckt. Unbeweglich, den Kopf erhebend, den Mund weit geöffnet, scheinen sie mit Wonne die heiße Luft einzuatmen. Die größeren Tiere verbergen sich dann in das Dickicht der Wälder, die Vögel unter das Laub der Bäume oder in die Klüfte der Felsen; aber lauscht man bei dieser scheinbaren Stille der Natur auf die schwächsten Töne, die uns zukommen, so vernimmt man ein dumpfes Geräusch, ein Schwirren und Sumsen der Insekten, dem Boden nahe und in den unteren Schichten des Luftkreises. Alles verkündigt eine Welt tätiger, organischer Kräfte. In jedem Strauche, in der gespaltenen Rinde des Baumes, in der von Hymenoptern bewohnten, aufgelockerten Erde regt sich hörbar das Leben ...« – gemeint sind hier Wespen, Ameisen und andere Insekten.

Die Genesis scheint hier durch, nur dass Humboldt keinen Gott mehr braucht. »Überall, selbst nahe an den beeisten Polen, ertönt die Luft von dem Gesang der Vögel wie von dem Summen schwirrender Insekten. Nicht die unteren Schichten allein, in welchen die verdichteten Dünste schweben, auch die oberen, ätherisch reinen sind belebt«, heißt es im nächsten Kapitel des wunderbaren Buchs, das er publiziert, während er schon an anderen Schriften arbeitet. Immer schreibt er parallel an mehreren Büchern, was der Vielgestaltigkeit der humboldtschen Themen, Eindrücke und Ideen entspricht.

Ansichten, das heißt Schauen *und* Denken. Das Äußere und das Innere, das Gegebene und der individuelle Blick, der die Welt erst macht. Es ist ein Buch, zu dem man zurückkehrt, Humboldt selbst hat es sehr viel bedeutet. Die »Ansichten« erleben französische, englische, russische, spanische Übersetzungen. »Views of Nature«, »Tableaux de la nature«, das Buch ist ungemein lesbar und allgemein verständlich, und es ist keine preußische Schrift. Es erhebt sich über die Gegenwart der Kriegsgräuel und Existenznöte in einem besetzten, ausgepowerten Land. Humboldt bleibt da seltsam indolent. Wiederum ist, wie in der Biographie von Herbert Scurla, seine »Lebenszuversicht« hervorgehoben worden, in der sich schon die nationale Erhebung der kommenden Jahre und der preußische Reformdrang zeigen. Die Widersprüche bleiben: Wann greift er ein, wann ist er Beobachter? Als er die Universität Halle vor der Schließung durch die Franzosen retten will, geht die Sache schief. Die Studenten müssen die Stadt verlassen. Humboldt pflegt mit dem Pariser Museumsgeneral Denon freundschaftlichen Umgang, als dieser im Herbst 1806 in Berlin weilt und sich bei den königlichen Kunstsammlungen bedient. Die Raubkunst – über 120 Gemälde, über 80 Statuen und Büsten und Reliefs – wandert in den Louvre. Vom Brandenburger Tor wird die Quadriga heruntergeholt und auf Befehl Napoleons nach Paris abtransportiert. Alexander von Humboldt soll dabei gewesen sein, als Denon dem Bildhauer Johann Gottfried Schadow persönlich die

Nachricht überbringt, dass sein Werk Berlin verlassen werde. (Die berühmten Pferde kommen 1814 mit den preußischen Truppen wieder nach Berlin.) Für seine Privatsammlung kauft Denon einige Werke bei Schadow. Die Feinde gehen höflich miteinander um, verhalten sich beinahe freundschaftlich.

Preußisch trocken erklärt Günter de Bruyn in seinem Buch »Die Zeit der schweren Not. Schicksale aus dem Kulturleben Berlins 1807 bis 1815« diese historische Phase: »Die Jahre materieller Not und politischer Ohnmacht, die Preußen zwischen 1807 und 1815 durchleben musste, waren keine Notjahre der Kultur. Vielmehr hatte die militärische Niederlage im Krieg gegen Napoleon dem kleiner gewordenen und wirtschaftlich zerrütteten Land einen geistigen und moralischen Gewinn gebracht. Dieser machte Reformen möglich, zu denen neben der Bauernbefreiung und der Selbstverwaltung der Städte auch die Erneuerung des Bildungswesens gehörte, in deren Folge auch die Berliner Universität entstand.«

Wilhelm von Humboldt kommt im Januar 1809 nach Berlin zurück und wird zum Geheimen Staatsrat ernannt, faktisch zum Kultusminister. Auf seine Initiative unter anderen geht die Gründung der Universität zurück. Im Herbst 1810 wechselt Wilhelm als preußischer Gesandter nach Wien. Er hat es nicht lange in der Berliner Bürokratie und intriganten Amtshierarchie ausgehalten. Wilhelm weiß seine Freiheit als Denker, Forscher und Schriftsteller zu verteidigen. Als der Ruf an Alexander ergeht, seinem Bruder auf dem Bildungsposten in Berlin nachzufolgen, lehnt er ab. Die Brüder sind Männer, mit denen man Staat machen kann; es gab im Deutschland und Europa der letzten zweihundert Jahre kaum bessere. Nur haben sich beide nie für längere Zeit in ein Amt einspannen lassen und sind dem Staat von hohem Nutzen gewesen, wenn sie es selbst wollten. Egoismus? Bequemlichkeit? Davon kann bei dem Arbeitspensum der Humboldts keine Rede sein. Zumal Alexanders Arbeitsdisziplin zuweilen verrückte Züge annimmt. Er führt ein strenges Regiment mit sich. Und mag Wilhelm exzentrisch und selbstbezogen wirken, so sind das die Merkmale der Zeit, der wilden preußischen Biographien, wie Günter de Bruyn sie schildert. Seit 1789 befindet sich Europa in Gärung, führt der Kontinent einen Krieg mit sich selbst, und Individuen wie die Humboldts sind gefordert, ihre nonkonformistische Haltung auszuleben. Der französische Staat wechselt in atemraubendem Tempo seine Form – von der Monarchie zum revolutionären Direktorium und zurück in ein ephemeres Kaiserreich. Da können Karrieren nicht geradewegs verlaufen. Goethe schaut sich das europäische Brodeln vom kleinen, abgelegenen Weimar aus an. Die Humboldts aber sind Großstädter, leben in Rom und Paris, Berlin zur Not, halten sich in London auf: Sie sind den Zentrifugalkräften der Zeit unmittelbar ausgesetzt. Beide Brüder verstehen sich als Wissenschaftler, als freie Geister. Damit haben sie dem Staat à la longue reichlich gedient.

Die »Ansichten der Natur« eröffnen, in diesen Zeiten, mit einem prähistorischen Rückblick: »Am Fuße des hohen Granitrückens, welcher im Jugendalter unseres Planeten, bei Bildung des antillischen Meerbusens, dem Einbruch der Wasser getrotzt hat, beginnt eine weite, unabsehbare Ebene (...). Aus der üppigen Fülle des organischen Lebens tritt der Wanderer betroffen an den öden Rand einer baumlosen, pflanzenarmen Wüste ...« Natur kann eine profunde Ruhe ausstrahlen. Alexander von Humboldt geht zurück nach Paris. Dezember 1807: Nach dem Frieden von Tilsit stöhnt Preußen unter gewaltigen Reparationsforderungen der Franzosen. 120 Millionen Franc, das ist nicht aufzubringen. Der junge Prinz Wilhelm von Preußen reist in die französische Hauptstadt, Humboldt ist sein Begleiter. Er soll mit seinen Beziehungen, seiner französischen Art für Preußen einen Ablass erreichen. Es handelt sich um eine eminent wichtige diplomatische Mission, die Humboldt mit gespielter Überraschung aufgenommen hat: »Ich, der ich mich während der französischen Besetzung von Berlin in einem einsamen Garten eifrigst mit stündlichen magnetischen Deklinationsbeobachtungen beschäftigte, erhielt sehr unvermutet den Befehl des Königs, den Prinzen Wilhelm auf seiner schwierigen politischen Mission zu begleiten, um ihm durch meine genaue Bekanntschaft mit damals einflussreichen Personen wie durch größere Welterfahrung nützlich zu werden.« So jedenfalls erinnert er sich 1852 in einem autobiographischen Text für das Konversationslexikon von Brockhaus.

Bei den langwierigen Verhandlungen kommt nichts heraus für Preußen. Für Humboldt schon: Er bleibt, mit Billigung von König Friedrich Wilhelm III., in Paris. Und zwar die nächsten zwanzig Jahre.

Kapitel 13
Die Welt entsteht noch einmal

UM DAS JAHR 1815 plant Alexander von Humboldt, der Wahlfranzose aus Preußen, eine neue große Expedition: »Das Ziel meiner asiatischen Reise ist die hohe Gebirgskette, welche von den Quellen des Indus zu den Quellen des Ganges geht. Ich wünsche Tibet zu sehen, aber dieses Land ist nicht der Hauptort meiner Forschungen. Es ist wahrscheinlich, dass ich die Reise auf das Kap der Guten Hoffnung zu nehme.« Er will nach Ceylon, Java, auf die Philippinen, der Weg soll über Konstantinopel nach Bombay führen. Anschließend denkt er sich eine sibirische Route von der Halbinsel Kamtschatka zum Baikalsee. »Tausend verschiedene Gegenstände bieten sich unseren Forschungen dar.« Es zieht ihn nach Osten, aber bis zur Erfüllung dieses Traums werden noch anderthalb Jahrzehnte vergehen. Er sitzt im Zentrum Europas und steckt seine Energien in das amerikanische Reisewerk, in Bild und Schrift ein Abenteuer ohnegleichen.

Auf Teneriffa, am Anfang der Seereise nach Westen, besuchten Humboldt und Bonpland 1799 den berühmten Drachenbaum von La Orotava. Es ist ein Gewächs von ungeheurer Größe. Sein Umfang misst fünfzehn, seine Höhe zwanzig Meter. Er steht dort seit Jahrhunderten. »Der Stamm teilt sich in viele Äste, die kronleuchterartig aufwärts ragen und an den Spitzen Blätterbüschel tragen«, beschreibt Humboldt das botanische Wunder im ersten Band der »Reise in die Äquinoktial-Gegenden des Neuen Kontinents«. Er trage noch jedes Jahr Blüten und Früchte. »Sein Anblick mahnt lebhaft an die ›ewige

Jugend der Natur‹, die eine unerschöpfliche Quelle von Bewegung und Leben ist.« Das Zitat von der »ewigen Jugend« stammt aus der Naturlehre des Aristoteles. Dem roten Harz des Dracaena drago werden Heilkräfte zugeschrieben.

Der Baum, eigentlich ein Liliengewächs, hat es Humboldt angetan. Er findet sich überraschend als letzte von neunundsechzig Tafeln der »Vues des Cordillères et Monumens des Peuples Indigènes de l'Amerique« wieder, die als Teil des amerikanischen Reisewerks von 1810 bis 1813 in Paris erscheinen. Überraschend deshalb, weil der Drachenbaum auf einer kanarischen Insel steht, nicht in Amerika. Und auch eine Abbildung des Vulkankraters auf Teneriffa findet sich in den »Vues des Cordillères«. Für Humboldt hat die Amerikareise auf Teneriffa begonnen, der Landgang war der erste Schritt in die Neue Welt. Vulkane zogen ihn nun einmal leidenschaftlich an. Und wenn Drachen Feuer speien, so wirkt ein Drachenbaum aus der Distanz wie ein ausbrechender Vulkan. Seine sich nach oben verbreiternde Form erinnert an eine in den Himmel geschleuderte Eruptionswolke.

Humboldts Reisewerk lässt sich mit dem Drachenbaumriesen treffend vergleichen. Schon wegen seines Umfangs und seiner von Geheimnissen umgebenen Erscheinung bildet er ein natürliches Pendant zum Wachstum der Bücher. Zudem hat dieser Baum einen starken erzählerischen Charakter, allerlei Geschichten ranken sich um seine Kräfte und Säfte. Und Humboldts Reisewerk schießt in die Höhe, aus einem Wurzellabyrinth von Grundlagenforschung aufsteigend.

Die Zahlen geben einen ersten Überblick. Der Arbeitszeitraum umfasst gute zwanzig Jahre, 1804 bis 1825. Freilich hat Humboldt schon vor seiner Rückkehr nach Europa über Lateinamerika geschrieben und Publikationen vorbereitet, so dass man leicht auf 25 Jahre Arbeit am Reisewerk kommt. Die Veröffentlichung zieht sich über drei Jahrzehnte hin, und Humboldt kehrt stets zu seinen Schriften zurück. Je nach Zählweise entstehen insgesamt bis zu fünfunddreißig

Bände. Andere Einteilungen sind möglich, in diesem Reisewerk sind jedenfalls der eigentliche Reisebericht, die »Relation historique«, die »Vues des Cordillères«, eine Reihe von Atlanten und Bildwerken und Essays enthalten – wobei die einzelnen Bände oft ein Eigenleben entwickeln. In der Regel erscheinen die Bände auf Französisch, manchmal in deutscher Übersetzung, wobei die deutsche Fassung nicht immer von Humboldt selbst stammt. Einige der Bücher kommen schon früh, vor 1815, auf Englisch heraus. Es gibt niederländische Ausgaben, auch das eine Kolonialsprache. Die spanisch sprechende Welt, um die es im Wesentlichen ja geht, erlebt eine komplizierte Editionsgeschichte. Der »Ensayo politico sobre el Reino de Nueva espana« erscheint 1818 in Madrid, in gekürzter Form, vier Jahre später – allerdings in Paris – komplett. Die »Relation historique« wird auf Spanisch 1826 erst einmal unvollständig verlegt. Das Kuba-Buch, kurz zuvor auf Spanisch publiziert, wird 1827 auf der karibischen Insel wegen seines politischen Inhalts verboten. Die Spanier ziehen erst 1898 ab. Danach besetzen die USA die Insel.

Humboldt beschließt das Buch über Kuba – sofern je ein Buch für ihn *fertig* sein konnte – mit einem Statement gegen die Sklavenwirtschaft: »Als Geschichtsschreiber von Amerika wollte ich mit Vergleichen und statistischen Übersichten die Fakten aufklären und den Begriffen Bestimmtheit geben. (…) Dem Reisenden, welcher Augenzeuge von dem war, was die menschliche Natur quält oder entwürdigt, ziemt es, die Klagen der Unglücklichen zu Gehör derer zu bringen, die sie lindern können. Ich habe den Zustand der schwarzen Menschen in Ländern beobachtet, wo die Gesetze, die Religion und die Nationalgewohnheiten dazu neigen, ihr Schicksal zu erleichtern; dessen ungeachtet hat sich bei der Abreise aus Amerika meine Abscheu vor der Sklaverei, die ich aus Europa mitgebracht hatte, nicht vermindert.« Er spricht hier von der »ungleichen Verteilung der Rechte und Lebensfreude«, eine bemerkenswerte Formulierung. Es ist keine Selbstverständlichkeit, schon gar nicht zu Beginn des 19. Jahrhunderts – und wann hätte sich das je vollständig geändert –, Afroamerikaner als vollwertige Bürger zu betrachten. *Black lives matter!*

Aber Kuba ist für Humboldt nur einer von vielen Schauplätzen, die er für seine Bibliothek der Neuen Welt bearbeitet. Das alles koordiniert ein einziger Mensch. Dass ihm dabei manches entgleitet und misslingt und dass ein kleines Heer von Spezialisten – Drucker, Zeichner, Übersetzer, Verleger, wissenschaftliche Mitarbeiter und Co-Autoren – dahintersteht, kann dabei nicht verwundern. Alles will zu Papier gebracht sein, unter Berücksichtigung neuester Erkenntnisse. Ein Mammutunternehmen, ein publizistischer Alptraum, ein wirtschaftlicher Wahnsinn, eine wissenschaftliche Sisyphusarbeit. Simón Bolívar stirbt 1830, Goethe 1832, da liegt das Reisewerk in den letzten Zügen. Danach beginnt die Arbeit am »Kosmos« offiziell, im Grunde hat sie längst begonnen. Humboldt arbeitet nicht nur an einzelnen Schriften, sondern an diversen Werkgruppen gleichzeitig. Die »Kosmos«-Bände zählen nicht zum Reisewerk, auch wenn sie mit ihm kommunizieren.

Diderots »Encyclopédie« kommt einem in den Sinn, mit siebzehn Textbänden, elf Bänden mit Tafeln, entstanden in fünfundzwanzigjähriger Arbeit. Nur dass Diderot und seine Mitarbeiter reine Schreibtischarbeiter und Stubengelehrte waren. Humboldt dagegen fährt über wilde Ströme, besteigt Schneegipfel, produziert die Daten zu einem beträchtlichen Teil selbst, die er auswertet, schöpft das Wissen zu großen Teilen eigenhändig, dringt in Gegenden vor, die kaum ein Mensch mit eigenen Augen gesehen hat. Es ist ein Irrwitz, wie spätere Generationen darangehen, Humboldts Werk wieder zu zerschlagen, zu verfälschen und zu banalisieren. Das geschieht aus kommerziellen Gründen, wenn es um Best-of-Ausgaben und reine Abenteuerbücher geht, manchmal aber ist auch Politik im Spiel: Humboldts Buch über Kuba erscheint noch zu seinen Lebzeiten in einer US-amerikanischen Ausgabe, die den Text »Über das Sklavenwesen« ersatzlos auslässt. In diesem Kapitel findet sich die berühmte

Wendung: »die Sklaverei, das größte aller Übel, welche die Menschheit gepeinigt haben …« Die Leser in dem Land, das es am meisten betrifft, die USA, bekommen sie nicht zu Gesicht.

Zum Reisewerk gehören Karten, Graphiken, statistische Datenmassen und politische Betrachtungen. Es ist multidisziplinär, multiperspektivisch, multinational und – nach den Möglichkeiten seiner Zeit – multimedial. Die einzelnen Abteilungen sind unterschiedlich lesbar. Natürlich hat sich das größere Publikum auf Humboldts Reisebeschreibung gestürzt, die allerdings ja nur von einem Teil der großen Tour durch Lateinamerika berichtet. Etliche Bände, vor allem diejenigen zur Pflanzenkunde, dienen rein wissenschaftlichen Zwecken, während die landeskundlichen Bücher über Kuba und Mexiko von interessierten Kreisen begierig verschlungen werden. Der Mexiko-Band liefert Daten über den Bergbau, die europäische Investoren unmittelbar in Bewegung setzen. Vor allem Vertreter deutscher und englischer Bergbaugesellschaften, die zum Teil schon in der Heimat »mexikanische Formen« gründen, reisen mit Humboldts Buch im Gepäck nach Mittelamerika. Der Boom lockt in den 1820er Jahren Börsenspekulanten an, viel Geld wird verbrannt, weil Humboldts Schilderungen aus dem Jahr 1803 nicht mehr den Tatsachen unter Tage entsprechen. Die Blase platzt. Hier zeigt sich, wie begierig Europa auf Informationen über Lateinamerika ist und wie wenig belastbare Daten zu dem Zeitpunkt vorliegen. Und es zeigt sich, wie wenig Humboldt die Folgen seiner Forschungsarbeit bedacht hat. Die Entdeckung Amerikas ist noch nicht abgeschlossen. Mit dem preußischen Kolumbus beginnt sie erst richtig.

Ein Blick in die Editionsgeschichte nur eines der Titel aus dem amerikanischen Reisewerk macht schwindlig. Das Mexiko-Buch, der »Essai politique sur le royaume de Nouvelle-Espagne«, erscheint 1811 in Paris in zwei Bänden im Groß-Quart-Format, dazu gibt es einen Atlas, der in der zur gleichen Zeit erscheinenden Oktavausgabe fehlt. Die – nicht von ihm selbst besorgte – deutsche Ausgabe erscheint in fünf Bänden bis 1814 bei Cotta. 1825 bis 1827 erscheint die zweite Auflage des Mexiko-Buchs. Mexiko hat sich 1821 für unabhängig erklärt und Humboldts Schrift als »das vollständigste und exakteste Gemälde der natürlichen Reichtümer des Landes« gepriesen. Die Neuauflage kommt mit Änderungen und Ergänzungen auf den Markt, wobei sich Humboldts Anteil daran nicht klären lässt. Typischerweise sind aber Textteile aus anderen Humboldt-Schriften hier mit eingeflossen. Die Neuspanien-Schrift geht auf das Material zurück, das Humboldts US-amerikanischen Gastgeber 1804 so sehr entzückte.

Es ist erstaunlich, wie Humboldt im 21. Jahrhundert, in einer angeblich durch und durch entdeckten Welt, wieder die Wissenschaftler begeistert. Gleiches gilt für die Kunst. Als könnte man mit ihm zurückkehren in eine Zeit, in der eben noch nicht alles bis auf das My erforscht war und Wissenschaft und Poesie nicht scharf getrennt waren. Geologen haben 2016 ein neues Erdzeitalter ausgerufen, das Anthropozän: Die Welt sei an einem Punkt angelangt, an dem der Einfluss des Menschen auf die Natur dauerhaft und nicht mehr umkehrbar sei. Klimawandel, Radioaktivität, die globale Verbreitung von Plastik, Beton, Flugasche, aber auch von Tier- und Pflanzenarten werden als Indikatoren genannt. Der Mensch dominiert den Planeten: Wenn dieses wissenschaftliche Denken, das schnell in die Kulturwissenschaften eingesickert ist, das neue verbindliche Modell der Weltbetrachtung sein soll, kommt Alexander von Humboldt als weiser Seher ins Spiel. Und zugleich als jugendlicher Held dieses neuen Forschungsgebiets.

Die Wissenschaft spricht vom *Humboldtian writing*. Damit ist Humboldts Methodik gemeint, aus der Bewegung zum Wissen zu kommen, aus der unmittelbaren Anschauung zur Niederschrift, wie vor allem in den Reisetagebüchern geschehen. *Humboldtsches Schreiben* bezeichnet einen speziellen Stil, die vernetzte Struktur der Texte und sein umfassender Blick auf die Welt, die Menschen, die Natur, auf Geschichte, Kunst und Kultur. Es stellt sich irgendwann

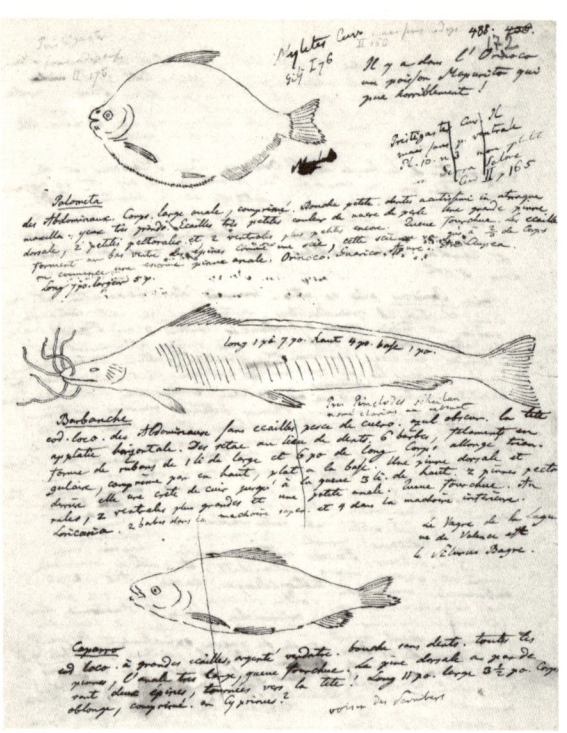

Schriftbilder: Aus dem Reisetagebuch

die Frage, ob er das wirklich alles hergibt, was sich um seine Person und sein Werk rankt. Der größte Zweifler, was die Möglichkeiten des Wissens und seiner Haltbarkeit betrifft, war schließlich Alexander von Humboldt selbst. Ein Teil seiner Größe liegt darin, dass er das eigene Überholtsein stets mitgedacht hat.

Was eigentlich macht eine Reise aus und woraus besteht ein Buch? Humboldt wirbelt die überkommenen Genres durcheinander und erfindet neue. Die »Vues de Cordillères« erscheinen 1810 bis 1813 in Paris im Folio-Format in einer Auflage von sechshundert Exemplaren. Neben dieser Luxusausgabe wird 1816 eine Oktavausgabe mit nur einem kleinen Teil der Objekte publiziert. Eine englische Übersetzung kommt schon 1814 heraus, eine spanische erst nach Humboldts Tod. Auf Deutsch gibt es bei Cotta 1810 eine unvollständige Edition, vermutlich ohne Humboldts Beteiligung. Erst im Jahr 2004, zwei Jahrhunderte später, bringt der Eichborn Verlag die »Ansichten der Kordilleren und Monumente der eingeborenen Völker Amerikas« als Ganzes und im prächtigen Großformat heraus, übersetzt von Claudia Kalscheuer, ediert von Oliver Lubrich und Ottmar Ette. Ihr Kollege Tobias Kraft hat die »Ansicht der Kordilleren« zu Recht als Humboldts »radikalstes Buch« bezeichnet.

Und was ist das für ein Buch – ein Bildband, eine Lose-Blatt-Sammlung, ein Album mit Reiseerinnerungen? Nach heutigen Begriffen: ein Ausstellungskatalog aus dem Ethnologischen Museum, ein Coffee-Table-Buch über schöne Dinge und Landschaften Lateinamerikas. Und das ist es neben vielen anderen Eigenschaften auch. Die »Pittoresken Ansichten« waren einmal als Illustration der Reiseerzählung gedacht, ehe sie sich emanzipierten. Die neunundsechzig Abbildungen, farbig und schwarzweiß, bestechen durch ihre Qualität, sie stehen für sich – die majestätische Büste einer aztekischen Priesterin, die Ansicht des großen Platzes von Mexiko-City, die Pyramiden von Cholula, die aztekischen Hieroglyphen, Reliefs und mythologische Kalender. Bauwerke, Kunst- und Gebrauchsgegenstände, archäologische Artefakten finden sich neben Darstellungen von Vulkanen, Felsen, Brücken, Wasserfällen. Ein Kontinent und seine Kulturen werden besichtigt. Humboldts Texte zu den Bildern zählen mehrere Seiten oder nur ein paar Zeilen. Es handelt sich um ein Panorama und um ein Fragment. Den Tafeln liegen Skizzen und Zeichnungen Humboldts zugrunde, die er auf Reisen angefertigt hat und mit denen sich nachher andere Zeichner, Stecher und Drucker beschäftigt haben. Das waren aufwändige, teure Prozesse. »Ich lebe gesund (häufiges Trübsinn erregendes Magenweh abgerechnet), ich arbeite viel und mit Leichtigkeit. Meine Arbeit soll mir meinen Unterhalt gewähren, sie kann es für mich und selbst für meine nächsten Umgebungen«, schreibt Alexander im

Sommer 1813 in einem Brief an seine Schwägerin Caroline. Er bittet, Wilhelm möge etwas Geld schicken.

Mit Respekt und ästhetischem Gespür nähert sich Humboldt den Zeugen untergegangener Zivilisationen. Er vergleicht sie mit den Antiken des Mittelmeerraums, stellt die Welten auf eine Stufe. Selbstverständlich gibt es künstlerische und historische Unterschiede – Mexiko ist nicht Ägypten –, aber das Buch erhellt, dass diese Unterscheidungen willkürlich sind, eine Definition, eine Machtfrage. Niemand wäre in der Lage, objektiv zu bestimmen, was einen altägyptischen Kopf der Isis wertvoller macht als die wesentlich jüngere Aztekenpriesterin, die Humboldt erstmals einem Publikum vorstellt. Es geht ihm um Gleichwertigkeit im Verschiedenen. Dafür stellt er den Zusammenhang von Kunstproduktion, Ästhetik und politisch-religiösen Systemen her.

Endlich: Die *prähumboldtische Kultur* wird entdeckt. Es ist an der Zeit, diesen Begriff ins Spiel zu bringen, der natürlich an die Bezeichnung »präkolumbianisch« erinnert. Vor Kolumbus ist auch vor Humboldt. Erst er bringt die Entdeckung der Neuen Welt in den kulturellen Zusammenhang der Moderne. In der »Relation historique« tauchen die Zeugnisse der amerikanischen Zivilisationen im Fluss des erzählenden Berichts auf, in den »Ansichten der Kordilleren« sind sie herausgehoben, bilden das Zentrum des Geschehens und der Betrachtung, ohne dass die Verbindung zu Landschaft und Geschichte verlorengeht. Es gibt bei Humboldt keine naturgegebene Überlegenheit einzelner Völker oder Länder. Im Verlauf des 19. Jahrhunderts bauen die europäischen Museen ihre überseeischen Sammlungen streng hierarchisch auf. Hier die wertvolle Kunst aus Europa und dem Nahen Osten, einschließlich Ägypten und das Zweistromland, dort das »Wilde« von den ozeanischen, afrikanischen, asiatischen, amerikanischen Kontinenten. Kurz: Unsere Museen haben sich gegen Humboldts Ideen entwickelt, sind lange prähumboldtisch geblieben. Seine Ideen passten nicht in das imperiale Programm.

Das Buch mit den »Ansichten der Kordilleren und Monumente der eingeborenen Völker Amerikas« lässt sich an jeder beliebigen Stelle aufschlagen und lesen, so wie der Besucher in einer Ausstellung seinen Weg selbst wählt, die Verweildauer bestimmt und die Richtung wechseln kann. Hier ist ein ebenso leidenschaftlicher wie behutsamer Kurator am Werk, der nicht sich selbst in den Vordergrund spielt, sondern vielmehr mit seinen Stücken kommuniziert, ohne sie zu bevormunden. Türen gehen auf: Die aztekischen »Hieroglyphen-Gemälde« erinnern an Comics. Die Landschaften laden zur stillen Anschauung ein. Der Vulkan Cayambe bei Quito liegt in malerischer, italienisch anmutender Landschaft. Wie ein Altarbild bietet sich die ausklappbare Farbtafel des schneeweißen »Chimborazo von der Hochebene von Tapia aus gesehen« dar, ein Retablo paradiesischer Natur, mit Tieren, Kakteen und Menschen im Vordergrund, die da stehen wie auf einer Bühne. Stets das große Ganze im Blick, zeigt sich Humboldt besessen im Detail. Für den Zeichner gilt das erst recht. Im Jahr 2014 publizierte der Verlag Lambert Schneider eine dicke Sensation: achthundert Seiten stark der Foliant »Das graphische Gesamtwerk« Alexander von Humboldts, herausgegeben von Oliver Lubrich. 746 einzelne Blätter zählt das Abbildungsverzeichnis, von den Fröschen der frühen Nervenfaserexperimente über die berühmten Höhenvegetationsdiagramme zu lateinamerikanischen Landkarten. Es ist verrückt, dass diese Bilder jetzt erst ihren Weg in die deutsche Öffentlichkeit gefunden haben. Seit wenigen Jahren erst kann man Humboldt wirklich neu betrachten und lesen. Oder zum ersten Mal.

Die Entstehungsgeschichte des Reisewerks wirkt nicht weniger abenteuerlich als die Bergtouren und Urwaldstrecken selbst. Viele internationale Mitarbeiter, Freunde und Kollegen stemmen die Arbeit in Paris. An einem anderen Ort wäre es so jedenfalls nicht entstanden, hat Humboldt immer wieder betont. Ebenso, dass er in Paris sein müsse. Bonpland kümmert sich um einige der Botanik-Bände, ehe er 1816 nach Buenos Aires auswandert. Er schreibt aber zugleich an einem eigenen botanischen Werk, der »Description des plantes rares, cultivées à Navarra et à Malmaison«. Die Botanik ist eine Art Familiensache für Humboldt. Sein Mentor aus alten Berliner Tagen Carl Ludwig Willdenow und Karl Sigismund Kunth, ein Neffe seines Erziehers, treiben in diesem Bereich die Sache voran. In der zoologischen Abteilung kann er sich auf eine Handvoll führender französischer Wissenschaftler vom Musée d'histoire naturelle verlassen. Ennio Quirino Visconti, Konservator der Antikensammlung des Louvre und einer der herausragenden Archäologen der Zeit, unterstützt ihn bei den »Vues des Cordillères«. Joseph-Louis Gay-Lussac und Jabbo Oltmanns bearbeiten die Astronomie. Hier ist auch François Arago dabei, Humboldts engster Freund dieser Jahre.

Einen lebendigen, zeitgenössischen Eindruck von Humboldts Pariser Leben gibt Carl Bruhns in seiner allerdings erst 1872 erschienenen »wissenschaftlichen Biographie«. Hier ist fast nur von Arbeit die Rede: »Morgens von 8 bis 11 Uhr sind seine Dachstubenstunden, da kriecht er in allen Winkel von Paris herum, klettert in alle Dachstuben des Quartier Latin wo etwa ein junger Forscher oder einer jener verkommener Gelehrten haust, die sich mit einer Spezialität beschäftigen ... Morgens um 11 Uhr frühstückt er im Café Procope in der Nähe des Odeon, links in der Ecke am Fenster es drängt sich da immer ein Schwarm von Menschen um ihn herum. Des Nachmittags ist er im Cabinet von Mignet in der Bibliotheque Richelieu. Da Mignet nie arbeitet, Humboldt aber viel, so tritt ihm ersterer sein Cabinet während seines Hierseins ab. Er hat dort Bibliothek und Diener zu seiner Verfügung. Unangemeldet kommen indessen nur Akademiker hinein, sonst nur solche, die bestellt sind. Er speist täglich woanders, immer bei Freunden, niemals in einem Hotel oder einem Restaurant. Unter uns gesagt, er plaudert gern. Da er geistreich, witzig und schön erzählt, so hört man ihm gern zu. Kein Franzose hat mehr Esprit als er. Nach dem Essen bleibt er nie lange, eine halbe Stunde höchstens, dann geht er fort. Er besucht jeden Abend wenigstens fünf Salons und erzählt dieselbe Geschichte mit Varianten. Hat er eine halbe Stunde gesprochen, so steht er auf, macht eine Verbeugung, zieht noch einen oder den andern in eine Fensterbrüstung, um ihm etwas ins Ohr zu plauschen, und huscht dann geräuschlos aus der Tür. Unten erwartet ihn sein Wagen.«

Eingespielte Rituale. Das Mundwerk steht nicht still, die Beine brauchen Bewegung. Ein Mensch wie ein aufgezogener Kreisel: »Des Abends in der Gesellschaft war seine Unterhaltung lebhaft, oft laut, und gewürzt mit scharfen und mokanten Bemerkungen.« Bruhns konnte auf Zeugnisse von Zeitgenossen zurückgreifen, wenn er sich Humboldts Alltag näherte: »Ungeachtet der Entfernung von der Sternwarte ging Humboldt oft dahin, um sich mit seinem Freunde Arago einzuschließen und über verschiedene Gegenstände der Wissenschaft zu reden. Die Unterhaltung war nie immer ruhig, zuweilen sogar ungewöhnlich lebhaft, und der ein oder der andere dieser geistreichen Leute zog sich oft schmollend wie ein Kind zurück.« Und als »das große von Lerebours und Cauchoix verfertigte Teleskop auf der Pariser Sternwarte aufgestellt war, prüfte Humboldt sehr regelmäßig das Instrument, die Untersuchungen dehnten sich oft bis nach Mitternacht aus«.

François Arago wird 1786 in Südfrankreich geboren. Er gilt als mathematisches Wunderkind und wird schon mit dreiundzwanzig Jahren zum Mitglied der Pariser Akademie der Wissenschaften gewählt. Arago macht sich als Vermessungsspezialist und Astronom einen Namen. 1811 heiratet er, hat drei Kinder und schlägt in späteren Jahren eine politische Karriere ein, bekleidet das Amt des Kriegs- und Marineministers und wirkt an der Abschaffung der Sklaverei in den französischen Kolonien mit. Wegen seiner linken politischen Überzeugung und seiner vielfältigen Talente ist er oft mit Humboldt verglichen worden – der in Arago den besseren Wissenschaftler gesehen hat. Die beiden korrespondieren regelmäßig, pflegen ein vertrautes Arbeitsverhältnis, verbringen in der Pariser Sternwarte unzählige Stunden. Humboldt schreibt das Vorwort zu Aragos gesammelten Schriften. 1817 reisen die beiden nach London, um am Royal Observatory in Greenwich Experimente zu unternehmen. Wilhelm von Humboldt residiert jetzt in London als Botschafter Preußens. Alexander hat eine offizielle diplomatische Laufbahn stets ausgeschlossen. Er ist eine Art intellektueller Botschafter in Paris, der preußische König holt ihn gelegentlich an seine Seite, wie im Juni 1814, als in London der Sieg über die Truppen Napoleons gefeiert wird.

Alexander verbindet die Besuche in London mit seinen asiatischen Reiseplänen. Für den indischen Subkontinent, von dem er schon so lange träumt, benötigt er die Genehmigung der mächtigen East India Company, einem Empire im British Empire. Humboldt bekommt sie nicht. Seine lateinamerikanischen Schriften sind in England bekannt, ebenso seine liberalen politischen Ansichten. Im Jahr 1818 unternimmt er einen weiteren Anlauf. Friedrich Wilhelm III. sagt ihm das Geld für die Asienreise zu. Humboldt legt sich Materialien und neue Instrumente zu, nimmt Sprachunterricht, die Sache scheint zu laufen, da sich etliche britische Wissenschaftler und Spitzenpolitiker für ihn einsetzen. Doch die Handelsstrategen der monopolistischen East India Company lassen sich nicht erweichen. Humboldt muss den Traum vom Himalaya begraben. In seiner Wut und Enttäuschung droht er, Europa zu verlassen und sich in Amerika anzusiedeln.

Unter König Karl X., der 1824 den französischen Thron besteigt, verdüstert sich das Klima für die Intellektuellen in Paris. Die katholische Kirche gewinnt ihren Einfluss zurück, Zensur macht sich breit. Humboldt beklagt die zunehmend opportunistische Gesinnung in der Pariser Gesellschaft, in der er sich so lange zuhause gefühlt hat. Er leidet an Rheuma. Die Kosten des Reisewerks explodieren. Schoell, sein französischer Verlag, war in Konkurs gegangen. 1819 wird der Nachfolger liquidiert, die Rechte gehen auf andere Verlage über. Es hat heftige Auseinandersetzungen zwischen Schoell und Cotta gegeben. Humboldt kämpft mit Gläubigern, sucht neue Geldgeber, steckt in Prozessen. Einem englischsprachigen Verleger in Paris, dem »Räuber Mr Smith«, muss Humboldt Schadenersatz für nicht gelieferte Teile des Reiseberichts zahlen.

Die hohen Herstellungskosten, vor allem für die Kupfertafeln, und die Honorare für die Mitarbeiter zahlt Humboldt weitgehend aus eigener Tasche. Solange er dazu noch in der Lage ist. Es kommt nicht viel herein. Das komplette Reisewerk war für einen Preis von über zehntausend Franc zu erwerben. Humboldt zahlt einen Vorschuss des preußischen Staats in Naturalien zurück – Berlin erhält eine Lieferung der kostbaren Bücher. Die Luxusgesamtausgabe kann sich ein Privatmensch kaum leisten. Nur Regierungen sind dazu finanziell in der Lage. Russland, Österreich und Frankreich gehören zum exklusiven Kundenkreis, außerdem einige Universitäten. Nur schwer lässt sich die damalige Währung umrechnen. Grob angenommen, dass zehntausend Franc um das Jahr 1830 heute etwa fünfzigtausend Euro entsprechen, womit wenig über die Kaufkraft gesagt ist. In der Forschung ist einmal geschätzt worden, dass die Herstellung des humboldtschen Reisewerks doppelt so viel Geld verschlungen habe wie die Produktion der napoleonischen »Description de l'Egypte«. Aus den bibliophilen Orgien hat er gelernt. Astronomische Produktionspreise sollten künftig nicht den aufklärerischen Charakter der Bücher torpedieren. Seine »Kosmos«-Bände werden später günstig gedruckt, in hohen Auflagen und zu populären Preisen.

Mit dem Reisewerk – und etlichen anderen kleineren Schriften – hat Humboldt ein produktives Chaos hinterlassen. Es hat sich bis heute nicht wirklich gelichtet. Der Historiker Michael Zeuske schaut mit Vergnügen in das Labyrinth: »Allein eine Odyssee der Tagebücher würde Bände füllen. Dazu kommen publizierte Texte, Textvarianten, Intertextualitäten, Quellen, Konkordanzen und Unstimmigkeiten, fachliche Fehler Humboldts, bzw. wissenschaftliche Details, die wir heute einfach besser kennen, Übersetzungen, biobibliographische Probleme sowie Probleme des Verlags und, nicht zuletzt, die Probleme der Arbeitsweise Humboldts. Postmoderne Foucault-Freunde können ihre Freude an der Werkgeschichte haben.«

Schon Zeitgenossen ziehen daraus Gewinn. Der deutsch-französische Schriftsteller Adelbert von Chamisso bewundert Humboldt über alle Maßen, er eifert ihm nach. Ihre Lebenslinien weisen deutliche Parallelen auf. Um das Jahr 1810 sucht Chamisso sein Idol in Paris auf. Es ist nicht leicht, an den Vielbeschäftigen heranzukommen, wie Chamisso bewundernd feststellt: »Humboldt arbeitet unermüdlich emsig an der Herausgabe seiner Werke, an vielen andern Dingen noch, und bereitet sich endlich zu einem noch bevorstehenden Ausflug. Bei alledem muss er viele Menschen sehen und sogar bei Hofe gehen. Solche Tätigkeit, Schnelligkeit und Festigkeit ist noch nie gesehen worden. Er bewohnt drei verschiedene Häuser und bringt die Nächte auf dem Observatorium zu. Also entschlüpft er den Importuns und gibt Rendezvous denen, die er sehen will.«

Adelbert von Chamisso, Jahrgang 1781, stammt aus der Champagne. Seine Familie flieht vor der Revolutionsarmee und geht 1796 nach Berlin ins Exil. Der französische Adlige wird preußischer Offizier und verkehrt in intellektuellen Kreisen, mit denen Humboldt gut bekannt ist. Doch nirgendwo hält er es länger aus, weder in Frankreich, wohin er 1810 zurückkehrt, noch in Deutschland. 1815 heuert Chamisso bei einer russischen Schiffsexpedition in den Nordatlantik an. Drei Jahre dauert die Fahrt durch die Südsee zur Beringstraße, der Rückweg führt über Indien und Afrika nach Europa zurück. Chamisso veröffentlicht 1821 seinen umfangreichen Bericht der »Reise um die Welt«. Im Sommer 2014 unternimmt die Künstlerin und Filmemacherin Ulrike Ottinger auf den Spuren Chamissos und im Geiste Forsters und Humboldts eine heute noch abenteuerliche Reise ins Nordmeer und dreht einen elfeinhalbstündigen Film, »Chamissos Schatten«. Sie legt eine oft übersehene Hauptlinie der deutschen Literatur frei.

Berühmt gemacht hat Chamisso der Kurzroman »Peter Schlemihls

Humboldts langer Schatten:
Adelbert von Chamisso

wundersame Geschichte«, 1814 erschienen, kurz vor der großen Fahrt. Ein sonderbarer Held eilt durch die Welt und untersucht die Phänomene der Natur. Siebenmeilenstiefel tragen ihn nach Südostasien und nach Tibet, Syrien und Nordafrika. Dorthin, wohin das Vorbild nie gelangt. Die Schlemihl-Naturforscher-Geschichte ist eine offenkundige Hommage à Humboldt, er wird an einer Stelle auch namentlich erwähnt. Schlemihl hat sich dem Teufel verkauft, der Preis ist sein Schatten. So fliegt er mit Düsenschuhen durch Raum und Zeit. Schlemihl verschreibt sich, was sonst, der Geographie und Botanik. Er betreibt ernsthafte Wissenschaft, keinen Zauberkram. Gleichwohl liegt ein parodistischer Ton in seiner Erzählung.

Der arme Schlucker wird am Ende von der Humboldt-Rolle vollends übernommen: »Ich habe, so weit meine Stiefel gereicht, die Erde, ihre Gestaltung, ihre Höhen, ihre Temperatur, ihre Atmosphäre in ihrem Wechsel, die Erscheinungen ihrer magnetischen Kraft, das Leben auf ihr, besonders im Pflanzenreiche, gründlicher kennen gelernt, als vor mir irgend ein Mensch. Ich habe die Tatsachen mit möglichstes Genauigkeit in klarer Ordnung aufgestellt in mehreren Werken, meine Folgerungen und Ansichten flüchtig in einigen Abhandlungen niedergelegt. Ich habe die Geographie vom Innern von Afrika und von den nördlichen Polarländern, vom Innern von Asien und von seinen östlichen Küsten, festgesetzt. Meine ›Historia stirpium plantarum utriusque orbis‹ steht da als ein großes Fragment der Flora universalis terrae, und als ein Glied meines Systema naturae. Ich glaube darin nicht bloß die Zahl der bekannten Arten müßig um mehr als ein Drittel vermehrt zu haben, sondern auch etwas für das natürliche System und für die Geographie der Pflanzen getan zu haben. Ich arbeite jetzt fleißig an meiner Fauna. Ich werde Sorge tragen, dass vor meinem Tode meine Manuskripte bei der Berliner Universität niedergelegt werden.«

Das Wissen ist teuer erkauft. Peter Schlemihl gibt für den Teufelspakt mit der Wissenschaft alle Hoffnung auf Liebe und Familienleben, Frau und Kinder dahin. Er bleibt einsam und allein. Es ist keine bewusste Wahl, die er trifft, es ergibt sich so. »Der Mann im grauen Rock«, der Teufel, wird wie zufällig von ihm angezogen und ist ihm schneller zu Diensten, als Schlemihl sich besinnen kann. Die fantastische Erzählung des Peter Schlemihl ist als versteckte Lebensgeschichte eines Homosexuellen interpretiert worden. Das scheint weit hergeholt. Vielleicht aber auch nicht, wenn man an Humboldts Privatsphäre denkt, um die sich der Forscher so sehr sorgte, dass sie so gut wie keinen Schatten geworfen hat. Der Name Schlemihl stammt aus der Tradition der jüdischen Diaspora, mit ihm treibt der umhergetriebene Chamisso ein Versteck- und Vexierspiel. Es steckt darin ein Selbstporträt des Autors mit einem hohem Humboldt-Anteil.

Chamisso stirbt 1838 in Berlin. Drei Jahre zuvor ernennt ihn die Preußische Akademie der Wissenschaften zu ihrem ordentlichen

Mitglied. Alexander von Humboldt hat das veranlasst. Chamisso zog ein skeptisches Resümee seines Lebens, mit einem Blick in die Zukunft: »Wir haben uns durch die Welt schlagen müssen: das werden unsere Kinder auch, jeder für sich, – und die fortgeschrittene, von Dampfschifffahrt, Eisenbahnen und telegraphischen Linien durchfurchte Welt ihrer Zeit wird eine ganz andere sein als die unserer Zeit.« Chamissos Vorhersagen erfüllen sich schnell, Humboldt hat vieles davon noch erlebt. Ab dem Winter 1838 wird er mit der Bahn von Berlin nach Potsdam fahren können. Das spart viel Zeit.

Humboldts Reise durch Russland,
1829

Kapitel 14
Bis zur chinesischen Grenze

ENDLICH BIETET SICH DEM UNIVERSALGELEHRTEN in Berlin die Gelegenheit, Richtung Asien aufzubrechen. Russland erwartet ihn. Auch im Zarenreich hat sein Name einen starken Klang. Aber über der russischen Expedition des Jahres 1829 liegt eine seltsame Schwere, wie das folgende Erlebnis zeigt.

Als Humboldt im September – mehr als die Hälfte der Tour hat er da bereits zurückgelegt – in Orenburg eintrifft, erlebt er eine Überraschung. Die Stadt liegt rund 1500 Kilometer südöstlich von Moskau, in der Nähe der Grenze zu Kasachstan und ist ein großer Handelsplatz. Die deutschen Gäste besichtigen die Karawanserei. Sie treffen wichtige Militärs und junge Offiziere, die sich mit der Botanik der Steppe beschäftigen. Stolz präsentieren die russischen Gastgeber Humboldt einen Band seines »Essai politique« über Neuspanien. Aber die Freude hält nicht lang. Humboldt wird der Besitzer des Buchs vorgeführt, ein junger Pole namens Johann Witkiewicz. Humboldt spricht lange mit ihm und hört eine schreckliche Geschichte. Witkiewicz wurde mit vierzehn Jahren im Gouvernement Wilna verhaftet, wegen »russenfeindlicher Äußerungen«, und für den Rest seines Lebens in die russische Provinz verbannt. Lebenslang für einen Schüler! Er hatte es geschafft, sich aus dem Westen Bücher zu verschaffen und sich selbst Sprachen beizubringen, um die Verbannung zu ertragen.

Humboldt kann den Jungen nicht vergessen. In St. Petersburg spricht er den Fall an, setzt sich für Witkiewicz ein. Er erwähnt den

Namen sogar in der Einleitung seines wissenschaftlichen Werks »Zentral-Asien«, das er Zar Nikolaus I. widmet, und erinnert an das »traurige und abenteuerliche Schicksal dieses jungen Polen«. Im Tagebuch muss Humboldt später notieren, dass er zwar die Begnadigung erreichen konnte, doch der Pole wurde neuen Qualen ausgesetzt und weiter nach Osten getrieben. Das russische Militär schickte ihn mit zwei kirgisischen Reitern auf ein Himmelfahrtskommando nach Kabul und Buchara, das er eigentlich nicht hätte überleben sollen. Er überlebte es auch nicht. Nach der Rückkehr nahm Witkiewicz sich das Leben.

Mit sechzig Jahren geht Humboldt also noch einmal auf große Reise. Von Mitte April bis Mitte Dezember 1829 legt er fünfzehntausend Kilometer zurück. Die Route führt von Berlin über Polen und das Baltikum nach St. Petersburg, Moskau, Kasan, Perm bis zum Altai-Gebirge und zurück über Omsk und das Kaspische Meer, über die Wolga wieder nach Moskau. 658 Poststationen werden angefahren, über zwölftausend Pferde kommen zum Einsatz. Die Unternehmung wird bis heute unterschätzt, jedenfalls hat sie in der Literatur nicht den Stellenwert der Amerikareise. Was auch daran liegt, dass inzwischen zahlreiche Expeditionen in der Weltgeschichte herumreisen. Dreißig Jahre sind seit der Abfahrt Humboldts und Bonplands aus Spanien vergangen. Sibirien aber ist zu der Zeit für die Russen noch Neuland. Die spanische Krone hat wirtschaftliche Interessen verfolgt, als sie den Reisenden die amerikanischen Kolonien öffnete. Und auch die russische Seite lässt von Anfang an keinen Zweifel daran, dass sie Humboldt als Scout für die Bodenschätze im Ural und in Sibirien betrachtet. Georg von Cancrin, Russlands Finanzminister, ein Deutscher, führt die Korrespondenz mit dem Forscher. Der Zar lädt ein und bezahlt und er erwartet eine Gegenleistung.

Dutzende Wissenschaftler bewerben sich für die Expedition, Freunde und Kollegen aus Paris wären in Frage gekommen. Humboldt entscheidet sich für den Chemiker Gustav Rose und den Bo-

Wilhelm und Caroline von Humboldt

taniker und Zoologen Christian Gottfried Ehrenberg. Sein Diener Johann Seifert aus Berlin ist dabei. Ein russischer Bergbauingenieur wird ihnen an die Seite gestellt. Nach außen bleibt der noch schnell vom preußischen König zum Wirklichen Geheimen Rat mit dem Prädikat Exzellenz beförderte Kammerherr gewohnt höflich. Humboldt muss sich oft genug selbst verleugnen und verbiegen. Was er denkt, verrät er seinem Bruder Wilhelm in aller Deutlichkeit: »Die Vorsorge der Regierung für unsere Reise ist nicht auszusprechen, ein ewiges Begrüßen, Vorreiten und Vorfahren von Polizeileuten, Administratoren, Kosakenwachen aufgestellt! Leider aber auch fast kein Augenblick des Alleinseins, kein Schritt, ohne dass man wie ein Kranker unter der Achsel geführt wird.« Die Maßnahmen dienen selbstverständlich nur der Sicherheit der Reisenden.

Alexander schreibt Wilhelm häufig aus Russland. Kurz vor der Abreise, am 26. März 1829, ist Caroline von Humboldt in Berlin gestorben. Sie soll in ihren letzten Momenten nach Alexander gefragt haben. Der hielt sich noch in Potsdam auf. Aus St. Petersburg schreibt er im Mai: »Ich kann ganz Deine jetzige Lage fassen und begreife sehr wohl, wie von dem Schauplatz menschlicher Elendigkeit und gesellschaftlicher Flachheit Dir jetzt völlige Abgeschlossenheit am angenehmsten sein muss. Ja wie (mitten in Paris und London) dieser Hang nach der Einsamkeit sich in Dir entwickeln musste. Tegel kann mit den Erinnerungen an die Verewigte und mit der ihm eigentümlichen Anmut Dir alles gewähren, was Du Dir wünschen möchtest. Wenn man die Natur als erhebend, lindernd auf das Gemüt einwirkend und heilend betrachtet, nicht als Gegenstand der Untersuchung, so sind die allgemeinsten Bedingnisse, blauer Himmelduft, eine wogende Wasserfläche und das Grün der Bäume die allein wirksamen Kräfte.«

Nach den Trostworten und Erinnerungen an die Kindheit im Tegeler Forst berichtet Alexander von den Ehrungen, die ihm widerfahren, und den Rubeln, die ihm für die Reise ausgehändigt werden, vom Treffen mit Zar Nikolaus – und vielleicht das Wichtigste: »Die Barometer sind nicht zerbrochen und alle Instrumente gut angekommen.«

Ankunft am 1. Mai in St. Petersburg. Humboldt speist beim Zar im Winterpalais. Es folgt eine Serie von Festen, Empfängen, Diners. Für die Expedition werden drei nagelneue Wagen bereitgestellt, gefedert, mit sechzehn Pferden. Minister Cancrin stimmt mit Humboldt die Reiseroute ab, woran sich Humboldt aber nicht halten wird. In Moskau wiederholt sich das Spiel: Einladungen, Diners, Honneurs, »wir wurden von allem gefeiert, was in der Stadt Rang und Namen hat«. So wird es in den nächsten Monaten zugehen, wenn die drei Humboldt-Kutschen in eine größere Stadt einfahren. Sie werden erwartet, die Russen warten ihnen auf. Endlose Festessen, »man lässt uns keinen Augenblick los«. Bei Kasan sehen sie zum ersten Mal eine Gruppe von Verbannten, »Frauen und Mädchen, etwa 60 bis 80 an der Zahl. Sie gingen frei, waren also nur leichtere Verbrecher«. Hier sieht Humboldt das russische Strafsystem am Werk; kein Wort darüber offiziell. Im Tagebuch, nicht zur Veröffentlichung bestimmt, äußert er sich kritischer.

Exakt wird jeder Wechsel im Landschaftsbild registriert. Gesteinsproben, Pflanzen, tierische Präparate werden in Kisten nach Berlin geschickt. Sichten, sammeln, messen: Sie spulen das bekannte Programm ab. Hier eine Eisenhütte, dort eine Kupfergrube, die besichtigt werden soll. Bei Jekaterinburg prüft er Verbesserungsmöglichkeiten in den Goldgruben. Da kennt er sich seit seinen frühen Berufsjahren aus. Humboldt bemängelt die Verschwendung von rauen Mengen Holz im Erzabbau. Leibeigenschaft und Zwangsarbeit entsprechen nicht seinen Vorstellungen, zumal diese extensive Ausbeutung der Ressource Mensch auf Dauer unwirtschaftlich ist. Cancrin hatte darum gebeten, dass Humboldt seine Beobachtungen des russischen Volks nicht schriftlich, sondern dem Minister im persönlichen Gespräch mitteilt. Von den Missständen soll nichts aktenkundig werden.

Aus Jekaterinburg schreibt Humboldt am 14. Juli – es ist der Jahrestag des Sturms auf die Bastille und des Pariser Föderationsfestes von 1790, an dem Alexander damals auf der Reise mit Georg Forster teilgenommen hat – seinem Bruder einen bedeutsamen Brief. In der Stadt am Ural erreichen Alexander vier Briefe von Wilhelm; sie waren vier bis acht Wochen unterwegs. Er muss erfahren, dass Wilhelm ihn für einen Posten in Berlin vorgeschlagen hat. Alexander könne sich dem nicht entziehen. Er soll Chef der neuen Gemäldegalerie werden. Wilhelm leitet widerwillig eine Findungskommission für den Direktorenposten, er ist auch für die Auswahl der Sammlung zuständig. Alexander empfindet das Ansinnen als »erniedrigend«, es widerspricht allen seinen Interessen. Seine Antwort fällt wütend aus. »Ich würde eher das Land verlassen, denn als ich kam, war ich nicht auf diese Gefahr gefasst.« In Berlin leben, das schon. Aber nicht in einem Amt! »Ich würde nicht nur den Direktorenposten ablehnen, sondern überhaupt jede Leitung oder dauernden Vorsitz einer leitenden Kommission.« Wilhelm möge bitte »dies überall in meinem Namen erklären«, wenn er es nicht schon längst getan habe.

Wilhelm handelt staatsbürgerlich und professionell, er hat gewiss mit Alexander einen der Besten im Blick und er will ihn nach dem Verlust der Lebenspartnerin näher bei sich haben. Es handelt sich bei dem Posten um die Direktion des Alten Museums, wie es heute heißt. Das Haus wird am 3. August 1830, dem Geburtstag des Königs, eröffnet – ein klassizistisches Werk des Architekten Karl Friedrich Schinkel, er ist ein Freund der Familie. Schinkel hat das Schlösschen der Humboldts in Tegel umgebaut. In seiner Schroffheit zeichnet der Brief aus Jekaterinburg ein entschiedenes Selbstporträt Alexanders: »Ich stehe dem König für alles zur Verfügung, was vorübergehend ist.« Er will den Bruder trösten, dem es gesundheitlich schlecht geht. »Ein zärtlicher Gruß aus der Tiefe Sibiriens hat seinen Wert.« Er selbst klagt nie: »Meine Gesundheit hält sich, obgleich nicht alle Momente einer Sibirienreise gleich angenehm sind, die schrecklichen Mücken, die Stöße in den Quibitkas und die ewigen Besuche von Degenträgern.« Nachdem sich der Ärger über die Sache mit dem Direktorenposten in Berlin zum Ende des Briefs gelegt zu haben scheint, beweist er seinen Sinn für Humor: Sibirien, »das ist der Orinoco plus Epauletten«.

Russland, eine Parodie der Amerikareise? Die Fakten sprechen dagegen. Noch einmal erweitert Humboldt seinen Horizont beträchtlich. Auch wenn sie regelmäßig wie Regierungsbeamte Bericht erstatten müssen, in ihrer Forschungsarbeit sind Humboldt, Rose und Ehrenberg frei. Es liegt im Interesse des russischen Polizeistaats, dass das weite Land vermessen und in all seinen Erscheinungsformen untersucht wird. Dafür wurden die Deutschen geholt.

Die Welt bedient sich eines Alexander von Humboldt, um sich selbst kennenzulernen. Die Spanier hatten Humboldts Fähigkeiten richtig eingeschätzt, nur nicht die neue Form und die Konsequenzen seines Schreibens. Die US-Amerikaner hätten ihn damals gern behalten und nach Westen ausgeschickt, er sollte helfen bei der wissenschaftlichen und militärisch-wirtschaftlichen Eroberung des Kontinentes bis nach Kalifornien, an den Pazifik. Nun ist er als Kundschafter des Zaren unterwegs, in der neuen russischen Welt. Sibirien lockt als Eldorado des Ostens.

In Tobolsk sieht er den Irtysch, ebenso ein Jugendtraum wie die großen Flüsse Südamerikas. Es ist Zeit, vom Protokoll auszubrechen. Minister Cancrin im fernen St. Petersburg wird über »eine kleine Erweiterung unserer Reisepläne« informiert. Es handelt sich nur ein paar tausend Kilometer ostwärts, Humboldt will Richtung »chinesische Mongoley«. Cancrin habe ihm versprochen, dahin seine Reise zu richten, »wo ich nützliche wissenschaftliche Zwecke zu erreichen hoffen könnte«. Die Mitteilung ist ein Meisterstück humboldtscher Diplomatie in eigener Sache: »Ich kann dem Drange nicht widerstehen, eine mir von Ihnen geschenkte Gelegenheit, die sich vor meinem Tod nie wieder darbietet, zu benutzen.« Später hat Humboldt trotz der sibirischen Extratour einen Teil des Reisevorschusses zurückgezahlt. Auf seine innere Unabhängigkeit legt er Wert.

Zum Altai, ins Gebirge! Seine Abenteuerlust ist ungebrochen. Trotz der herrschaftlichen Behandlung, die ihnen aufgedrängt wird, ist diese Reise kein Luxusausflug. Die Mückenplage nimmt schlimme Formen an, eine schöne Erinnerung an die Äquinoktialgegenden. In geschlossenen Wagen rasen sie durch Pestdörfer. Starker Wind und Regen halten sie auf. Häufig sind sie in »erbärmlichen Hundehütten« untergebracht, wenn sie sich überhaupt eine ausgedehnte Nachtruhe leisten, tagsüber bekommen sie nicht immer zu essen. Mitte August schreibt er an François Arago aus Ust-Kamenogorsk und lobt die Großzügigkeit der russischen Behörden, die ihm jede erdenkliche Unterstützung gewähren: »Es handelt sich um eine öffentliche Verbeugung vor der Wissenschaft, um eine edle Freigiebigkeit zugunsten des Fortschritts der modernen Zivilisation.« Der Anblick der Berge und die Aussicht, bis zur chinesischen Grenze vorzudringen, versetzen ihn in Hochstimmung.

Ein russischer General gibt ihnen das Geleit. Wie damals an der Grenze zwischen spanischem und portugiesischem Hoheitsgebiet, am Rio Negro, bewegt sich Humboldt in einem entlegenen Gebiet, in dem sich Weltreiche berühren. Sie erhalten Erlaubnis, das chinesische Lager zu besuchen. Und so verläuft in seinen Worten die Begegnung: »Es handelt sich um elende Jurten, in denen mongolische oder chinesische Soldaten leben. Auf einem kahlen Hügel steht ein kleiner chinesischer Tempel. Im Tal weiden baktrische Kamele mit zwei Höckern. Die beiden Kommandanten, von denen einer erst vor einer Woche aus Peking gekommen war, sind von reiner chinesischer Rasse. Sie werden alle drei Jahre ausgetauscht. Sie waren in Seide gekleidet, mit einer hübschen Pfauenfeder an der Mütze, und empfingen uns mit großem Ernst, was sehr vergnüglich war.« Kurze Zeit später kommen die Chinesen zum Gegenbesuch. Die Russen und ihre deutschen Gäste bieten Zwieback, Madeirawein und Zuckerstückchen an. Geschenke werden ausgetauscht. Die Chinesen bekommen Stoffe, Humboldt interessiert sich für die chinesischen Bücher aus der Jurte, sie werden sogleich geholt, er darf sie mitnehmen. Der chinesische Offizier freut sich über Humboldts Bleistift, das Schreibgerät ist ihm neu. Die Bücher, erklärt Humboldt, seien für seinen Bruder, einen Sprachwissenschaftler. Die Chinesen nehmen noch ein Päckchen Tabak mit. Die Deutschen brechen am Nachmittag auf und erreichen gegen Mitternacht Krasnojarsk. Der Himmel ist sternenklar und Humboldt, der nicht schlafen kann, treibt noch etwas Astronomie.

Sie reisen durch Gebiete, die in den USA als *frontier* bezeichnet würden. Das verheißt Reichtum und Macht, Perspektive, Zukunft. Dort entlang verläuft die Grenze zu weiten Landmassen, Richtung Süd und Ost, wohin Russland und später das Sowjetreich nach und nach vordringen. Es sind die mittelasiatischen Weiten der muslimischen Völker, Kasachen, Usbeken, Turkmenen. Ein weites Gebiet der Kirgisen hat sich Russland bereits bis 1824 einverleibt. Russland ist seit dem Antritt der Zarin Katharina II. zu einem Einwanderungsland geworden, zumal für die Deutschen, die an der Wolga siedeln. In Lateinamerika hat Humboldt ein im Zusammenbruch begriffenes Kolonialreich besucht, im imperialen Russland – wie bei seinem kurzen USA-Aufenthalt – sieht er eine zukünftige Weltmacht.

Von Semipalatinsk bis Omsk, entlang der Irtysch-Linie, stößt die Reisegesellschaft auf Festungen, Handelsstationen, Fabriken, die lokale Produkte wie Leder verarbeiten. Sie begegnen reichen Geschäftsleuten. Humboldt, Rose und Ehrenberg sind eine Sensation in diesen einsamen Orten, wo die Wohlhabenden und Gebildeten sich Sammlungen von Asiatika und seltenen Tieren anlegen. Antilopen, chinesische Schweine, Schafböcke aus Taschkent, alles wird von den berühmten Fremden begutachtet und vieles für zuhause eingepackt: das Fell eines sibirischen Tigers und kistenweise Gesteinsproben. Und Berge von Messdaten.

Humboldt schreibt an den russischen Minister Cancrin: »Vor 30 Jahren war ich in den Wäldern des Orinoco und auf den Kordilleren. Ihnen verdanke ich es, dass dieses Jahr, durch die große Masse von Ideen, die ich auf einem weiten Raume habe sammeln können, mir das wichtigste meines unruhigen Lebens geworden ist. Und was werde ich nicht erst von mineralogischen und geognostischen Merkwürdigkeiten auffinden können, wenn ich in Ruhe in Berlin mit Prof. Rose von den Sammlungen des Urals und Altai werde umgeben sein?« Humboldt bestätigt dem Politiker die in St. Petersburg erhoffte Existenz von Zinn im Ural, »ein wahres Dorado« mit seinen »Gold- und Platinawäschen«, das ist der Grund für all den Aufwand, den die Russen mit Humboldt treiben. Sie sind scharf auf die Bodenschätze in ihrem Riesenland, dessen Erforschung einen Humboldt verlangt. Es folgt der große Coup: Humboldt ist aufgrund seiner geologischen Kenntnisse überzeugt, dass es im Ural Diamanten gibt (»ich bestehe fest darauf«). Die Möglichkeit hat er bereits am Beginn der Reise in St. Petersburg angedeutet. Nun kann er im Triumph zurückkehren und der Zarin einen Diamanten aus dem Ural präsentieren, die Spekulation geht auf. Vor Fürstenthronen zeigt sich Humboldt kühn, kompetent und zielbewusst. Es geht um seine eigenen Interessen. Soziale Fragen treten auf der Russlandreise in den Hintergrund.

Aufs Neue verblüfft seine Dickfelligkeit. Die Begleiter plagt die eine andere kleine Krankheit, Humboldt nicht. Was für andere eine Strapaze ist, tut ihm gut. Mit Frack und Überrock kleidet er sich selbst auf den endlosen Kutschfahrten korrekt. Er besteigt kein Pferd, geht selbst in gefährlichem Gelände lieber zu Fuß und wird nicht müde. Die ganze Haltung, erinnert sich ein Begleiter, war gerade und aristokratisch. Humboldt gehört zu den Menschen, denen es nicht schlecht geht, weil sie nicht über ihre Gebrechen reden. Sie geben ihren gesundheitlichen Problemen wenig Raum, so werden diese auch nicht größer. Es ist das gelebte und erprobte Gegenteil von Wehleidigkeit und Hypochondrie. Bei Humboldt funktioniert das jedenfalls auf Reisen. Das Rheuma im Arm plagt ihn sehr, doch er erwähnt es kaum. Schon auf dem Rückweg biegt er noch einmal nach Süden ab, er will, der Wolga folgend, ans Kaspische Meer. Sie fahren durch deutsches Siedlungsgebiet über die Festung Zaryzin, das spätere Stalingrad und Wolgograd bis Astrachan, eine Vielvölkerstadt. Roses Reisebericht mutet touristisch an: Die große Kathedrale, »Kaufhöfe«, Weingärten, eine Dampferfahrt auf der Wolga und dem Kaspischen Meer stehen auf dem Besichtigungsprogramm. Ein armenischer Händler gibt den Deutschen zu Ehren »ein sehr luxuriöses Diner« und einen Ball.

Aus Astrachan schreibt Alexander im Oktober an Wilhelm von der »schönen Herrnhuterkolonie Sarepta, wo es tibetanische Handschriften gibt, die von kalmückischen buddhistischen Lamas gekauft wurden (…). Wir nahmen bereits an einem geräuschvollen buddhistischen Gottesdienst teil, wobei heilige tibetanische Bücher auf einem mit indischen Idolen geschmückten Altar liegen.« Diese Dinge sind für Wilhelm von besonderem Interesse, er beschäftigt sich mit chinesischen und indischen Sprachen. Der Klimaforscher Alexander schwärmt von der Kalmückensteppe, »wo das Obst fabelhaft ist, wo ein Memeler Winter auf einen neapolitanischen Sommer folgt«. Die Art, wie Humboldt seine Reisebegleiter in dem Brief charakterisiert, ist typisch für ihn. Durchaus arrogant nach langen gemeinsam verbrachten Monaten on the road schreibt er: »Rose ist gelehrt und gutmütig; Ehrenberg geistreicher, als man denkt; aber er misst alles am Typus von Ägypten und den Arabern.« Ehrenberg hatte von 1820 bis 1826 die arabische Welt bereist. Humboldt selbst misst vieles an seiner drei Jahrzehnte zurückliegenden Amerikareise.

In Moskau und St. Petersburg wird er wie ein Monarch empfangen. Der Dichter Alexander Puschkin, der knapp acht Jahre später nach einem Duell stirbt, erlebt in einem Petersburger Salon Humboldts »hinreißende Reden«. Der Umschwärmte notiert kokett: »Meine Gesundheit ist gut, aber man bringt mich um mit Freundlichkeiten.« Der Zar überschüttet ihn mit Geschenken, darunter ein kostbarer Zobelpelz. Zum Abschied hält Humboldt am 28. November in der Kaiserlichen Akademie der Wissenschaften eine Rede. Darin fliegt er über die ihm bekannte Welt vom Amazonas zum Altai. Er sieht sich in einer Reihe von »Reisenden verschiedener Epochen«, unterstreicht aber zugleich das Neue seiner Methodik: das »gemeinschaftliche Vorgehen in den gründlichen Studien«, das Interdisziplinäre, »indem man sich auf modernes Wissen stützt«, auf neue Instrumente und Methoden, auf Erkenntnisse, welche sich aus der Analogie von Fakten ergeben, die früher nicht bekannt waren. Dieses Instrumentarium sei noch sehr jung und müsse fortlaufend erneuert werden.

Er gibt einige praktische Beispiele, wozu der Erdmagnetismus gehört, Aragos Spezialfach. Das Magnetfeld des Planeten schützt das Leben vor kosmischer Strahlung und ist für die Seefahrt von großer

Bedeutung gewesen. Humboldt regt in seiner Rede die Einrichtung eines »kombinierten Beobachtungssystems« an, verteilt über die russischen Weiten. Einige Jahre später organisiert der Göttinger Mathematiker Carl Friedrich Gauß auf Anregung Humboldts bis zu fünfzig Messstationen auf allen Kontinenten, die ihre Daten austauschen. In seinem Vortrag führt Humboldt aus, dass ein Riesenland wie Russland – von der Zone der Olivenbäume bis zum ewigen Eis – dazu prädestiniert sei, Klimaforschung zu treiben. Die USA hätten bereits verstanden, dass die Meteorologie der Landwirtschaft von hohem Nutzen sei. Es müsse weltweit eine »einheitliche Methode« zur Klimabeobachtung und Wetterdatenerhebung gefunden werden. Am Ende erinnert er an den erfolgreichen Freiheitskampf der Griechen gegen die Türken, »jener lange preisgegebenen Wiege der Zivilisation unserer Vorfahren«. Es ist eine zukunftsweisende Rede. Nur etwas fehlt: das menschliche Element.

Ende Dezember 1829 ist Humboldt wieder in Berlin, am preußischen Hof. Erst 1843 erscheint in Paris in drei Bänden »Asie centrale«, ein Jahr später auf Deutsch »Central-Asien. Untersuchungen über die Gebirgsketten und die vergleichende Klimatologie von A. v. Humboldt«. Das Original ist auf Französisch, die Übersetzung von Wilhelm Mahlmann, einem Geografen und Meteorologen. Humboldt fungiert als Autor und Herausgeber zugleich. Etliche Textteile hat er nicht selbst verfasst, sondern in einer Art Collage gebündelt. Er fügt eine Fülle von Zitaten zusammen, wobei der eigentliche Reisebericht von Gustav Rose stammt. Humboldt bewegt sich frei zwischen den literarischen Genres, das Buch hat keinen streng wissenschaftlichen Charakter. Eine russische Ausgabe erscheint Anfang des 20. Jahrhunderts, was nicht gegen die Wirkung spricht. Die russischen Wissenschaftler lasen ohnehin das französische Original. Eine umfassende deutsche Ausgabe gibt es erst seit 2009, herausgegeben von Oliver Lubrich. Er sieht in der Asienschrift den »missing link zwischen Amerika-Werk und *Kosmos*«.

Der Kammerherr wird nun zunehmend vom Hof beschäftigt. Im Mai 1830 reist er mit dem preußischen Kronprinzen zur Eröffnung des polnischen Reichstags. Wenig später trifft er in Berlin Francisco de Paula Santander, den kommenden Präsidenten Großkolumbiens und Bolívar-Nachfolger. Anfang Oktober endlich retour à Paris, mit diplomatischen Aufträgen. Oder geheimdienstlichen? Er hält am Institut de France einen Vortrag über die Asienreise, frischt Kontakte und alte Freundschaften auf und gerät zusehends auf das Feld der Politik.

Die Lage ist heikel. Auf sein Paris kann und will er nicht verzichten, es würde ihm das Herz brechen. In der Korrespondenz mit Karl August Varnhagen von Ense schimpft er 1837 bitter über Berlin, die »intellektuell verödete Stadt«, und sucht nach Fluchtmöglichkeiten. Aber er muss dem König dafür etwas bieten. Er spielt die eingeübte Rolle des Grenzgängers aus. Der preußische Botschafter in Paris äußert sich ungehalten über Humboldts großspuriges Auftreten. Humboldts Berühmtheit sichert ihm eine Sonderstellung. Das weckt in Preußen Misstrauen und Missgunst, denn Humboldt entspricht keiner gängigen Vorstellung von einem Politiker, Wissenschaftler oder Diplomaten. Der französische Monarch hat sich mit einer gewissen Regelmäßigkeit mit Humboldt beraten. Die Depeschen nach Berlin behandeln innenpolitische und außenpolitische Fragen, er liefert Einschätzungen der ökonomischen und sozialen Lage Frankreichs, aber auch Privates vom französischen Hof.

1836 kommen die Söhne des französischen Königs nach Berlin. Humboldt sorgt für einen reibungslosen Ablauf des Besuchs und hilft, die Verbindung des älteren Sohns, des Herzogs von Orléans, mit der Schwester des Herzogs von Mecklenburg-Vorpommern zu schließen. Als 1842 ein Mitglied der französischen Königsfamilie bei einem Unfall ums Leben kommt, überbringt Humboldt im Auftrag Friedrich Wilhelms IV. Louis-Philippe das Kondolenzschreiben. Der französische König erhebt ihn darauf zum Grand-Officier der

Ehrenlegion. Im gleichen Jahr wird er in Preußen mit der Aufnahme in den Orden Pour le Mérite ausgezeichnet. Von Friedrich II. ursprünglich für Militärs gestiftet, wird unter Friedrich Wilhelm IV. auf Anregung Alexander von Humboldts die zivile Ehrung »für Wissenschaften und Künste« eingeführt. Humboldt wird zum Kanzler des Ordens ernannt.

Niemand in Preußen hat Frankreich so gut verstanden wie er. Er verkehrt in den entscheidenden Kreisen, ihm stehen die Türen offen. Mit König Louis-Philippe unternimmt er gelegentlich auch private Ausflüge. Humboldt ist klug genug, seinem preußischen König solche Treffen nicht zu verschweigen. Worüber er *nicht* nach Berlin berichtet, das bleibt im Dunkeln. Gleichsam Kammerherr zweier Könige, schafft er es, über einen langen Zeitraum seine Freiheit zu behaupten und seinen Einfluss geltend zu machen. Deutschen Wissenschaftlern verschafft er ein Entree in Paris. Er mischt sich ein, wenn es darum geht, französischen Freunden und Kollegen in Paris eine Stellung zu besorgen. Ohne Amt, aber mit all seiner Würde gibt er für junge Forscher und Gelehrte den Mäzen. Dabei greift er generös in die eigene Tasche und setzt gern Empfehlungsschreiben auf. In seinem langen Leben schreibt er über fünfzigtausend Briefe, vorsichtig geschätzt.

Kapitel 15
Immer wieder Paris,
immer wieder die Anden

AM 19. AUGUST 1839 erlebt die Pariser Académie des Sciences einen Ansturm wie noch nie. Akademiesekretär François Arago präsentiert eine Erfindung, die seit Monaten die Öffentlichkeit umtreibt: die Photographie. Dem Maler und Geschäftsmann Louis Jacques Mandé Daguerre ist es gelungen, mit einem chemischen Verfahren haltbare Bilder auf eine Metallplatte zu bannen. Malereien mit Licht hat es zuvor schon gegeben, die Camera Obscura existiert bereits in der Renaissance, der holländische Maler Vermeer hat sie für seine Interieurs genutzt. Aber Daguerre schafft den entscheidenden technischen Durchbruch. Jetzt lassen sich die Abbilder der Camera obscura festhalten und kommerziell verwerten. Ein halbes Jahrhundert nach der Französischen Revolution nimmt die Revolution der Bilder ihren Lauf.

Das älteste photographische Bild, eine Heliographie, stammt von dem Franzosen Joseph Nicéphore Niépce, vermutlich aus dem Jahr 1826: ein Blick aus seinem Arbeitszimmer auf die Dächer der Nachbarhäuser. Vermutlich ist ihm bereits 1822 ein ähnliches Bild im Garten gelungen. Niépce korrespondiert mit Daguerre, aber es springt nichts für ihn dabei heraus. Er stirbt 1833. Der Nutznießer heißt Daguerre. Er überflügelt zunächst den Engländer William Henry Fox Talbot, der zur gleichen Zeit an Schattenzeichnungen und ihrer Fixierung arbeitet. Talbot fällt aus allen Wolken, als sich die Nachricht von Daguerres Triumph in Paris verbreitet. In der Photoindustrie wird sich nachher das Negativ-Positiv-Verfahren durchsetzen, das auf Talbot zurückgeht. Der Engländer erfindet das zukunftsträchtige Verfahren, das lichtempfindliche Photopapier, das sich bis zur Einführung der digitalen Photographie als Standard hält. Doch Daguerre kostet die Gunst der Stunde aus, die Photographie wird partout in Frankreich geboren. Er hat mit der mächtigen Pariser Académie die bessere Propagandamaschinerie hinter sich und mit Arago einen glänzenden Promoter, der sogleich dafür sorgt, dass Daguerre und die Familie Niépce für ihre vaterländische Erfindung eine satte staatliche Rente bekommen.

An der historischen Akademieversammlung nimmt Alexander von Humboldt nicht nur als ordentliches Mitglied Teil. Er gehört mit dem Wissenschaftler Jean-Baptiste Biot und François Arago zu der kleinen Kommission, die Daguerre im Dezember 1838 im Atelier besucht und ein paar Dutzend Daguerrotypien zu sehen bekommen. Das prominente Trio kennt sich gut, sie sind aufeinander eingespielt; Humboldt, Arago und Biot sind 1817 gemeinsam zu Forschungszwecken nach London gereist. Daguerre zieht die Gutachter in seinen Bann. Als Maler und Aussteller von Dioramen, einem frühen Vorläufer des Kinos, hat er sich einen Namen gemacht. Bereits im Januar 1839 berichten Zeitungen von einer bevorstehenden Umwälzung in der Kunst und der Wissenschaft. Humboldt begreift das Revolutionäre des neuen photographischen Verfahrens sofort. Und er zeigt sich als guter Pariser. Von Talbot, der um seine Erfindung fürchtet und sich in Briefen auch an Humboldt wendet, zeigt er sich wenig beeindruckt. Humboldt stellt sich auf die Seite von Daguerre. Was er gesehen hat, hat die Welt noch nicht gesehen.

Tief beeindruckt schreibt Humboldt an den Maler Carl Gustav Carus in Dresden, die Daguerre-Schau rekapitulierend. Er lässt den Künstler an seinem frischen ästhetischen Erlebnis teilhaben: »Es ist eine der erstaunenswürdigsten Entdeckungen neuerer Zeit. Mit dem Effekt auf Chlor-Silber hat es nichts gemein. Hier bringt Licht Licht hervor, ein Bleichprozess, wie ein Gitter nach Monaten sich auf einer rosenrot unecht gefärbten Gardine abbildet. Man sieht bei

Daguerre nur die Bilder unter Glas, meist auf Metall, einige weniger gute auf Papier und auf Glasplatten gebildet, alles dem feinsten Stahlstich ähnlich, von bräunlich grauem Ton, die Luft immer etwas traurig und verwischt. Die schönsten Abstufungen der Halbschatten, die Verschiedenheit des Seine Wassers unter den Brücken oder in der Mitte des Flusses. Pferde, Menschen angelnd mit ihrem projizierten Schlagschatten auf das bestimmteste, da bei großer Entfernung kleine Bewegungen (wegen des geringen Winkels) nicht schaden. Diffuses Licht wirkt wie Sonnenlicht.«

Der Brief an Carus vom 25. Februar 1839 – Ingo Schwarz hat ihn 2009 erstmals ediert – gilt als eines der frühesten und wichtigsten Dokumente zur Geschichte der Photographie. Der Augenmensch Humboldt revolutioniert mit seinen Schriften, »Naturgemälden«, die Betrachtung der Welt. Hier kommt etwas wiederum Neues, eine vollkommen andere Kulturtechnik. Sie verändert radikal die Mechanismen der Erinnerung, die Möglichkeiten der Aufzeichnung, die Qualität des Reisens. 1849 brechen Gustave Flaubert und der Journalist und Photograph Maxime Du Camp zu ihrer berühmten Tour in den Orient auf, von der Du Camp die herrlichsten Aufnahmen mitbringt, die Sphinx, die Pyramiden von Gizeh – als gäbe es den photographischen Apparat seit ewigen Zeiten, als hätten die Steinkolosse im ägyptischen Sand nur darauf gewartet, durch das Glas der Photographie betrachtet und in die weite Welt verschickt zu werden. Humboldt wird nicht mehr auf große Reise gehen und Daguerres und Talbots Erfindung nutzen können. Seine präzise Sprache und exakte Beobachtung aber weisen in die visuelle Zukunft des photographischen Auges:

»Schöne Abbildungen der Quais oder Ansicht des fernen Paris bei starkem Regen. Abstufung der Erleuchtung, le Palais et Jardin des Tuileries um 5 Uhr Morgens Sommers, um 2 Uhr in der Sonnenhitze und um 7 Uhr abends bei Sonnenuntergang, versteht sich alles einfarbig, monochrom. Von Vervielfältigung oder Porträtierung ist bisher keine Rede. Am herrlichsten wirkt Lampenlicht, marmorne Statuen, marmorne Basreliefs erleuchtend, solche Platten 8 bis 10 Zoll lang, 6 Zoll hoch auch grösser, sind durch blendende Lichteffekte ausgezeichnet. Erleuchtete Schlachtenbilder werden in 8 bis 10 Minuten kopiert und in jede Größe reduziert. Die Oberfläche des feuchten Gesteins, Gemäuers, hat eine Wahrheit, die kein Kupferstich erreicht. Der generelle Ton zart, fein, aber als braungrau etwas traurig. Ich sah eine innere Ansicht des Hofes des Louvre mit den zahllosen Basreliefs. In einem Bild, sagte Arago, nahm ein Haus von 5 Etagen etwa Dreiviertel Zoll Raum ein. Man erkannte im Bilde, dass in einer Dachluke (und welche Kleinheit!) eine Fensterscheibe zerbrochen und mit Papier verklebt war. Arago hat jetzt das Geheimnis von Daguerre erhalten und hat in 10 Minuten ein vollendetes Bild unter seinen Augen entstehen sehen. Das Bild zeigte einen fernen Ableiter, den Arago mit bloßen Augen nicht gesehen hatte.«

Paris, verdoppelt. Der Louvre, wie aus dem Stadtbild herausgeschnitten mit dem Teleskop. Was hätte Humboldt alles damit auf dem Chimborazo und in der russischen Steppe einfangen können! Der praktische Nutzen der Photographie, aber auch ihr künstlerischer Wert werden ihm sofort klar: »Da nun gewiss ist, dass die Methode von jedem und auf Reisen angewandt werden kann (…) Welch ein Vorteil für Architekten, den ganzen Säulengang von Baalbek oder den Krimskrams einer gotischen Kirche in 10 Minuten in Perspektive auf dem Bilde mitzunehmen. (…) Der geheimnisvolle chemische Überzug, in dem das Licht zeichnet, ist so lichtempfänglich, dass am Tage meiner Abreise Daguerre uns nach dem Observatorium das Bild der Mondscheibe brachte, ein Porträt von Luna selbst hervorgebracht.«

Der bald Siebzigjährige beschließt den Brief an den Landschaftsmaler und Gelehrten Carus nicht, ohne im Postscriptum seiner Stadt eine Liebeserklärung zu machen: »Ich habe fünf sehr arbeitsame, aufheiternde Monate mit Arago in Paris verlebt. Nirgend weiss ich mir eine so herrliche Ruhe und Unabhängigkeit zu verschaffen, in einem Quartier schlafend, in einem anderen, durch Öfen wohlgeheizten entresol de l'Institut arbeitend von 9 Uhr morgens bis 6 oder 7 Uhr abends, unter einer Bibliothek aus der ich 30 bis 40 Bände ungefragt herunterschleppe. Den Abend ununterbrochen geselliger Genuss von 7 bis 1 Uhr.«

Große Erfindungen gehen nicht ohne Unfälle und komische Momente über die Bühne. Humboldt sitzt wieder in Berlin auf und bestellt einen dieser neuen Apparate. Kamera, Platten, Chemikalien, Glasbehälter werden mit der Kutsche nach Berlin verfrachtet, allerdings schlecht verpackt. Bei der Auslieferung im September 1839 liegen die Utensilien zerbrochen in einer Holzkiste. Berlin ist, nach Paris, dennoch bald eine der ersten Städte weltweit, in denen die Daguerrotypie angeboten wird.

Der Hamburger Maler Hermann Biow wird 1847 von König Friedrich Wilhelm IV. nach Berlin geholt, er soll Persönlichkeiten am Hofe mit der Kamera porträtieren. Biow baut sein Atelier im Berliner Schloss auf. Ihm sitzen Minister, Militärs, Wissenschaftler und Künstler vor der Linse Modell. Alexander von Humboldt wird ins Atelier gebeten. Er scheint mit der daguerreschen Prozedur, die er so hochgepriesen hat, hier nicht sehr glücklich zu sein. Der Mund zusammengekniffen, der Blick trotzig-skeptisch, die Haltung steif vor einem dicken Vorhang. Den linken Arm hat er aufgestützt, die Hände übereinander gelegt. Das Bild wirkt selbst für eine frühe Daguerrotypie recht finster. Allerdings geht Humboldt auf die achtzig zu und die Belichtungszeit lag anfangs um die zwanzig Minuten; eine Folter, so lange stillzusitzen. Eine andere Photographie Humboldts aus den 1850er Jahren zeigt ihn mit offenerem Blick, er wirkt staatsmännisch. Das Photo hat vermutlich der amerikanische Photopionier Mathew B. Brady aufgenommen. Berühmt sind seine Porträts von US-Präsident Abraham Lincoln und die mehr als zehntausend Bilder aus dem amerikanischen Bürgerkrieg. Sie dokumentieren den Horror der Schlachtfelder und des Massensterbens, mit der Photographie reisen jetzt Bilder und Nachrichten schneller um die Welt und erreichen ein Massenpublikum.

Humboldt auf einer Daguerreotypie, 1847

Humboldt ist dabei, als die Photographie das Licht der Welt erblickt, aber bleibt auf der Schwelle stehen. Was jetzt folgt, das besorgen Jüngere. Den Part des praktischen Denkers, der die Wege weist und die Mittel erkennt, interpretiert er großzügig und ohne Neid und Bitternis. Das Bild, das wir von Humboldt haben, gehört wesentlich der Zeichnung und Malerei, der photographierte Humboldt bleibt die Ausnahme. Alexander von Humboldt in seiner Glorie war ein beliebtes Sujet, meist in der Landschaft dargestellt und mit Insignien seines Wissens und Forschens. Es existieren hunderte Bilder und Büsten, oft erscheint er skurril idealisiert und ist kaum wiederzuerkennen, vor allem auf den Gemälden lateinamerikanischer Maler. Dort wirkt er wie ein Bruder Bolívars, ein Offizier der Unabhängigkeitsbewegung. Jeder formt sich seinen Humboldt, wie er ihn braucht. Dieser selbst hat, wenn möglich, direkt Einfluss genommen auf sein Bild in der Öffentlichkeit. Stets auf die Arbeit konzentriert, verschlossen, Distanz aufbauend, hinter einem unsichtbaren Schutzschild. So zeigt er sich und zeigt von sich wenig.

Eine ideelle Porträtgalerie könnte beginnen mit dem Ölgemälde »Alexander von Humboldt und Aimé Bonpland im Urwald« von

Eduard Ender. Ein Arbeitstisch vor exotischer Landschaft. Lässig sitzt Alexander im Vordergrund, hell erleuchtet wie von einem Scheinwerfer, Bonpland steht abgedunkelt weiter hinten, zwischen ihnen ein Sextant. Das zeigt die Machtverhältnisse, die Überhöhung des jungen Forscherhelden – das Bild entstand 1856 und wird häufig benutzt, wie das fünfzig Jahre zuvor von Friedrich Georg Weitsch gemalte Porträt: Humboldt leger-schick gekleidet, fein frisiert, sitzend unter einer Palme. Auf den Knien hält er einen aufgeschlagenen Folianten und eine zarte Blüte. Jugendliche, zarte Wissenschaft. Bei dem Blütenstengel handelt es sich um eine Rhexia speciosa, die Bonpland und Humboldt in den Tropen entdeckt haben. Weitsch war königlicher Hofmaler in Berlin. Von ihm stammt das Humboldt-Bild am Fuß des Chimborazo. Der Forscher steht mit einem Einheimischen in der Landschaft, Bonpland hockt trist unter einem Zeltdach. Humboldt schaut den Betrachter an, als würde er photographiert. Seht her, ich habe diesen Berg bestiegen: Es könnte heute ein Selfie sein. Humboldt hat an der Entstehung des Bildes mitgewirkt und Bonpland um eine kleine Porträtzeichnung für Weitsch gebeten mit dem Hinweis: »Vergessen Sie es nicht. Sie befinden sich, wie es recht ist, auf dem Wege zur Unsterblichkeit.« Humboldts Ironie ist nicht zu überhören. Unsterblich erscheint Bonpland nur im Zusammenhang mit Humboldt.

Wenn man den gesetzten Humboldt betrachtet, kommt einem das freche Porträt von Gérard wieder in den Sinn, dies Bildnis eines jungen Mannes, der die Welt herausfordert. Er hat länger gelebt als alle seine Zeitgenossen, hat mehr gesehen. Reif und ergraut, mit wächsernem Gesicht, gütig dreinschauend, so hat ihn Joseph Karl Stieler 1843 gemalt. Humboldt thront neben einem Globus. Zum 200. Geburtstag Humboldts 1969 gab die Deutsche Bundespost Berlin eine 50-Pfennig-Briefmarke mit dem Stieler-Bild heraus. Die DDR verewigt beide Humboldt-Brüder mit einer 20-Pfennig-Marke 1960 zum 150. Geburtstag der Humboldt-Universität. Briefmarken, Münzen, Geldscheine: Humboldt ist eine internationale Währung. Eduard Hildebrandt, ge-

Kosmos und Mikrokosmos: Humboldt in seinem Arbeitszimmer
in der Oranienburger Straße

boren 1818, war ein Protegé Humboldts. Er bereist Mitte der 1840er
Jahre Brasilien und Nordamerika, der preußische König ernennt ihn
danach zum Hofmaler. Humboldt liebt die großen Seestücke Hilde-
brandts und lässt sich 1856 von ihm in seinem Arbeitszimmer in der
Oranienburger Straße 67 porträtieren. Bücher, wohin das Auge wandert. Horst Bredekamp deutet das Bild als »Charakterporträt des For-
schers und Gelehrten. Naturobjekte, Globen und Kunstwerke geben
hier einen gemeinsamen Reflexionsraum ab. Es herrscht die Vielfalt
scheinbarer Unordnung.« Es ist ein Humboldt-Museum zu Lebzeiten,
in dem er sich selbst mit und vor seinen Objekten inszeniert und dazu
einen mehrsprachigen Begleittext liefert.

Eduard Gärtner, der große Maler-Dokumentarist von Berlin,
zeigt Alexander von Humboldt bereits 1834 als emblematische Figur.
Klein, aber bedeutend steht Humboldt neben einer Dame und einem
Herrn bei einem Fernrohr auf dem Dach der Friedrichwerderschen

Kirche. Er trägt den Pelzmantel des Zaren, ein Geschenk nach der russischen Reise, seine rechte Hand weist in die Ferne.

Dreißig Wissenschaftsakademien und mehr als hundert wissenschaftlichen Clubs hat Humboldt angehört. Nicht weniger vernetzt ist er im Kunstbetrieb. Die Malerei steht unter dem Eindruck des neuen Mediums Photographie, die meisten Photographen oder Daguerrotypisten waren schließlich Maler. Pessimisten sagten den Untergang der Malerei voraus, doch was tatsächlich passiert, gleicht einer Befreiung. Malerei muss nicht bloß abbilden, sondern kann in die Landschaft eindringen. Die Photographie dient einer neuen Generation von Malern wie Degas, Courbet, Delacroix als Vorlage, vor allem bei Aktstudien. Manets Porträts der Pariser Gesellschaft und Halbwelt scheinen stark vom direkten photographischen Draufschauen inspiriert. William Turner nutzt das andere Medium für die Darstellung von Wolken und Wasser. Naturphotographie und Naturmalerei ergänzen und vertiefen einander. Die Photographie, unschlagbar im Detail, öffnet der Malerei den Blick, so wie Humboldts Reiseschriften mit ihren Naturgemälden die Wahrnehmung der äußeren Welt weiten. Exemplarisch zeigen das – neben Eduard Hildebrandt und Ferdinand Bellermann – die Bilder des deutschen Malers Johann Moritz Rugendas (1802 – 1858) und des Amerikaners Frederic Edwin Church (1826 – 1900). Diese Künstler verstehen sich explizit als Humboldtianer.

Rugendas, aus einer Augsburger Künstlerfamilie stammend, wird an der Münchner Kunstakademie ausgebildet und begleitet mit neunzehn Jahren als Zeichner eine deutsch-russische Expedition nach Brasilien. Zwanzig Jahre seines Lebens verbringt er bei diversen Aufenthalten in der Neuen Welt. Rugendas bereist Mexiko, Chile, Peru, Argentinien, Uruguay. Er fertigt tausende Aquarelle, Bleistiftzeichnungen, Skizzen in Öl an. 1825 macht er in Paris die Bekanntschaft von Humboldt – der sieht in dem Maler seine eigene Arbeit und Reisetätigkeit fortgesetzt und ergänzt. Er fördert Rugendas, unterstützt dessen Publikationen. Der Rugendas-Titel »Voyage pittoresque dans le Brésil« klingt wie ein Echo der »Pittoresken Ansichten der Kordilleren und Monumente der eingeborenen Völker Amerikas«. Bis nach Brasilien hinein ist Humboldt nicht gekommen. Humboldt und Rugendas haben ausführlich miteinander korrespondiert, meist geht es um gemeinsame Buchprojekte. In Rugendas erkennt Humboldt auch den professionellen, schnellen, abenteuerlustigen Zeichner, den er auf seiner langen Reise in Lateinamerika vermisst hat: »Meine Einbildungskraft, mein Verehrtester, ist noch ganz erfüllt mit den üppigen Formen der Tropenwelt, welche Ihre geistreichen Zeichnungen so herrlich und wahr darstellen. Für das Kapitel Physiognomie der Gewächse, welches Sie vielleicht schon aus meinen ›Ansichten der Natur‹ kennen, wünschen wir, wenn auch nur drei Platten, eine Palme, ein baumartiges Farnkraut, eine Banane geben zu können. Sie allein scheinen mir, der ich sechs Jahre unter diesen Formen gelebt, den wahren Charakter meisterhaft aufgefasst zu haben.«

Landschaftsmaler müssen reisen, aus eigener Anschauung schöpfen. Humboldt und Rugendas sind sich darin einig. 1830 hält sich Rugendas in Rom auf und trifft Karl Friedrich Schinkel; der kauft in Italien Antiken für Berlin und hat Kontakt zu zeitgenössischen Künstlern. Rugendas plant eine neue Überseereise, wie immer drücken ihn Geldprobleme. In einem Brief an Schinkel gibt Humboldt seine Bestellung für Rugendas auf: »Sagen Sie Rugendas, er solle ja nicht seine Kunst verlieren, wirkliche Landschaften wegen des Besonderen, Schneeberge in konstrastierten Gruppen (Zusammenwachsen in Wäldern), einzelne Gruppen einer und derselben Pflanzenart malen, verschiedenen Alters; Filices, Fächerpalmen, Palmen mit gefiederten Blättern, Bambusse, zylindrischer Kaktus, rotblühende Mimosen, Inga (die Äste lang mit großen Blättern, ganze fingerblättrige Malvazeen, besonders den arbol de las Manitas (Cheiratodendron) in Toluca, den berühmten Ahahuete von Atlisco (tausendjähriger Cupressus disticha bei Mexiko, das Wachsen der schönblühenden

Orchisarten auf Baumstämmen, wenn sie die runden Nester im Innern mit Moos bilden, um welche moosichte Scheiben der Wurzelzwiebeln des dendrobium umherstehen …« Das geht so noch eine Weile weiter. Humboldt weiß, was er sehen will, was Rugendas zeichnen soll. Daraus spricht Sehnsucht nach diesen Wäldern, das drängende Bedürfnis eines Wiedersehens, das Rugendas ihm erfüllen soll und das sich fast schon erfüllt in Humboldts plastischer Beschreibung. Der Künstler ist Humboldts Spuren gefolgt, hat die Empfehlungen beachtet. Er schickt ihm Skizzen aus Mexiko, kehrt aber erst 1847 nach Deutschland zurück.

Rugendas ist ein wilder Typ. Er arbeitet schnell und scheut keine Gefahr. Seinen Bildern ist anzusehen, dass er sich auf die Menschen in Lateinamerika eingelassen hat. Er sucht die Nähe der Bauern, stürzt sich in die Landschaft, reißt die weiten Himmel auf, die majestätischen Berge. Der argentinische Schriftsteller César Aira porträtiert Rugendas im Jahr 2000 in der Novelle »Eine Episode im Leben eines Reisemalers« (eine andere deutsche Übersetzung läuft unter dem Titel »Humboldts Schatten«) als verrückten Draufgänger, der mit seinem Skizzenblock in die Pampa reitet und sich bei Schießereien zwischen Farmern und Indianern als unbeteiligter Beobachter möglichst in der Nähe aufhält, um authentische Eindrücke zu bekommen. In dem kleinen Buch von Aira prescht Rugendas, halb verhungert, durch Nacht und Gewitter und wird von seinem Pferd abgeworfen und mitgeschleift. Sein Körper, sein Gesicht ist zerschunden, er erholt sich nur langsam und leidet Höllenschmerzen. Das Morphium verleiht ihm gespenstische Kräfte. Er zeichnet weiter. Airas Rugendas wirkt wie eine fantastische, erfundene Gestalt, eine Traumvision. Aber der Maler hat gelebt, um, in Humboldts Worten, die Landschaftsmalerei in einer »neuen, nie gesehenen Herrlichkeit erblühen« zu lassen. Dazu musste er »die engen Grenzen des Mittelmeeres überschreiten« und die klassischen Landschaften des europäischen Südens (und des Nordens) hinter sich lassen.

Frederic Edwin Church stellt in seinen frühen und schon recht großformatigen Gemälden ein paradiesisches New England dar. Mächtige Himmel fließen in eine sattgrüne, kaum von Menschen berührte Landschaft. Amerika, das gelobte Land. Humboldts Schriften, der »Kosmos« zumal, stoßen in den USA auf grenzenlose Begeisterung. Ein junger Maler wie Church, ausgebildet in der Hudson River School, entdeckt mit Humboldt die neue Religion der Wissenschaft. Diese Religion kommt ohne den Gott der Bibel aus, die Natur ist das Göttliche und zu Erforschende. Diesen Gott kann der Mensch in Besitz nehmen. Er bietet unermesslichen Reichtum. Der Mensch kann sich die Schätze der Natur zunutze machen, ausplündern, letztendlich zerstören – und so geschieht es seither. Dem Gott der Wissenschaft gibt Humboldt das Spirituelle. Er entdeckt die Natur, um sie zu bewahren, aber wer hält den Fortschritt auf, wenn die Räder einmal rollen?

Vor den Augen der Menschen um 1850 dehnt sich die bislang bekannte Sphäre aus, Nordamerika wächst in ihrer Wahrnehmung nach Westen, Süden, Norden. Trecks ziehen über den Kontinent, schon beginnt das Zeitalter der Eisenbahn. Das Land entdeckt sich selbst, entfaltet ungeheure wirtschaftliche, politische, geistige und kriminelle Energien. Wieder werden die Ureinwohner von den Siedlern vertrieben, gedemütigt, ermordet. Die Landnahme im Westen zerstört die indianische Kultur und Zivilisation. Der Maler George Catlin hat das Leben der Ureinwohner Nordamerikas, ihre Zeremonien und Sitten dokumentiert, bevor die US-Kavallerie über sie herfiel. Catlin und Humboldt standen in persönlichem Kontakt.

Frederic Edwin Church übertrifft all diese Künstler im humboldtschen Einflussbereich. 1853 bricht er zu seiner ersten Reise in den Süden auf, sie führt ihn in das heutige Kolumbien und Ecuador. Träumerische Bilder aus den Kordilleren und vom Rio Magdalena bringt er mit. »The Andes of Ecuador« gleicht einer Verbeugung vor dem Naturgott: im Mittelpunkt eine alles überstrahlende Sonne, auf den Berggipfeln ruhend. Ein paar Rehe stehen am unteren Bildrand und man muss genau hinschauen, um die kleine Kirche zu erkennen und in einiger Entfernung ein Kreuz unter einer Palme sowie zwei Menschen, die dort innehalten. Absolut spektakulär wirkt diese Naturszenerie, ebenso wie sein panoramisches Bild »Niagara« (1857). Als würde das Rauschen der Wassermassen hörbar. Der Betrachter scheint über den Fällen zu schweben, dicht dran. In jenem Jahr bricht Church ein zweites Mal nach Südamerika auf. Er wird wieder die Anden malen und den Chimborazo, Humboldts mythischen Hausberg, und den Cotopaxi. Später zieht es ihn hoch in den Norden, er nähert sich den Eisbergen. Mit Humboldt im geistigen Gepäck erkundet Church die Welt. Nach den Anden und dem Eismeer besucht er Italien und Griechenland, er malt Ansichten von Baalbek und Jerusalem. Und er sieht die Felsenstadt Petra im heutigen Jordanien.

Das Atelier des Malers liegt in Manhattan. Am 29. April 1859 eröffnet dort eine Ausstellung mit einem Bild. Es misst 1,68 mal 3 Meter. Vor dem Haus von Church bilden sich Schlangen. »The Heart of the Andes« haben damals in nur wenigen Wochen zwölftausend Besucher gesehen, für ein ordentliches Eintrittgeld. Durch das monumentale Gemälde, um das herum ein Vorhang drapiert war, tritt der Mensch in eine zauberische, belebte Welt. »Wir benutzten Operngläser und untersuchten sorgfältig seine Schönheiten, denn das bloße Auge kann kaum die kleinen Blumen, die weichen Schatten und die besonnten Flecken, die zarten Gräser und die Wasserläufe erkennen, die einige Reize des Bildes ausmachen«, schrieb ein Besucher. So gingen ihm die Augen auf. »The Heart oft the Andes« ging auf Tour durch viele nordamerikanische Städte und wurde in London gezeigt. Beim Verkauf erzielte es einen Preis von zehntausend Dollar; so viel war bis dahin noch nie für ein Gemälde eines lebenden US-Künstlers gezahlt worden. Mark Twain sagte, man werde nie müde, dieses Bild zu betrachten, doch seien die von ihm ausgelösten Reflexionen und Assoziationen so stark, dass man sich von der Leinwand entfernen müsse. Das Bild aber bleibe im Kopf.

Mit Church und dem »Herz der Anden« beginnt eine neue Epoche der amerikanischen Kunst. Heute hängt es im Metropolitan Museum of Art und verfehlt noch bei visuell gesättigten Betrachtern des 21. Jahrhunderts seinen Eindruck nicht. Der Dichter Theodore Winthrop (1828 – 1861) sieht in einem Gedicht die »Natur als offenes Buch«. Über das »sublime Meisterwerk« von Church hat er eine Monographie verfasst, dreihundertsiebzig Seiten stark. Ein knappes Jahrhundert später wird das »Sublime« bei Barnett Newman und den Malern des Abstrakten Expressionismus in den USA zu einer existenziellen Frage. Sie suchen das Transzendente, das kosmische Prinzip, und was bei Church noch überhöhter Realismus in der Naturdarstellung ist, wird im 20. Jahrhundert zu abstrakter Form und vielschichtig aufgetragenen Farbfeldern. Churchs Anden-Sinfonie, die sich auf Humboldt stützt, und Newmans kosmische Flächen – beides sind Altarbilder der Natur ohne Gott.

Stück für Stück den Himmel, die zentrale Ebene, den Wald, die kleine Siedlung, den Wasserfall, den Weg im Vordergrund abtastend, untersucht Winthrop das wuchtige Werk. Einen »Companion«, einen Reisebegleiter will er für den Leser bereitstellen. Ein solches Bild anzuschauen gleicht einer Expedition. Wie viel wird dabei übersehen. Die Landschaft gibt eine geistige Essenz der Anden, sie ist nicht realistisch, sie feiert die geistigen Kräfte und grünen Säfte kaum berührter Natur im stillen Triumph. Winthrops Auge sieht sich an der Schneekuppel des Gipfels im Hintergrund fest – ein idealtypischer Vulkan, Chimborazo, Cotopaxi und andere Kegel in einem. »Ein Wunder von Größe, Frieden und Schönheit, nicht einfacher weißer Schnee gegen blauen Himmel, vielmehr Licht gegen den Himmel.« Er schreibt mit großen Anfangsbuchstaben: »Light against Heaven«. Göttlich!

Frederic Church ist Alexander von Humboldt über fünfzig Jahre nach dessen Tour über die Bergketten Lateinamerikas gefolgt. Er umfasst die Landschaft mit Humboldts Augen. Church setzt Schrift in Malerei um. »The Heart of the Andes«, sein berühmtestes Bild, besticht durch die überbordende Fülle und Detailgenauigkeit der botanischen Darstellung, sie fügt sich zu einem sinfonischen Naturgemälde in Breitwandformat. Es ist eine fiktive Landschaft, eine Hommage an Humboldt und die Natur. Es war Humboldt nicht vergönnt, »Das Herz der Anden« zu sehen, schlechthin *das* Gemälde nach seinen Naturgemälden.

Der deutsche Photograph Thomas Struth reist 2005 zu einer Forschungsstation im peruanischen Amazonasgebiet. Im Dschungel entstehen Aufnahmen, die er mit einem speziellen Verfahren auf das gewaltige Format von über zwei mal drei Metern bringt, wie bei den Gemälden von Church. Er publiziert sie in der Sammlung »New Pictures from Paradise«. Paradies? In diesem undurchdringlichen Irrgarten von schiefen Bäumen, Unterholz und Blätterregen wuchert eine grüne Hölle. Struth setzt auf Überwältigung und Erkenntnis. Der Betrachter wird von diesen Photographien eingezogen wie von einem Vakuum. Sie sind menschenleer. Kein Tier zu sehen, kein Anzeichen einer menschlichen Aktivität, selbst die unausweichliche Anwesenheit des Photographen, des Sichtbarmachenden, scheint sich zu verbergen. Natürlich hat er seinen Standpunkt bewusst gewählt. Sein Photoapparat ist schweres Gerät auf einem Stativ, er arbeitet mit großen Kassetten, in denen sich die Negative befinden. Das Verfahren grenzt an Malerei *plein air*.

Einige Jahre später photographiert Struth, als wären es wieder die Lianen und riesigen Farne im feuchtheißen Amazonas-Klima, technische Einrichtungen im Helmholtz-Zentrum Berlin und im Max-Planck-Institut Garching. Die Wirkung der Bilder aus den Labors ist ganz ähnlich. Der Betrachter blickt in einen kaum zu durchdringenden Dschungelausschnitt von Kabeln, Apparaturen, Lichtquellen und Computern. Technik imitiert Natur, um sie zu erforschen und zu manipulieren. So kommt die Wildnis in die Anschauung zurück.

Kapitel 16
»Kosmos« und Kammerherr

Alles ist Wechselwirkung. Humboldts berühmtester Satz stammt aus dem mexikanischen Reisetagebuch von 1803. Oft zitiert, bedeuten die drei Worte eben einmal alles und wieder nichts. Sie sind vor dem Philosophieren erst einmal praktisch zu verstehen. Dazu ein Beispiel aus dem Lehrbuch der Globalisierung: Aus Peru hat Humboldt Proben eines Stoffs mitgebracht, Guano, der dort seit Menschengedenken als Dünger benutzt wird. Guano besteht aus Seevogelkot, reich an Stickstoff und Phosphat. An der Westküste Südamerikas kann sich der Mist viele Meter hoch auftürmen. Humboldts Guano-Proben lösen indirekt und mit Verzögerung einen Boom aus, der um das Jahr 1840 mit erheblicher Wucht einsetzt. In Europa haben Wissenschaftler den hohen Wert des Stoffs für die Landwirtschaft erkannt. Die industrielle Ausbeutung beginnt sofort. Handelsflotten transportieren das stinkende Gold vom Pazifik in die Länder der Industrialisierung. Über hunderttausend chinesische Arbeiter werden nach Peru gebracht, um unter entsetzlichen Bedingungen Guano abzubauen. Die Folgen für die Tierwelt sind verheerend und der Boom untergräbt die peruanische Gesellschaft: Einige werden reich, viele rutschen ins Elend. Der größte Profit geht nach Übersee. Aus einem kleinen Glaszylinder mit übel riechendem Pulver in Humboldts Gepäck – die Wirtschaft folgt dem Wissen – entspringt eine ökologische Umwälzung. Für die einen bringt sie einen Zuwachs an Nahrung und Geld, für die anderen Fluch und Not. Alles ist Wechselwirkung, unkontrollierbar. Auch geistige Eroberung ist Eroberung.

Ein heutiges Beispiel für versetzte Wirkung: Saúl Luciano Lliuya, ein Bauer aus den peruanischen Anden, fürchtet um seine Heimat. Über der Stadt Huaraz liegt ein Bergsee, überragt von einem Gletscher. Das Eis droht zu schmelzen und Huaraz zu überfluten. Dabei könnten viele tausend Menschen sterben und ihre Lebensgrundlage verlieren. Dass der Gletscher schrumpft, liegt am Klimawandel. Das hat Lliuya auf die Idee gebracht, den deutschen Energiekonzern RWE zu verklagen, Europas größten CO_2-Produzenten. Der RWE-Anteil am weltweiten Klimawandel soll bei 0,5 Prozent liegen. So groß soll auch der Anteil sein, den RWE für einen neuen Damm in Peru bezahlen soll. Der Bauer wird von der Nichtregierungsorganisation Germanwatch unterstützt. Das Oberlandesgericht Hamm hat die Klage angenommen, die Beweisaufnahme zieht sich seit mehreren Jahren hin. Es geht um einen Präzedenzfall – der eine Klageflut auslösen könnte, um eine menschengemachte Klimakatastrophe abzuwenden. Wenn man sich mit Alexander von Humboldt beschäftigt, landet man immer wieder unversehens in der Gegenwart.

Am 8. April 1835 stirbt Wilhelm von Humboldt in Tegel. Er kann noch bewusst Abschied nehmen von seiner Familie, von seinem Bruder. Alexander ringt um Fassung: »Ich glaubte nicht, dass meine alten Augen so viel Tränen hatten.« Er klagt, er sei »hauptsächlich in dies Land gekommen, um mit ihm zu leben. Jetzt bleiben mir nur die einengenden Verhältnisse …« Es bleibt ihm die Pflicht, den Nachlass des Bruders zu ordnen und eine Werkausgabe zu edieren. Dabei stößt er zu seiner Überraschung auf ein Konvolut mit über tausend Sonetten. Nach Carolines Tod hatte Wilhelm in der klassischen Gedichtform seine Gedanken geordnet und seine Trauer zu überwinden versucht. Die Kühle, die Alexander beim Tod der Mutter gezeigt hat, ließ an seiner Fähigkeit zweifeln, Gefühle zu empfinden oder ausdrücken zu können. Er wirkt ja immer eingekapselt. Jetzt ist er untröstlich – und wie nahe war ihm schon der Verlust Carolines gegangen. Im Alter tritt der Mensch deutlicher hervor. Mit sechsundsechzig Jahren sieht

Alexander den Tod in seiner Nähe herumschleichen. Im Sommer 1840 stirbt, siebzigjährig, König Friedrich Wilhelm III. Den Thron besteigt Friedrich Wilhelm IV.

Alexander von Humboldt hat indessen eine Arbeit begonnen, die ihm Unsterblichkeit bringen wird – wenn Unsterblichkeit bedeutet, dass die Welt sich fünfzig, hundert, hundertfünfzig Jahre nach dem Tod eines Menschen immer noch und aufs Neue mit seinem Werk beschäftigt, mit den Schriften eines Menschen, der einer anderen Zeit und Welt angehört, aber seine Zeit und Welt durchdacht und verändert hat bis zu dem Punkt, an dem Nachgeborene daraus Gewinn für ihre Gegenwart und Zukunft ziehen. Alexander unternimmt den breit angelegten »Versuch einer physischen Weltbeschreibung«. Ihn plagen, kein Wunder, Zweifel wegen des Titels. Wilhelm hatte ihm noch helfen können, er fand das Wort passend und gut: »Kosmos«. Ein Mensch will mit seinem Wissen die ganze Welt umschlingen und plant das Werk seines Lebens: »Ich habe den tollen Einfall, die ganze materielle Welt, alles was wir heute von den Erscheinungen der Himmelsräume und des Erdenlebens, von den Nebelsternen bis zur Geographie der Moose auf den Granitfelsen, wissen, alles in einem Werke darzustellen, und in einem Werke, das zugleich in lebendiger Sprache anregt und das Gemüt ergötzt. Jede große und wichtige Idee, die irgendwo aufgeglimmt, muss neben den Tatsachen hier verzeichnet sein.« So schreibt er Ende 1834 seinem Freund und Vertrauten Karl August Varnhagen von Ense. Ähnliche Äußerungen über Himmel und Erde finden sich bei Humboldt bereits vierzig Jahre zuvor, noch vor der Amerikareise.

Aus rauschhaft-romantischer Naturbegeisterung entwickelt sich Humboldts nüchtern wissenschaftlicher und zugleich poetischer Blick. Er verbindet Goethes dichterische Wissenschaft mit dem mathematisch-physikalischen Genie eines Carl Friedrich Gauß. Goethe und Gauß bilden im »Kosmos« Humboldts eine Synthese. Zwischen 1845 und 1858 erscheinen vier umfangreiche »Kosmos«-Bände. Den fünften Band hat er nicht mehr vollenden können, er wird posthum 1862 publiziert. Zu vollenden war das Projekt ohnehin nicht und er weiß das in jedem Moment seiner erdrückenden Arbeit. Forschung hat ein Ziel, aber kein Ende. Und dafür hat Humboldt selbst mit gesorgt, indem er auf vielfältige Weise und auf zahlreichen Gebieten junge Wissenschaftler inspiriert. Die »Kosmos«-Bände werden in einer Zeit geschrieben, die eine Explosion des Wissens erlebt; in den Büchern sind die Druckwellen spürbar. Der Mensch ist erfolgreich dabei, die Natur zu zerlegen. Die Industrienationen greifen massiv in den Naturkreislauf ein und verändern das Spiel der Kräfte für immer.

Zu Gauß und Goethe als Portalfiguren und Georg Forster als Initialzünder tritt Plinius der Ältere mit seiner »Naturalis Historia« hinzu, Humboldts ausdrücklich genanntes lateinisches Vorbild. Plinius versammelt um die Zeit Christi das gesamte wissenschaftliche Wissen der Antike; damals schon ein fantastisches Unternehmen. Sein philosophischer Leitsatz lautet: »Die Welt ist zugleich ein Werk der Natur und die Natur selbst.« Plinius bezahlt seinen Beobachtungsdrang mit dem Leben. Der römische Flottenkommandant und Gelehrte stirbt 79 n.Chr. beim Ausbruch des Vesuv.

Wissenschaft und Poesie treten in Humboldts »Kosmos« in einen ideellen Wettbewerb. Er kämpft um sprachliche Form, die dem Dichter *und* dem Wissenschaftler gerecht werden kann. Künstlerische Mittel bedeuten ihm so viel wie Exaktheit und der geologische, astronomische, physikalische *State of the Art*. Das fällt ihm umso schwieriger, da sich in seiner Zeit die wissenschaftlichen Disziplinen mehr und mehr aufsplitten und wissenschaftliche Literatur ein Feld für Spezialisten wird. Die Mechanik des Himmels und der Erde ergründen und die Ausdrucksformen der menschlichen Seele im aufkommenden Sturm der Moderne ausloten, darin besteht die Sisyphusaufgabe: gute Verständlichkeit, feine Sprache, eine Fülle von Daten und Erkenntnisse auf dem neuesten Stand. Das erste Buch »Kosmos« beginnt mit: Ich.

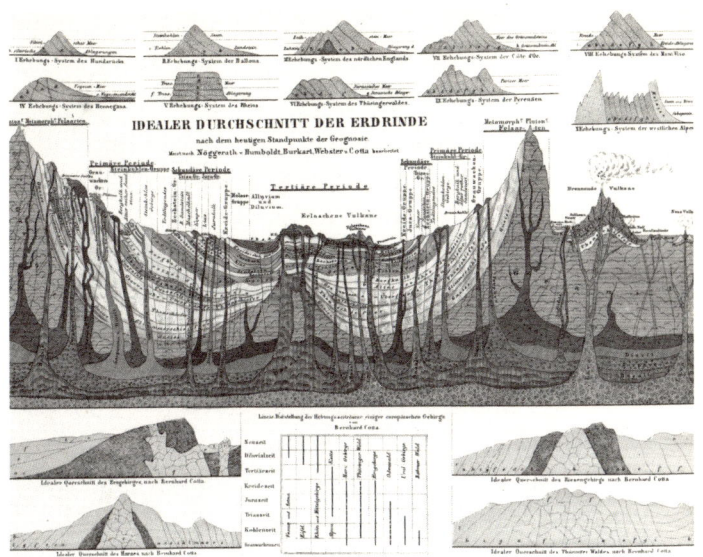

Illustration zum »Kosmos«

»Ich übergebe am späten Abend eines vielbewegten Lebens dem deutschen Publikum ein Werk, dessen Bild in unbestimmten Umrissen mir fast ein halbes Jahrhundert lang vor der Seele schwebte. In manchen Stimmungen habe ich dieses Werk für unausführbar gehalten: und bin, wenn ich es aufgegeben, wieder, vielleicht unvorsichtig, zu demselben zurückgekehrt. Ich widme es meinen Zeitgenossen mit der Schüchternheit, die ein gerechtes Misstrauen in das Maß meiner Kräfte mir einflößen muss.« So eröffnet die Vorrede das Buch. Das erste Kapitel beginnt angesichts der beschränkten Zeit, die ihm zur Verfügung steht, mit tüchtigen Selbstzweifeln und einer Selbstverpflichtung: »Die Natur aber ist das Reich der Freiheit; und um lebendig die Anschauungen und Gefühle zu schildern, welche ein reiner Natursinn gewährt, sollte auch die Rede stets sich mit der Würde und Freiheit bewegen, welche nur hohe Meisterschaft ihr zu geben vermag.«

Die Pflichten am Hof zermürben ihn. Wie heißt es? »Die Natur aber ist das Reich der Freiheit«. In den Schlosskammern atmet die Freiheit schwer. Er arbeitet in den Nächten. In einem Brief an Varnhagen spricht er davon, dass er sich »wieder auf einige Tage aus Aufopferung für die Königin und ihre Einsamkeit in Potsdam vergraben« müsse. Das schreibt er im September 1856, er ist bereits Mitte achtzig. Der preußische Humboldt des Alters gehört zum Gefolge der Königsfamilie – als Vorleser, wandelndes Konversationslexikon, Berater und Vorzeigegeist.

Auch wenn der Duktus gravitätisch erscheint, der Text erst einmal gestrig daherkommt, »Kosmos« bleibt ein modernes Buch. Es kreist um Natur- und Kulturgeschichte, um eine Geschichte der Menschheit in ihrem Verhältnis zur Welt, die sie umgibt. Den Begriff Geopolitik gab es damals noch nicht, ebenso wenig wie das Wort Ökologie; Ernst Haeckel prägt es 1866. Aber all das steckt schon in diesem Werk. Der »Kosmos« versammelt eine erdrückende Materialfülle, da tobt sich der Datenfanatiker Humboldt noch einmal richtig aus. Und die Balance von Dichtung und Klarheit gelingt in weiten Teilen. Vor allem die ersten beiden »Kosmos«-Bände werden zu einem großartigen verlegerischen Erfolg. Der bildungsinteressierte Bürger kauft Humboldt. Er erreicht den Höhepunkt seiner Popularität, die Auflage geht in die Hunderttausende. Das hängt auch damit zusammen, dass ein solches Buch ein Gefühl der Sicherheit vermittelt – dass die Welt gerade noch darstellbar und begreifbar sei. Selbst wenn das Werk selbst nicht müde wird, diese Illusion zu dementieren, und das Gegenteil beweist.

Es ist nicht leicht, ein Gigant zu sein. François Arago hat mit liebevollem Spott gesagt, sein Freund verfertige Bilder ohne Rahmen, alles trete über die Ufer: »Du weiß nicht, wie man ein Buch verfasst. Du schreibst ohne Ende, aber das ist dann kein Buch …« Humboldt selbst gibt gegenüber Varnhagen zu: »Die Hauptgebrechen meines Stils sind eine unglückliche Neigung zu allzu dichterischen Formen, eine lange Partizipial-Konstruktion und ein zu großes Konzentrieren vielfacher Ansichten, Gefühle in Einen Periodenbau. Ich glaube, dass diese meiner Individualität anhangenden Radikal-Übel durch eine daneben bestehende ernste Einfachheit und Verallgemeinerung (ein Schweben über der Beobachtung, wenn ich eitel so sagen dürfte) gemindert werden.« Aber gleich wieder bricht er aus, wenn er sagt, ein Buch von der Natur müsse den Eindruck wie die Natur selbst hervorbringen. Er erinnert an die bereits mit Daten überladenen »Ansichten der Natur«. Da habe er gesucht, »immer wahr beschreibend, bezeichnend, selbst scientifisch wahr zu sein, ohne in die dürren Regionen des Wissens zu gelangen«. Varnhagen übernimmt viel Redigierarbeit beim »Kosmos«, er steht Humboldt bei, denn der Spätheimkehrer – so sehen ihn immer noch viele in Berlin – hat Feinde und Neider, die sich über den Gelehrten am Hof das Maul zerreißen. 1847 ist er ein letztes Mal in Paris, er bleibt drei Monate. In jenem Herbst erscheint der zweite »Kosmos«-Band. Verleger Cotta erlebt einen Ansturm.

Humboldt postuliert die »Einheit der Anschauung« und die »Einheit des Menschengeschlechts«. Aber nur schwer nachvollziehen lässt sich die Gliederung des großen Werks. Hier eine grobe Übersicht: Naturgemälde bilden den Hauptteil des ersten Bandes, von den »Tiefen des Weltraums« absteigend in die Tiefen des Wassers auf der Erde. Vom Teleskop zum Mikroskop. Die Betrachtung der »tellurischen Erscheinungen« beginnt mit den Planeten und wandert über die Gebirge zur Erdoberfläche und durch die Erdatmosphäre. Humboldt gehört zu den Begründern der systematischen Klimaforschung. Und wie das Wetter, so wechseln die Themen im »Kosmos«. Mit einem Mal, als öffne sich ein neuer Raum in einem neuartigen Naturkunde- und Universalmuseum, geht es um Ethnologisches, um Sprache. »Sprache ist aber ein Teil der Naturkunde des Geistes.« Das ist das Reich seines Bruders. Ohne Sprache kann der Mensch die Natur nicht verstehen. Bildung heißt, die Umwelt sprachlich widerzuspiegeln und damit die eigene Existenz anzuheben. So läuft der Weg von der Natur zur Kultur: ein Kreislauf.

Band zwei des »Kosmos« beginnt mit dem wunderbaren Satz: »Wir treten aus dem Kreise der Objekte in den Kreis der Empfindungen.« An der Reihe sind nun die Naturbeschreibungen, wie sie sich exemplarisch niederschlagen in der Dichtung. Das reicht vom Alten Testament über das antike Griechenland, über den Dichter Luís Vaz de Camões, der mit den portugiesischen Entdeckern segelte, den katholisch-barocken Spanier Calderón und Shakespeare bis zu Georg Forster. Band zwei ist im Wesentlichen der Kunst-Band. Er untersucht die Landschaftsmalerei und beschäftigt sich mit dem Zusammenspiel von Geschichte und Eroberungen, Philosophie und Naturstudium. Es ist der am einfachsten zu lesende Band, eine Geschichte der Zivilisation und des Fortschritts. Band drei, erschienen 1850, schwenkt wieder hinauf in die »Gebiete kosmischer Erscheinungen«, ins Weltall. Band vier spielt auf der Erde, der Erdkörper wird vermessen. Hier rauchen die Vulkane, zittert die Magnetnadel, bekanntes Gelände. Band fünf kann er nicht mehr fertigstellen. Der Wissenschaftston wird zuletzt bestimmend, Fachwissen steht im Vordergrund. Die Daten erdrücken das poetische Gemüt. Es geht auch bei ihm am Schluss auseinander, das Künstlerische und das Wissenschaftliche. Und es ist ihm bewusst, dass es ein gewaltiges Fragment werden musste. Ein Ausschnitt der Welt, fast so groß wie sie selbst, damals.

Jede Zeit hat ihren eigenen Kosmos. Humboldts Buch bleibt ein Lebenswerk *in progress*, nur dass nun andere daran weiterschreiben. »Fertige« Bücher gehören in den Bereich der Religion und können sehr gefährlich sein, wenn der Buchstabe gelten soll für immer und ewig und nicht ausgelegt werden darf. Der »Kosmos« ist das Gegenteil: Er bleibt eine Schrift in Bewegung, ein Buch, das sich selbst widerlegt, wenn sich neue Horizonte auftun. Deshalb hat dieses offene Buch so vielen Künstlern und Wissenschaftlern und Schriftstellern Kraft und Inspiration gegeben. Der unruhige Geist erkennt sich darin. Humboldt wirkt wie ein Seismograph, der beinahe zu Bruch geht bei den Beben und der Beschleunigung, die er in seinem nun voll sich entfaltenden wissenschaftlichen Zeitalter aufzeichnet. Er hat diese Magnituden mit verursacht.

Um sich dem Buchriesen zu nähern, hilft es, eine Originalausgabe in die Hand zu nehmen. Erster Band, Cotta'scher Verlag, 1845, Stuttgart und Tübingen. Fest gebunden, dekorative Rückenprägung. Leicht klebriges Gefühl an den Fingern, süßlicher Kleiderschrankgeruch, wie bei alten Büchern so oft. Stockfleckig, aber stabil. Kein heiliges Objekt, vielmehr ein Gebrauchsgegenstand, der – kleine Überraschung – mit praktischem Format (und nicht allzu dick) zum Lesen und Arbeiten einlädt. Schwer genug mit seinen fünfhundert Seiten, aber immer noch gut transportabel. Eine praktische Kostbarkeit. Und natürlich hat jemand aus der Erstausgabe des zweiten Bands, die hier auf dem Schreibtisch liegt und antiquarisch nicht allzu teuer war, eine Graphik herausgeschnitten, die Seite fehlt. Wenigstens wurde das Buch sorgfältig verstümmelt. Beim ziellosen Blättern kommen die schönsten Stellen hervor, wenn Humboldt zum Beispiel von heiligen Quellen und Schatten spendenden Bäumen spricht, vom »wundergroßen Palmbaum auf Delos«, den die hellenischen Völker verehrten, und dem »kolossalen indischen Feigenbaum von Anurahdepura«, der den Buddhisten so viel bedeutet. *Humboldtian writing* kann etwas zutiefst Beruhigendes ausstrahlen, ein friedliches Weltgefühl.

Nie hätte er den »Kosmos« allein schreiben können. Humboldt ist ein Sammler von Menschen. Unterschiedliche Kombinationen potenzieren sich zu immer neuen Möglichkeiten des Austauschs. Die Staatsbibliothek zu Berlin hat 2011 sein persönliches Adressbuch erworben, ein kleines, handliches Objekt im alten Sedezformat. Es wird wie die Reisetagebücher ausgiebig erforscht. Auf zweihundertundvier Seiten hat Humboldt mehr oder weniger alphabetisch seine Kontakte notiert, mit Namen, Beruf, Haus- oder Hoteladressen und weiteren Informationen, neunhundert Namen und Anschriften insgesamt. Eng gekritzelt das Schriftbild, schwer leserlich. Humboldts Rheumaleiden hat sich verschlimmert. Ausgenutzt wird jeder Quadratzentimeter

Papier. Querverbindungen, Kreisbewegungen: So darf man sich die Arbeit an den »Kosmos«-Bänden denken, die in jener Zeit entstehen. Das Adressbuch ist ein Geschenk Aragos aus dem Jahr 1847, ein Spiegel des »Kosmos«. Humboldt verschickt seine Manuskripte an Freunde und Kollegen zur Begutachtung. Zuvor beteiligt er hunderte Wissenschaftler am Zusammentragen von Informationen aus den unterschiedlichsten Gebieten. Eine Privatakademie ist hier an der Arbeit.

Zwar steht Humboldts Name allein auf den gemeinschaftlich erarbeiteten Bänden, doch sein Netzwerk baut sich derart auf, dass viele junge Wissenschaftler, die ihm angehören, dennoch davon profitieren. Nicht nur Wissen wird in Zirkulation gebracht, sondern auch Hinweise auf Jobs und Posten. Häufig kommunizieren Humboldts Netzwerker untereinander, ohne Bezug zum »Kosmos«. Humboldts Netz ist international und natürlich spielen die Verbindungen nach Paris eine entscheidende Rolle. Arago wird ein ums andere Mal konsultiert. Eduard Buschmann, Mitarbeiter der Königlichen Bibliothek in Berlin, wird ab 1833 Humboldts wichtigster Assistent, wenn nicht Co-Autor. Buschmann recherchiert, schreibt Manuskripte ins Reine, korrigiert und schafft Ordnung. Andernfalls wäre der »Kosmos« gar nicht zu bewältigen gewesen. Von Humboldt, den er zutiefst verehrt, wird Buschmann nach eigenen Angaben großzügig behandelt und bezahlt. Aber öffentlich wird seine Rolle nicht. Buschmann spielt sie in Berlin wie einst Aimé Bonpland auf der großen Amerikareise. Mit dem Unterschied, dass Bonpland hier und da als Urheber auftaucht. Buschmann ist der stille Held des »Kosmos«, eine Art Kammerherr des Wissenschaftsmonarchen Alexander von Humboldt.

Humboldts Netz ist ein Modell zukünftiger wissenschaftlicher Kooperation. Für jedes Hauptgebiet gibt es fachliche Berater. Humboldt will die neuesten Entwicklungen nicht verpassen. Die Arbeiten am »Kosmos« können als ein Wikipedia des mittleren 19. Jahrhunderts bezeichnet werden. Es sammelt und aktualisiert und optimiert sich bei Humboldt das Wissen der Zeit. Er hat Korrespondenten und Korrektoren überall in Europa. Die »simultanen Beziehungen von Raum und Zeit«, die er im »Kosmos« beschreibt, realisieren sich in der ihm eigenen Arbeitsweise. Es geht Humboldt weniger um die Vermessung der Welt als vielmehr um die Vertiefung des Weltverstehens. In seinem 2004 in den USA erschienenen Buch »Humboldt's Cosmos« sieht Gerard Helferich bereits eine Verbindung oder Vorverbindung zu den grundstürzenden Wissenssprüngen der Evolution, Quantenmechanik, Relativitäts- und Urknalltheorie. Das ist weit, aber nicht zu weit gegriffen. Es gilt das humboldtsche Paradox: Jahr um Jahr erweitert er den Horizont des Wissens und er stellt einen Berg von einem Werk in die Welt, das am Ende seines langen Lebens in Teilen faktisch veraltet ist. Er kann dabei zusehen, wie die Entwicklung ihn überholt. Globalisierer werden von der Globalisierung überrollt, sie spüren es als Erste.

Was aber heißt das überhaupt, ein Lebenswerk? Goethes »Faust«, Michelangelos Bildkosmos in der Sixtinischen Kapelle, Bachs »Wohltemperiertes Klavier«? Im Fall von Humboldt sind Leben und Werk kaum voneinander zu trennen. Schier vollständig wandelt sich sein Leben in Arbeit und Werk um. Der Kampf zwischen Romantik und Rationalität, Chaos und Ordnung, Wissenschaft und Kunst, Exaktheit und ästhetischem Empfinden, Fühlen und Forschen kennt keinen Sieger. Es kommt aber bei Humboldt oft genug zu einer Synthese. Davon zeugt der Welterfolg des »Kosmos«, der bald in elf Sprachen übersetzt wird.

Natur = Forschung. Geist = Ausdehnung. Wissen von der Natur = Freiheit. Rasend schnell verändert sich die Welt und damit das Wissen, woher sie kommt, wie alles kommt, wie der Mensch die Welt besser versteht und beherrscht. Diese Fragen haben viele vor ihm gestellt. Aber Humboldt arbeitet die Zweifel des technisierten Individuums mit ein. Er liefert das Textbuch für eine Welt, die sich mit ihrem Wissen selbst zerstören kann.

Humboldt zeigt: Mit dem expandierenden Wissen über das Leben muss sich die Empathie ausdehnen. Ferne Länder und Völker sind nicht mehr fern. Ein Tsunami in Japan oder Thailand betrifft Europa in der einen oder anderen Form; sei es, dass ein Atomkraftwerk zerstört wird, sei es, dass zehntausende Einheimische und Urlauber umkommen. Ein Krieg in Syrien ist keine abgelegene Katastrophe. Millionen Menschen fliehen, nach Europa. Und doch: Die globalisierte Welt errichtet neue Mauern, zieht neue Grenzen und verschiebt Katastrophen in eine willkürlich entworfene Peripherie. In dieser Welt wird Empathie selbst zu einer sich erschöpfenden Ressource.

Das also ist der Mann, der in etwas altmodischer Kleidung durch Berlin läuft, hoch geachtet, leicht bespöttelt, eine Institution. Das ist der Mann, der in seinem tropisch aufgeheizten Arbeitszimmer einen Papagei zum Unterhalter hat. Das ist der große Mann, der seinem strengen Diener Seifert gehorcht. Das ist der Mann, der während der Arbeit am »Kosmos« einen leichten Schlaganfall erleidet und der mit ansehen muss, wie im März 1848 die Soldaten des Königs auf Berliner Bürger schießen. Der europäische Aufstand beginnt mit einer Revolution in Paris, bei der König Louis-Philippe ins Exil verjagt wird, greift über nach Köln und erreicht schnell Berlin. Die Bürger sind auf den Barrikaden, fordern Pressefreiheit, allgemeines Wahlrecht, soziale Reformen. Der König fühlt sich persönlich beleidigt, sitzt in Potsdam und verliert den Überblick. Er muss zurück nach Berlin. Am 18. März gerät die Lage außer Kontrolle, wofür der König und seine Offiziere verantwortlich zu machen sind. Friedrich Wilhelm IV. spricht vom Balkon des Schlosses zu der aufgebrachten Menge, aber er dringt nicht durch. Schüsse fallen. Soldaten greifen die Demonstranten an. Mehr als zweihundertfünfzig Menschen sterben, weil sie nicht weichen wollen. Die Soldaten töten Arbeiter, Handwerker, viele junge Menschen, die von etwas mehr Freiheit träumten und an eine Monarchie appellierten, die sich überholt hatte. Und fünfzig Soldaten sind unter den Opfern dieser Tage.

Kammerherr von Humboldt erlebt das Drama in seiner Wohnung in der Oranienburger Straße. Barrikadenkämpfer dringen bei ihm ein auf der Suche nach Waffen. Er begegnet ihnen mit Sympathie, hegt »innigste Hoffnungen auf eine demokratische Verfassung«. Berliner Bürger schlagen ihn als Kandidat für die Frankfurter Nationalversammlung vor; er lehnt aus Altersgründen ab. Am 22. März 1848 versammelt sich Berlin auf dem Gendarmenmarkt zu einer Trauerfeier für die Toten. Die Särge werden am Schloss vorbei auf den zweieinhalb Kilometer entfernten Friedhof in den Friedrichshain getragen, in einer langen Prozession. Es heißt, der damals bald achtzigjährige Humboldt sei mit entblößtem Haupt dem Zug vorangegangen.

»Was sie nicht besitzen, können sie bedrohen«, schreibt Humboldt im ersten Band des »Kosmos« über die »europäischen Kulturvölker« und ihre Kolonien. Die ehemaligen englischen Besitzungen in Nordamerika befinden sich jetzt selbst auf dem Weg zum *Global Player*. Die kolonialen Gewohnheiten haben sie übernommen. Imperialismus ist in der US-amerikanischen Hemisphäre bald ebenso zuhause wie im British Empire. In den USA entfalten Humboldts Schriften, der »Kosmos« vor allem, ungeahnte Wirkungsmacht. Sie inspirieren das Bildprogramm der großen amerikanischen Landschaftsmaler, den freien Blick auf die freie Natur. Preußen und Europa sind zu eng, Humboldts Visionen verlangen nach der Neuen Welt. Dort sind sie genährt worden auf der großen Reise von 1799 bis 1804, haben sie sich mit Energien aufgeladen, die über Jahrzehnte vorhalten. Überhaupt erst verständlich wird der »Kosmos«, wenn man ihn mit der Perspektive des von einer ungeheuren Dynamik erfassten nordamerikanischen Kontinents liest. »Kosmos« ist ein Teil dieser Dynamik.

In den USA bricht mit den 1850er Jahren eine große Humboldt-Begeisterung aus. Er sei der Vater des modernen Amerika, so ist zu hören, und das bezieht sich auf Süd wie Nord. Seine Persönlichkeit entflammt die US-Intellektuellen. Vor allem beeindruckt die Unabhängigkeit, die er sich ein Leben lang bewahrt. Immer stehe bei ihm der Mensch im Mittelpunkt, seine Wissenschaft habe ein Herz, ein mutiges Herz, so wird er gesehen. Schließlich hat er sich immer für die Abschaffung der Sklaverei eingesetzt. Das zählt viel in einem gespaltenen Land, das vor allem auch wegen der Sklavenfrage in einen fürchterlichen Bürgerkrieg rutscht. Der Philosoph und Poet Ralph Waldo Emerson vergleicht Humboldt mit Napoleon, Archimedes und Newton. »Kosmos« erreicht die USA in einem Moment, in dem sie ihre Landmasse, ihre reiche Naturschönheit in großem Maßstab entdecken. Nach Westen mit Humboldt! Durch seine Augen wird die Vielfalt der Fauna und Flora, die Weite des Himmels erkannt. Seine Gedanken zeigen die Notwendigkeit der Bewegung, der Exploration.

Amerikanische Schriftsteller nehmen seine Ideen in großen Zügen auf. Edgar Allan Poe widmet Alexander von Humboldt seinen Essay »Heureka«; darin erkundet er das »materielle und spirituelle Universum«, kreist um Sterne und Atome, Gott und Unendlichkeit. Aus Humboldts Raum-Zeit holt Poe eine Schöpfungsgeschichte, die dem Dichter alle Freiheit gibt. Herman Melvilles »Moby-Dick« erfüllt die Idee des Naturgemäldes und der Natur als höchster Instanz mit Leben wie kein anderer Roman. Nennt mich Ismael. Nennt mich Humboldt. Der über die Meere hetzende Kapitän Ahab ist Alexander von Humboldts finsterer Antipode. Der literarische Einsiedler Henry David Thoreau zeigt sich von Humboldts Naturkraft ebenso angetan wie Walt Whitman, der 1860 ein hymnisches Gedicht mit dem Titel »Kosmos« verfasst, Kosmos in deutscher Schreibweise mit K.

Der Dichter »singt den neuen Menschen«, er singt sein Universum, seine amerikanische Erde. Whitmans Kosmos ist irdisch, eine hymnische Vision der Vereinigten Staaten, der verschiedenen Rassen, Geschlechter, der Diversität. Er feiert die »Sexualität der Erde«, das Spirituelle und das Intellektuelle, das Ästhetische dieses Kosmos mit »Gläubigen und nicht Gläubigen«. Das Gedicht verneigt sich vor »unserem Globus mit seiner Sonne und seinem Mond«, um sich emporzuschwingen zu »anderen Globen mit ihrer Sonne und ihrem Mond«. In alldem, jubelt der Dichter, liegen Vergangenheit und Zukunft untrennbar beieinander. Whitman durchmisst mit seinen schmetternden Langversen den weiten Raum und Humboldt liefert Treibstoff für die poetische Kontinentalrakete.

»I am large. I contain multitudes.« Whitmans berühmtes Motto aus dem »Song of Myself« charakterisiert ebenso gut Alexander von Humboldt. Denn der folgt einem amerikanischen Entwicklungsmodell der Persönlichkeit. Das eingehende Verständnis der Natur bedeutet dabei Freiheit, individuelle Freiheit. Es steckt darin der mehr oder weniger geheime Wunsch, die Natur zu beherrschen – wie die Persönlichkeit des Menschen sich ausdehnt und ausgreift in die Weite des Landes und des Meeres. Humboldt hat diese »Multituden« vorgelebt. Auch sein Leben wird begleitet von dem Soundtrack eines »Song of Myself«.

Mit dem preußischen Vorbild vor Augen machen sich amerikanische Naturforscher auf den Weg in die Wildnis. John Muir, Universalgelehrter wie Alexander von Humboldt, marschiert 1867 von Kentucky an den Golf von Mexiko, reist über Kuba nach San Francisco und geht ins Tal von Yosemite. Sein Ziel ist »mehr wilde Erkenntnis« und »Wissenschaft aus erster Hand«. Zehn Jahre erforscht er dort jeden Grashalm, bevor er sich Nevada und Utah zuwendet. Muir reist und schreibt im Extrem, klettert in Alaska auf Schneegipfeln herum und kommt dabei fast um. Nachher schwärmt er von dem »zweiten Leben, das allein Menschen gewährt wird, die bereit sind, sich den Naturgewalten auszusetzen«. Aus der Erfahrung habe er, nach totaler Erschöpfung, eine neue Energie bezogen, wie Humboldt. Von Muir stammt die Idee der US-Nationalparks. Nach ihm sind Naturschutzgebiete, Gletscher, Wanderwege benannt. Er studiert in späteren Jahren Meteorologie und Botanik und entwickelt Humboldts Naturbetrachtung in Richtung Natur- und Umweltschutz fort. Die Humboldt-Bände in Muirs Gepäck sind voller Anmerkungen. Mit seinen Büchern, den »Ansichten der Natur« und dem »Kosmos« vor allem, kehrt Humboldt nach Amerika zurück. Sie verändern dort die Landschaft, so wie die Landschaft der neuen Welten einst ihn verändert hat.

Kapitel 17
Humboldts Tod

WAS FÜR EINE UNVERNUNFT, von beiden! Mit über achtzig Jahren, im Herbst 1852, begleitet der Kammerherr den König auf die Insel Rügen. Die Reise an die Ostsee bekommt ihm schlecht. Und wenn Humboldt klagt, ist es schlimm: »Drei Wochen Seefahrt haben mir viel rheumahafte Erkältung zugezogen. Die alten Magenübel haben zugenommen. Die nächtliche Arbeit geht aber fort, weil wie bei Ihnen (ich rühme mich) die Willenskraft mächtig ist. Der Prozess der Verknöcherung schreitet langsam fort.« Die Handschrift, noch nie sein Prunkstück, krümmt sich im Alter vollends ins Unleserliche. Humboldt kokettiert damit in diesem Brief an seinen Freund Giacomo Meyerbeer, den Opernkomponisten: »Ich übermale, ja retouche, damit Ihre teure Gattin entziffern könne die Muckenschrift. Bin ich nicht tugendhaft!«

Der gefesselte Titan kämpft mit seinen Gebrechen. Die Raumtemperatur zuhause in der Oranienburger Straße wird sommers wie winters auf siebenundzwanzig Grad gehalten, Zuhause in den Tropen. Große Mengen Holz und Kohle gehen durch den Schornstein. Der alte Mann erträgt die Kälte nicht. Wie klein und trüb der Berliner Mond erscheint, wie flach die Sterne am preußischen Himmel. So viel Sand in Brandenburg, aber kein Meer. Humboldts Alter hat epischen Charakter, wen hat er nicht alles kommen und gehen sehen. Hätte er eine Frau gehabt, sie wäre jetzt wohl schon dort, wo sein Bruder ist, unter der Erde in Tegel. Goethe lebte über achtzig Jahre, eine biblische Zahl, aber er hat schon vor zwei Jahrzehnten die Bühne verlassen. Wenn es so sein soll, dass Klassiker nicht jung sterben, wenn zur Klassischwerdung gehört, was für ein Fluch, dass die Lebenszeit sich ins schier Unendliche dehnt, hat Alexander von Humboldt alle aus dem Feld geschlagen. Es ist Mitte des 19. Jahrhunderts – zwischen England und Frankreich wird das erste Seekabel verlegt, in St. Petersburg eröffnet die Eremitage, Kalifornien wird US-Bundesstaat – und er ist immer noch da. Und wenn das Gefühl sagt, die Welt drehe sich schneller und schneller, wird ein Fixpunkt gebraucht, der sich nicht bewegt in der Beschleunigung. Und wenn ein Mensch wie Alexander von Humboldt so viel dazu beigetragen hat, dass Welten sich verschieben, muss er auf der letzten Etappe leiden wie ein Hund. Die Beine versagen den Dienst, der Geist ist noch wach genug, den Stillstand des eigenen Körpers zu bemerken, der einmal unbesiegbar war. Wenn Humboldt endlich einschläft in der Nacht, hat er Angst, am nächsten Morgen nicht aufzuwachen. Mitten in der Nacht reißt es ihn aus dem Schlaf; er ist noch am Leben.

Sein Diener Johann Seifert kommt in den meisten Darstellungen nicht gut weg. Er wird als habgierig, launisch, ja sogar als Erpresser beschrieben, ein Zerberus am Eingang zum kleinen Weltreich des alten Humboldt in der Flucht seiner Studierzimmer. Das hat er so nicht verdient. Seifert, seit den späten 1820er Jahren in Humboldts Diensten, hält einen prekären Haushalt zusammen. Humboldt leidet unter chronischem Geldmangel und muss dem Majordomus nicht selten den Lohn stunden. Manchmal hilft der König aus. Humboldt drücken noch immer die Schulden aus der Zeit des amerikanischen Reisewerks, die ein entscheidender Grund waren, dass er 1827 schließlich nach Berlin zurückgekehrt ist. Er schildert seine Lage als »völlige Zertrümmerung meines Vermögens in wissenschaftlichen Unternehmungen und Herausgabe eines Prachtwerks«. Ein anderer Gönner, Joseph Mendelssohn, Sohn des Moses Mendelssohn, hat Mitte der 1840er Jahre das Haus Oranienburger Straße 67 gekauft, um Humboldt ein sicheres Heim zu garantieren. »Geboren mit einem silbernen Löffel im Munde, gestorben in Schuldknecht-schaft«, so fassen die Humboldt-Forscher Kurt-R. Biermann und Ingo Schwarz die Situation des Preußen am Ende seines Lebens zu-sammen.

Bereits seit 1838 ist Seifert als Erbe des gesamten humboldtschen Besitzes eingesetzt, 1855 wird das Testament bekräftigt, 1858 schenkt Humboldt Seifert seinen Besitz und behält nur das Nießbrauchrecht, er gibt einige Manuskripte an die Königliche Bibliothek. Einige Jahre zuvor haben Johann und Emilie Seifert mit ihren vier Töchtern in Humboldts Wohnung ihre Silberhochzeit gefeiert. Viel zu holen ist bei dem alten Mann nicht. Seine berühmte Gesundheit verschlech-tert sich rapide. Er klagt über ein »tiefeingewurzeltes Magenübel« und erleidet im Februar 1857 einen Herz- oder Schlaganfall; grippale Infekte häufen sich, Hautausschläge quälen ihn, »eine Milchstraße von juckenden Hirsekörnern«. Sein Humor scheint intakt, aber es gibt Anlass zu ernster Besorgnis.

Die letzten Gefährten sind gegangen. 1853 stirbt François Arago, 1858 Karl August Varnhagen von Ense, im gleichen Jahr, in Argenti-nien, auch Aimé Bonpland. Wie es sich anfühlt, wenn der Mensch al-lein ist, wenn der Tod das Gegenüber weggenommen hat, beschreibt Julian Barnes in »Lebensstufen«, einem schmalen Roman: »Wir stei-gen in Träume hinab, und wir steigen in die Erinnerung hinab. Und ja, es stimmt, die Erinnerung an frühere Zeiten kehrt tatsächlich zu-rück, doch in der Zwischenzeit sind wir furchtsam geworden, und ich bin mir nicht sicher, ob es dieselbe Erinnerung ist, die da wiederkehrt. Wie könnte das auch sein; die Erinnerung kann ja nicht mehr be-stätigt werden von dem Menschen, der damals dabei war. Das ›Wir‹ ist jetzt zu ›Ich‹ verdünnt. Die binokulare Erinnerung ist monokular geworden.« Julian Barnes, 1946 geboren, blickt auf die Welt von heute mit den Augen des 19. Jahrhunderts, mit den frühen Photographen und den Ballonfahrern. Photographieren und Fliegen, die Überwin-dung der Distanz und der Sieg über die Schwerkraft: Der Fortschritt des Wissens vergrößert noch die Einsamkeit des Trauernden. Humboldt überlebt all seine Kollegen und Weggefährten, er ist jetzt so alt, dass es ihm vorkommt, in der Zukunft zu leben.

Seifert organisiert die Verbindungen zur Außenwelt, ein undankbarer, schwieriger Job. Er muss abwägen, einteilen, abweisen. Er tut seine Arbeit wie geheißen und das bringt ihm einen schlechten Ruf. Alle wollen noch einmal zu Humboldt. Täglich treffen Dutzende Postsendungen ein, Humboldt wird um seinen Rat in allen möglichen Angelegenheiten gebeten. Er soll vermitteln, seine Meinung ist gefragt. Bis zuletzt beschäftigt sich Humboldt mit seiner weit verzweigten Korrespondenz. Der Besucherstrom reißt nicht ab. Bei einem Staatsbesuch des österreichischen Kaisers Franz Joseph I. wird Humboldt mit einem hohen Orden und der Ehrenmitgliedschaft in der Österreichischen Akademie der Wissenschaften geehrt. Bayerns König Maximilian II. sucht Humboldt auf. Aus New York kommt der Wall Street-Banker Frederick Kelly; er finanziert die wissenschaftlichen Vorarbeiten für den Bau des Panamakanals. Humboldt, dessen Radius sich nun auf Berlin und Potsdam und ausgewählte Auftritte beschränkt, empfängt Forschungsreisende aus aller Welt; wenn möglich, hilft er ihnen bei der Mittelbeschaffung. Das gilt vor allem für die Brüder Schlagintweit, die 1854 bis 1857 Tibet und Indien erkunden. Von dieser Reise hat Humboldt immer geträumt. Er konnte sie nicht realisieren. Noch im hohen Alter zeigt sich ein bei Künstlern und Wissenschaftlern seltener Charakterzug: Humboldt gönnt anderen, Jüngeren, ihr Fortkommen und ihren Erfolg, er setzt sich für die Sache ein. Als der Reiseschriftsteller und Zeichner Balduin Möllhausen 1854 aus Amerika zurückkehrt, nimmt Humboldt ihn vorübergehend in seiner Wohnung auf, mit einer lebendigen Menagerie von Waschbären und Füchsen. Möllhausen heiratet später Seiferts Tochter Karoline. Spekulationen, Humboldt sei ihr eigentlicher Vater, haben sich nicht bestätigt, sie lassen sich aber auch nicht mit absoluter Sicherheit widerlegen. Es hat etwas Erfreuliches, wenn

Humboldt irgendeine Form von Liebesabenteuer zugetraut wird. Jedenfalls wirkt der Umgang mit der Seifert-Familie recht vertraut.

»Mit diesen Leuten – ich denke, im höchsten Sinne also doch recht einsam – hat Humboldt ein Menschenleben hindurch sein Hauswesen geteilt«, schreibt Carl Bruhns in der »wissenschaftlichen Biographie«. Bruhns, geboren 1830, hat als Astronom an der Berliner Sternwarte und später als Meteorologe in Sachsen gearbeitet. In der dreibändigen Humboldt-Vita gibt er, aus eigener Anschauung, einen detaillierten Einblick in das »Innere dieser seiner letzten Wohnung«. Humboldt lebt wie ein Untermieter bei den Seiferts: »Der Fremde nahm den Aufgang vorn über die Haupttreppe, der Vertraute über den Hof, bei Seiferts Räumen vorüber. Durch das kleine Naturalienkabinett und die Bibliothek gelangte man entweder in den einfachen Empfangssalon nach der Straße zu oder in das rückwärts gelegene, noch schlichtere Arbeitszimmer. Zu der Weltkarte von Berghaus und dem Bildnis des Kolumbus waren in den letzten Jahren noch zwei Porträts von der Hand der Frau Gaggiotti hinzugekommen, das eine sie selbst, das andere Eduard Hildebrandt darstellend. Sonst fielen an Kunstwerken dem Besucher in die Augen das Bild Friedrich Wilhelms IV. von Krüger, Humboldts große Marmorbüste von David d'Angers und die merkwürdige Büste Heinrichs des Seefahrers in der Bibliothek, ein Geschenk Ludwig Philipps.« Die Bestandsaufnahme fällt ernüchternd aus: »Die eigentliche Büchersammlung selber war nicht so wertvoll, als man erwarten möchte, da Humboldt sie einst seit seiner Übersiedelung nach Berlin neu begründet hatte; er kaufte Bücher selten und ungern, manche verschenkte, einige veräußerte er, die Einsendungen der Verehrer oder der Verleger blieben oft unvollständig. Individuelles Interesse verliehen der Bibliothek die panegyrischen Dedikationen der Donatoren und mehr noch die pikanten Randglossen, mit denen Humboldt viele Schriften, besonders seine eigenen, die er übrigens nicht vollständig besaß, verbrämt hatte.«

Humboldts Editionen waren so kostbar, dass sich nicht einmal ihr Schöpfer vollständige Ausgaben leisten wollte oder konnte.

Die letzten Jahre bieten ein Bild reduzierter, doch entschlossener Aktivität. Beim Prinz von Preußen setzt sich Humboldt für den Sozialisten Ferdinand Lassalle ein, dem die Ausweisung aus Preußen droht. Humboldt wird nicht müde, für die Juden Bürgerrechte zu fordern. Im Frühjahr 1859 wendet er sich in einem »Hilferuf« an die Presse. Ihn erreichten bis zu zweitausend Briefe jährlich, das könne er nicht bewältigen. Die Öffentlichkeit möge ihm »einige Ruhe und Muße zu eigener Arbeit« lassen.

Altersarmut, Einsamkeit, Weltruhm. Humboldt wird mit Ehren überschüttet, während er ein ums andere Mal auf die Großzügigkeit des Hofes hoffen muss, um seinen Lebensstil aufrechtzuerhalten. Schon die Portokosten seiner ausgedehnten Korrespondenz reißen ein Loch ins Budget. Nach wie vor gibt er am Hof den gebildeten Gesellschafter. Die königliche Familie hält weitgehend zu ihm. In der Berliner Gesellschaft jedoch formiert sich eine Anti-Humboldt-Fraktion, gegen den Judenfreund, den Sozialisten, den Aufschneider und Schwätzer und »Vielwisser«, so wird der Greis gemobbt. Er hat eine Menge Spott und Verachtung auszuhalten. Einer der jüngeren Gimpel, die es als Zumutung empfinden, dem großen Humboldt zuzuhören, ist der Junker Otto von Bismarck, der spätere Reichskanzler. Er macht sich darüber lustig, wie viel sich der Alte vom Buffet nimmt – Humboldts Appetit ist in späten Jahren noch mächtig –, wie schnell und schrill er redet, wie eine aufgezogene Maschine, und wie gereizt er reagiert, wenn ein anderer im Mittelpunkt steht. Einmal, erinnert sich Bismarck, habe Humboldt einen Gastredner in Gesellschaft vergeblich zu unterbrechen versucht, indem er immer wieder mit den Worten »Auf dem Gipfel des Popocatepetel« zu seiner eigenen Abenteuergeschichte ansetzt. Die kennen alle schon auswendig. Und sie kennen jetzt kein Erbarmen: »Auf dem Gipfel des Popocatepetel … Popocatepetel«. Die Zuhörer sollen sich gebogen haben vor Lachen.

Weiße Gipfel: Humboldt auf dem Porträt
von Julius Schrader, 1859

Popocatepetel ... Der Weltentdecker wird zur Witzfigur. Bismarcks
Schilderung ist gnadenlos, aber wohl realistisch.

Was für einen Kontrast bildet dies im Vergleich zu dem letzten
Porträt, mit seiner liebevoll ausgeführten Würde. Es stammt von dem
Maler Julius Schrader aus dem Jahr 1859. Der bald neunzigjährige
Humboldt sitzt noch einmal vor den großen, schneebedeckten Vulkanen, deren Kuppen so weiß sind wie sein Haar. Sein Rücken ist
gebeugt, aber er hält Buch und Stift fest in den Händen. Ein letzter
Gruß an die Natur. Die Ironie beherrscht er immer noch. Er spricht
von sich selbst als »edlem Jugendgreis«, als »Supergreis« oder »Vec-
chio della Montagna«, dem Alten vom Berge, der sich mehr oder
weniger freiwillig in die »Sklaverei« – so seine eigenen Worte – der
Menschen in Berlin begeben habe.

Amerikanische Besucher erfreuen Humboldt in den letzten Jahren besonders. Der Erfinder Samuel F. B. Morse erlebt ihn im August

1856 inmitten seiner Bücher – insgesamt mehr als elftausend Titel –
und Manuskripte aufgeräumt und höflich, »ohne jede Formalität«.
Bayard Taylor, ein Reiseschriftsteller, den Humboldt »in unserem
baltischen Sandmeere« willkommen heißt, beschreibt den alten Forscher als Persönlichkeit mit einer »großen und warmen Menschlichkeit«, mit »klaren blauen Augen von der Ruhe und Heiterkeit eines
Kindes«. Beim Abschied soll Humboldt gesagt haben: »Sie sind viel
gereist und haben viele Ruinen gesehen. Jetzt haben Sie eine mehr
gesehen« – eine der letzten Kostproben seines griffigen Berliner Humors. Im Januar 1859 schaut der angehende Bergbauingenieur Rossiter W. Raymond aus Ohio vorbei. Er hat wie Humboldt in Freiberg studiert und sollte später das Gebiet des Yellowstone National
Park erkunden. Raymond zählt zu den Pionieren der amerikanischen
Bergbauindustrie. In Humboldt sieht er einen der »letzten weltum-
spannenden Denker«.

Der Tod kommt am frühen Nachmittag des 6. Mai 1859. Bei dem
Sterbenden ist in den letzten Tagen seine Nichte Gabriele von Bülow.
Humboldt verabschiedet sich im Kreise seiner Bücher und Sammlungen. Dort, im Mittelpunkt seines Arbeitslebens, wird er aufgebahrt.
In aller Welt wird seiner gedacht. Das Staatsbegräbnis am 10. Mai legt
die Berliner Innenstadt lahm. Die Oranienburger Straße ist gesperrt,
die Häuser schwarz von Trauerfahnen. Sechs Pferde ziehen den
Wagen mit dem geschlossenen Sarg, er ist geschmückt mit Palmzwei-
gen, Lorbeerkränzen und weißen Blüten. Staatsminister, Generäle,
Abgeordnete, die Mitglieder der Akademie, Künstler, Schriftsteller,
der Oberbürgermeister und der Magistrat folgen dem Zug auf seinem Weg über den Lindenboulevard zur Universität und weiter zum
Dom, wo die Trauerfeier angesetzt ist. Ganz Berlin ist auf den Bei-
nen. Das Volk hat Humboldt verehrt. Seine Heimatstadt, die für ihn
eine kalte Heimat war, erweist ihm einen anständigen Abschied.

Allerdings nur bis zum Einbruch der Dunkelheit an jenem Tag im
Mai. Betrunkene beginnen zu randalieren. Zeitungen berichten vom

Absingen obszöner Lieder, Prostituierte werfen sich auf den Trau-
erwagen, der Humboldts Leiche zur letzten Ruhestätte nach Tegel
überführt. Von Ruhe und Frieden kann auf den Berliner Straßen in
jener Nacht nicht die Rede sein. Es herrscht ein Riesenlärm, ein kre-
atürliches Konzert, wie Humboldt es in den »Ansichten der Natur«
aus dem Dschungel Südamerikas beschrieben hat. Jetzt bricht die
Berliner Wildnis durch. Steine fliegen, es kommt zu Prügeleien, die
Polizei ist überrascht und überfordert und greift nicht ein. Der häss-
lich dröhnende Umzug mit Humboldts sterblichen Überresten soll
sich bis vor die Stadt hingezogen haben. »Straßenjungen und anderes
liederliches Gesindel«, heißt es nachher in einem Blatt, hätten einen
solchen Krach gemacht, »dass die dortigen Bewohner entsetzt aus
den Fenstern sahen«. Der Aufmarsch der Honoratioren hat offenbar die Armen provoziert, dazu liegt die Spannung des Staatsakts
in der Luft. Das setzt aufgestaute Emotionen frei, führt zu sozialen
Protesten oder besinnungsloser Randale. Der Tag der Trauer rutscht
in einen »ganz abscheulichen Skandal«, wie die »Berliner Revue«
formuliert. Kurt-R. Biermann und Ingo Schwarz haben die rätselhaf-
ten Vorgänge in den »Mitteilungen des Vereins für die Geschichte
Berlins« untersucht. Sie vermuten, »dass es in Berlin eine gewisse
Tradition für saturnalische Ausschreitungen durch Randgruppen
der Gesellschaft bei Beisetzungen wohlhabender bzw. prominenter
Bürger gab«. Kreuzberger Sitten also, Friedrichshainer Party-Mob.
»Der Gesang andächtiger Begleiter ward durch Geschrei und Unfug
elender Strolche wüst übertäubt. Ein Vorgang, wie er nur in Berlin
möglich ist«, schreibt Alfred Dove in Bruhns Humboldt-Biographie.
Und: »Das Begräbnis am Morgen des 11. war still und ländlich.«

Alexander von Humboldt stirbt mit fast neunzig Jahren ohne
Qual, gefasst in seinem Bett. Sein Leichnam verlässt unter Getöse
und Ausschweifungen die Stadt, die der Verstorbene nicht liebte. Sein
ganzes Leben liegt in diesen Abschiedsstunden. »Do not go gentle
into that good night«, heißt es bei dem Dichter Dylan Thomas. *Geh*

nicht gelassen in die gute Nacht. Als sei der Groll, den er gegen Berlin gehegt hat, am Ende herausgebrochen – aus einer Menge, die eine verspätete, makabre Walpurgisnacht feiert und vermutlich nicht so genau gewusst hat, um wen es da geht bei dem gewaltigen Leichenbegängnis. Es geht auch nicht gut weiter. Seifert lässt Teile des Nachlasses versteigern. Der preußische Staat kann sich nicht zum Ankauf durchringen und es stellt sich heraus, dass Humboldts testamentarische Verfügungen einander zum Teil widersprechen. Einiges geht ins Ausland, vieles an die Königliche Bibliothek und die Sternwarte in Berlin, von den kleineren Schriften etwa der »Essai géognostique sur le gisement des roches dans les deux hémisphères«. Dazu hatte Humboldt selbst notiert, sechs Jahre vor seinem Tod: »Dieses Buch, die Kindheit der Geognosie und viel Unruhe des Geistes characterisierend wird, mit meinen Reisetagebüchern, Magneticis und Astronomicis auf die Sternwarte nach meinem Tode gebracht.«

Er war selbst nicht mehr in der Lage oder willens, einen geordneten Nachlass der wissenschaftlichen Welt zu übergeben. Der Befund ist bitter, er erinnert an die frustrierende Editionsgeschichte der Schriften Humboldts: »Alexander von Humboldts handschriftliche Hinterlassenschaft ist nicht allein außerordentlich umfangreich, sie ist aus unterschiedlichen Gründen weltweit verstreut und in verschiedenen Archiven, Museen und Bibliotheken öffentlich zugänglich, aber auch in Privatsammlungen verborgen. Gelegentlich findet sich daher der nicht unberechtigte Hinweis, dass es einen eigentlichen ›Nachlass Alexander von Humboldt‹ gar nicht gibt«, stellen 2015 Dominik Erdmann und Jutta Weber in einem Aufsatz fest. Da bleibt noch viel zu tun.

Zehn Jahre nach Humboldts Tod wird in New York eine Büste aufgestellt, sie befindet sich heute gegenüber dem American Museum of Natural History am Central Park. Die Einweihung des Denkmals war am 14. September 1869, Humboldts Geburtstag. In jenem Jahr bringt die Berliner Illustrierte »Die Gartenlaube« zur Erinnerung an

Alexander von Humboldt den Stich »Abschied vom Kosmos« von Joseph Beckmann nach einer Vorlage des Malers Wilhelm von Kaulbach. Es handelt sich um ein Beispiel feinherben Berliner Humors. Der Künstler stellt einen noch recht rüstigen Alexander von Humboldt an das offene Grab, eine gepflegte Erscheinung – an seiner Seite der Tod, gehüllt in Lumpen. Der Knochenmann hat dem Gelehrten die Last der Weltkugel abgenommen und zeigt ihm, wo es lang geht. Ins Erdreich. Humboldt hat den Zylinder vom Kopf genommen und verneigt sich leicht.

Kapitel 18
Das magische Jahr 1859

ES SIEHT AUS WIE EINE PERFEKTE STABÜBERGABE, und es ist eine Zeitenwende. Von Humboldt zu Darwin: Diese beiden Forscher stellen die Welt auf die Füße. Alexander von Humboldt liefert das Knowhow, die Methodik, Charles Darwin erzählt eine neue Geschichte des Menschen und der Natur. Wie es wirklich war. Was in Darwins Kopf brodelt, ist nichts anderes als die Entzifferung der Schöpfung – dass sie sich selbst geschaffen hat. Kein Gott mehr; vielleicht war Gott immer ein Codename gewesen für das, was größer und älter ist als der Mensch und was in so genannten primitiven Gesellschaften Naturgottheit heißt. Natur also. Die Naturforscher Darwin und Humboldt bringen das Kunststück fertig, den Theologen eine tote Sprache als Fachgebiet zuzuweisen. Der Arztsohn Darwin, der mit dem Medizinstudium nicht zurechtkam, zur Theologie wechselte und beinahe Geistlicher geworden wäre, zögert lange, bevor er »On the Origin of Species« zur Veröffentlichung gibt. Das Buch hat die Kraft, der Bibel den Rang abzulaufen. Darwins Sprache hat etwas Literarisches, lyrisch hochgestimmt klingen seine Naturbeschreibungen. Naturwissenschaftler jener Zeit verfügen noch über ein dichterisches Instrumentarium, sie scheuen sich nicht, es vor der Natur zu benutzen. Und nicht wenige beherrschen das Zeichnen, umkreisen die Welt mit dem Stift, erschaffen sie aufs Neue. Darwins Strichzeichnung vom »Baum des Lebens« – anno 1837 – erinnert an prähistorische Höhlenmalerei. Darum geht es ja. Woher kommen wir, wie ist es zugegangen auf dem langen Weg bis hierher?

Es passiert im November 1859, in dem Jahr, in dem der deutsche Theologe Lobegott Friedrich Konstantin von Tischendorf auf dem Sinai die älteste erhaltene Bibelhandschrift aufspürt. Die »Entstehung der Arten« von Charles Darwin kommt in den Handel. Ein halbes Jahr zuvor ist Alexander von Humboldt gestorben. 1859 ist das Schicksalsjahr für Natur, Glaube und Wissenschaft.

Darwin brütet bereits auf seinem Thema, als er und Humboldt sich das erste und das einzige Mal im Januar 1842 in London begegnen. Der Preuße befindet sich mit König Friedrich Wilhelm IV. auf Staatsbesuch, sie sind Gäste bei der Taufe des späteren britischen Monarchen Eduard VII., Queen Victorias ältestem Sohn. Darwin, Jahrgang 1809, erinnert sich in seinen Memoiren an den vierzig Jahre älteren deutschen Kollegen: »Einmal traf ich beim Frühstück in Sir R. Murchisons Haus den berühmten Humboldt, der mich durch die Äußerung seines Wunsches, mich zu sehen, geehrt hatte. Ich war in Bezug auf diesen großen Mann etwas enttäuscht; doch waren wahrscheinlich meine Voraussetzungen und Erwartungen zu hoch. Betreffs unserer Unterhaltung kann ich mich auf nichts deutlich besinnen, ausgenommen, dass Humboldt sehr lustig war und viel sprach.«

Von der Lektüre des »Kosmos« zeigt sich Darwin nachher nicht sehr angetan, ihm fehlt dort das Thema, das ihn beschäftigt, die Frage nach den Arten und ihrer Entstehung. Für den jungen Darwin war Humboldt ein Held. Er hat die südamerikanischen Reiseberichte im Gepäck, als er zu seiner großen Fahrt mit der *Beagle* aufbricht: »Kein anderes Buch oder ein Dutzend anderer hatte auch nur annähernd einen solchen Einfluss auf mich wie diese beiden.« Das andere Buch ist John Herschels »Preliminary Discourse on the Study of Natural History«; mit diesem Werk ist auch Humboldt vertraut.

Charles Darwin läuft im Dezember 1831 mit der *Beagle* aus. Seine große Reise beginnt. Er träumt von den Drachenbäumen, über die er bei Humboldt gelesen hat. Das Schiff aber darf in Teneriffa nicht anlegen. Immer wieder greift er unterwegs zum Humboldt, studiert dessen Stil, und etliche Lesefrüchte fließen in sein berühmtes rotes Notizbuch ein. Darwins Reiseaufzeichnungen bilden, wie bei Humboldt, die Grundlage aller weiteren Arbeit. Wie sein Vorbild, zeichnet er Bergketten, legt Landschaftsprofile an. Der junge Darwin eifert dem Stil Humboldts nach. Das fällt auch seiner Schwester auf, der er seine Beschreibungen schickt. Sie merkt kritisch an, dass ihr Bruder zu sehr von Humboldts blumigem Stil inspiriert sei und seinen eigenen »straight forward«-Stil verliere. Darwin hat in einem Brief vom 1. März 1832 seinen Angehörigen geraten, dass sie, wenn sie eine Idee von den tropischen Ländern bekommen wollten, Humboldt studieren sollten. Er riet ihnen, die wissenschaftlichen Stellen auszulassen und die Lektüre dort zu beginnen, wo Humboldt Teneriffa verlassen hat. Nicht wenige Korrespondenzpartner bemerken die sprachliche Nähe Darwins zu Alexander von Humboldt. Noch 1864 beschreibt ein Journalist den Stil Darwins als »Humboldt-like«. Die enttäuschende Begegnung in London hat Darwin nicht davon abgehalten, Humboldt Briefe zu schreiben und ihm seine Veröffentlichungen zu schicken.

Aus der Distanz betrachtet, sind sich die beiden recht ähnlich gewesen. Auch Darwin entdeckt früh seine Leidenschaft für die Natur, er sammelt Käfer. Und kaum dass sich die Gelegenheit bietet, bricht er zu einer Reise um die Welt auf, mit zweiundzwanzig Jahren. Sie dauert, wie bei Humboldt, fünf Jahre und führt ihn über Brasilien nach Feuerland und durch die Magellanstraße in den Pazifik. Auch er besucht Chile und Peru, unternimmt eine Expedition in die Anden und gelangt auf die Galapagosinseln, die ihm später die wichtigen Erkenntnisse für seine Theorie liefern. Über Australien und Südafrika und noch einmal Brasilien kehrt er 1836 nach England zurück. Die Hauptaufgabe seiner Expedition mit der *Beagle* lag in der Kartographie. Die junge Landratte Darwin aber sammelt Daten, um das Prinzip der Evolution nachzuweisen. Natürliche Auslese, der Kampf ums Dasein, »Veränderlichkeit infolge indirekter und direkter Einflüsse der Lebensbedingungen und des Gebrauchs oder Nicht-gebrauchs …« Das war es mit der einmaligen Kreation! Die Galapagosfinken pfiffen es ihm ins Ohr.

So weit ist Humboldt nicht gekommen. Kaum ein Kollege hat ihn aber so verehrt wie Darwin, der im Februar 1832 in Brasilien in sein Tagebuch schreibt, dass Humboldts gloriose Naturbilder in alle Ewigkeit nicht zu übertreffen seien. Humboldt sei seine zweite Sonne, weil er Dichtung und Wissenschaft vereine. Aufschlussreicher aber als die Gemeinsamkeiten sind die Unterschiede der beiden. Humboldt legt die Karten auf den Tisch, Darwin macht den Stich. Alexander von Humboldt, in seinem langen Leben Zeuge so vieler Revolutionen, verpasst die größte knapp: das Buch von der »Entstehung der Arten«. Der große Katalysator und Multiplikator erlebt nicht mehr, wie sich seine Art zu schauen, zu denken, zu sammeln und zu werten bei Darwin zu einer grundstürzenden Arbeit auswächst. Mit dem Namen Humboldt verknüpft sich keine Welt-Theorie, nicht die Entdeckung eines Jupitermonds oder die Entwicklung von Fleischextrakt, die dem Chemiker Justus Liebig gelingt, einem Schützling Humboldts.

Der Forscher, wenn er erfolgreich ist, sorgt selbst dafür, dass andere ihn überholen, seine Gedanken weiterführen, die Experimente verfeinern. Humboldt stemmt den »Kosmos«, um die Fülle des Materials kommenden Generationen zu überlassen. So heißt es im Vorwort zum ersten Band: »Man hat es oft eine nicht erfreuliche Betrachtung genannt, dass, indem rein literarische Geistesprodukte gewurzelt sind in den Tiefen der Gefühle und der schöpferischen Einbildungskraft, alles, was mit der Empirie, mit Ergründung von Naturerscheinungen und physischer Gesetze zusammenhängt, in wenigen Jahrzehnten, bei zunehmender Schärfe der Instrumente und allmählicher Erweiterung des Horizonts der Beobachtung, eine andere Gestaltung annimmt; ja dass, wie man sich auszudrücken pflegt, veraltete naturwissenschaftliche Schriften als unlesbar der Vergessenheit übergeben sind. Wer von einer echten Liebe zum Naturstudium und von der erhabenen Würde desselben beseelt ist, kann durch nichts entmutigt werden, was an eine künftige Vervollkommnung des menschlichen Wissens erinnert.«

Alexander von Humboldts Wirkung hat etwas Fließendes, Atmosphärisches. Wenn Humboldt die Natur wissenschaftlich zerlegt, nimmt er ihr doch nicht die poetische Kraft, die Strahlung ihrer Phänomene, ob organisch oder anorganisch. Humboldt organisiert das Sehen. Seine Naturwissenschaft verleugnet nicht die Sinnlichkeit ihrer lebendigen Materie. Er stellt Daten haptisch dar, wie auf der Karte der Isothermen von 1817, auf der die Klimazonen der Nordhalbkugel eingezeichnet sind. Das war damals ein Novum und ist bis heute ein Werk von hohem ästhetischem und praktischem Wert, ein Beginn der systematischen Klimadatenauswertung. Humboldts poetischer Antrieb schafft Wissenschaftsbilder, die zugleich emblematisch und leicht und vielfach nutzbar sind. Seine Naturgemälde streben Einfachheit und Schönheit an, wobei sich seine Sprache häufig überlädt. Das System dahinter aber bleibt deutlich und klar – wie bei Steve Jobs und seinen Apple-Computern.

Die digitalen Pioniere haben in den 1980er Jahren in Kalifornien für den Benutzer die Oberfläche eingeführt und endlose Befehlszeilen durch Symbole ersetzt. Bildschirm und Icons erleichtern die Bedienung und folgen einem ästhetischen Prinzip. Diese Produkte der Vernetzung, der Volksbildung, der grenzenlosen Kreativität repräsentieren idealerweise ein Amerika, das Humboldt faszinierte und das erst am Beginn des 21. Jahrhunderts seine Anziehungskraft so sehr verloren hat. Alexander von Humboldts Wissenschaft stützt sich, wie bei den Hippie-Programmierern in Kalifornien, auf den Gedanken der Freiheit und der Entfaltung des Individuums. Sie ist die Software für das ganzheitliche Verständnis der Natur, für einen nachhaltigen Umgang mit ihr. Er stellt keine weltverändernden Theorien auf, er baut Tools, mit denen sich die Welt in einem immer anderen Licht betrachtet. Humboldt hinterlässt einen universalen Code, der sich exponentiell weiterschreibt. Am Ende dieser Entwicklung steht die totale Erfassung der organischen und anorganischen Welt und ihre Darstellung. Die IT-Pioniere werden es so nicht vorhergesehen haben. Aber ihre Erfindungen zielen auf den gläsernen Menschen, die totale Erfassbarmachung und Manipulierbarkeit der Welt, durch wen auch immer.

Der amerikanische Wissenschaftler Stephen Jay Gould (1941 – 2002) hat sich mit Paläontologie und Evolutionsbiologie beschäftigt. Er war ein brillanter Schriftsteller, witzig, polemisch, und verstand es, wie Humboldt, sein Wissen zu vermitteln. Über das »Schicksalsjahr 1859« hat er einen Text von gerade einmal zwanzig Seiten geschrieben, in dem der Maler Frederic Edwin Church und die Naturforscher Alexander von Humboldt und Charles Darwin zusammenkommen. »Das Herz der Anden. Church malt, Humboldt stirbt. Darwin schreibt, und die Natur blinzelt …« Gould würdigt Humboldts »Kosmos« als das bedeutendste populäre Wissenschaftsbuch, das je geschrieben wurde. Church, der begeisterte Humboldtianer, ist für Gould der »wissenschaftlichste« aller Landschaftsmaler; das betrifft die Genauigkeit der Beobachtung und Darstellung im Detail. Darwin sieht, vor allem auf den ersten Etappen seiner Reise, die tropische Natur mit Humboldts Augen und wird nie müde, die Einheit künstlerischer Freude und wissenschaftlichen Verständnisses zu genießen – eine Lebenseinstellung, eine Arbeitsweise, die er Humboldt verdankt.

Und jetzt holt Gould das Skalpell heraus und schlitzt Church's Leinwand auf, sticht in Humboldts Buchrücken: Was Darwin selbst nicht so reklamiert, ist für Gould evident. Darwins Entdeckung der Mechanismen der Evolution – vulgo das Fressen und Gefressenwerden, das wilde Gewimmel, Wucherung und Fäulnis – sprechen der harmonischen Naturvision im »Herz der Anden« Hohn. Humboldt, schreibt er, habe zu viel von der Natur erwartet, also zu viel Schönes, Erhebendes. Letztlich sei die Natur indifferent und könne nicht die Antworten geben, nach denen unsere Seele verlangt. Der Kampf ums

Universalgeist: Darwin, Marx und die Brüder Grimm

Dasein, sagt Gould, das Unerbittlich-Mörderische sei bei Humboldt und Church ausgeblendet. Er zitiert zum Schluss seines Essays noch einmal Darwin, den jungen Engländer, der auf Humboldts Spuren hoch oben in den Anden steht und sich überwältigen lässt von dem Panorama, von der Gloriole eines Tages, der den Augen eines blinden Mannes geschenkt sei.

Im bewundernden Schauen der Natur und in der wissenschaftlichen Durchdringung des Lebens liegt kein Widerspruch. Jetzt heißt es Ökologie, Nachhaltigkeit. Es geht ja nicht allein darum, die Lebensgrundlagen für eine rapide wachsende Erdbevölkerung zu erhalten, sondern auch die Einzigartigkeit des Planeten zu bewahren. Humboldt hat gewusst, dass der ästhetische Genuss der Natur – des Reiches der Freiheit – und ihre Dienstbarmachung für den Menschen etwas Auszubalancierendes ist, ein vielleicht nahezu unmögliches Gleichgewicht. Auch Karl Marx hat das erkannt. Er spricht 1844 in Paris davon, man müsse Geologie studieren, um die »Erdbildung« und das Wesen der Erde als einen Prozess, als »Selbstzeugung« zu verstehen. In seinen späten Jahren sitzt Karl Marx im British Museum in London über geologischen und anderen naturkundlichen Büchern, schreibt und zeichnet. Am Trierer Gymnasium hatte er einen Lehrer, der in Paris Humboldt gehört hat. Später besaß Marx den ersten Band des »Kosmos« von Humboldt. Seine »Kritik der politischen Ökonomie«, aus der das »Kapital« erwachsen sollte, erscheint gleichfalls im Jahr der Wahrheit 1859.

Die riesigen Arbeiten in dieser entscheidenden Epoche der deutschen Geistesgeschichte ähneln einander in ihrem umfassenden Gestus. In diesen Werken werden Weltgebäude errichtet – mit neuen Fundamenten. Die Fenster werden weit aufgerissen, um es mit einem einfachen Bild zu sagen, und die Besitzverhältnisse perspektivisch verändert. Wer oben wohnt, wird da nicht bleiben, und wer im Keller hockt, wird aufsteigen. »Das Kapital«, von Marx und Friedrich Engels im Jahr 1867 veröffentlicht, ist im Grunde nichts anderes als der Versuch einer »physischen Weltbeschreibung«, wie Humboldts »Kosmos«. Und es gibt ein Drittes: Die Brüder Grimm arbeiten bis zu ihrem Tod am »Deutschen Wörterbuch«. Der erste Band erscheint 1854 und das Werk bleibt ähnlich dem »Kosmos« von Humboldt bis weit ins 20. Jahrhundert hinein unvollendet.

Auch die Grimms – Wilhelm stirbt, wie Humboldt, 1859, Jacob vier Jahre später – verfolgen den Anspruch der deutschen Romantik, die Welt als Ganzes zu erfahren und zu deuten. Sie sammeln Märchen, Mythen und Sagen, fixieren deutsche Grammatik und den deutschen Wortschatz. Mit den Grimms, die ab 1840 in Berlin leben und dort begraben sind, hat Alexander von Humboldt über Naturbeschreibungen in der altdeutschen Literatur korrespondiert, das ging in den »Kosmos« ein. Da entstehen um die Mitte des 19. Jahrhunderts drei titanische Buchwerke mit totalisierendem Charakter. »Das Kapital« greift politisch-ökonomisch aus, Humboldt kulturell und wissenschaftlich und die Brüder Grimm treiben Grundlagenforschung für diese grundstürzenden Bücher. Sie erfassen erstmals den lebendigen Organismus der Sprache. Sie gelten als die Begründer der Germanistik, während Wilhelm von Humboldt die Linguistik bis heute beeinflusst. Keiner arbeitet allein: Sie alle bilden Teams, unterhalten kommunikative Netzwerke. Und etwas Märchenhaftes eignet allen dreien.

»The Life, Travels and Books of Alexander von Humboldt«, so lautet der Titel der ersten amerikanischen Biographie, verfasst von Richard Henry Stoddard, erschienen 1859, in Humboldts Sterbejahr. Leben, Reisen, Schreiben. Das ist die Zauberformel: Erkunden, Sammeln, Verbinden. Der Kommunikator Alexander von Humboldt, der epochale Anreger hat sein Leben lang von vielen Seiten Zuspruch und Bewunderung erfahren. Es geht posthum weiter. In Leipzig erscheint 1871 Adolph Kohuts Schrift »Alexander von Humboldt und das Judentum«. Dort heißt es: »Das große Herz Humboldts hat in mächtiger Sympathie für die Juden geschlagen.« Jede Zeit bildet sich ihren eigenen Humboldt.

Doch ein Zwiespalt bleibt immer. Hans Magnus Enzensberger hat das in seinem pandämonischen Gedichtband »Mausoleum« 1975 breit ausgemalt. Erfinder, Wissenschaftler, Revolutionäre paradieren in hymnisch-spöttischen Versen vorüber, durch die Jahrhunderte. Gutenberg, der Revolutionär der Bücherwelt, der Machttechniker Machiavelli, Malthus, Theoretiker der Überbevölkerung, Méliès, der Kinopionier, der Sexualwissenschaftler Wilhelm Reich – sie alle schaffen mit am verfluchten Fortschritt. Enzensberger skizziert Biographien von außergewöhnlichen und sehr speziell begabten Menschen, die sich die Welt Untertan machen. Darwin erscheint als furchtbarer Pedant. Korallenzeichner, Erbsenzähler. Im »Mausoleum« werden Mythen geschlachtet, Denkmale geschleift. Über Alexander von Humboldt heißt es da im Gedicht: »Wie Schnee schmilzt die Terra incognita unter seinem Blick ... Tatsächlich ist, worauf seine Größe beruht, nicht ganz klar ... Ein Gesunder war er, der mit sich die Krankheit / ahnungslos schleppte, ein uneigennütziger Bote der Plünderung, ein Kurier / der nicht wusste, dass er die Zerstörung dessen zu melden gekommen war, / was er, in seinen *Naturgemälden*, bis dass er neunzig war, liebevoll malte.«

Dialektik der Aufklärung, Dialektik des Fortschritts. Also kann es friedliche Entdeckungen nicht geben. 1986 gibt Hans Magnus

Enzensberger als Band siebzehn der Anderen Bibliothek die »Ansichten der Natur« heraus. Es ist der Auftakt zu einer großen Wiedergutmachung. Nun können seine Werke in Deutschland endlich in würdigen und erschwinglichen Ausgaben erscheinen, die »Ansichten der Kordilleren«, der »Kosmos«. Letzterer schafft es bis auf die »Spiegel«-Bestsellerliste. Humboldt ist wieder da. In einem Gespräch in der *Zeit* wird er von Enzensberger als »Erd- und Himmelsdetektiv« bezeichnet: »Im Grunde ist Humboldt monströs. Ich ersterbe in Bewunderung, ich empfinde ihn als riesiges Vorbild, aber er hat doch etwas Einschüchterndes, es ist schwer vorstellbar, dass heute jemand eine solche Universalkompetenz erreichen könnte. Er war wahrscheinlich der Letzte, der dazu fähig war. Er wurde immer gesünder, je mehr Strapazen er durchmachte.« Alexander Kluge nennt ihn einen »Homo Faber, der die Welt tendenziell unterjocht« und einen »Homo Kompensator, der in der Lage ist, Gleichgewichte zwischen den Strömungen zu halten, zwischen der Eitelkeit und dem Großmut. Der zwischen allen Horizonten lebt und nach Hause berichtet«.

Der deutsche Forscher und Denker, der im Dschungel spanischer Kolonien zu sich selbst findet, der viele seiner Bücher auf Französisch verfasst, ein Drittel seines Lebens in Paris verbringt und sich bis ins hohe Alter als halber US-Amerikaner fühlt, bietet sich als flexible Projektionsfigur an. Sie nimmt die immer neuen, großen Fragen auf, sie sind schon in dieser oszillierenden Gestalt enthalten: Klimawandel, Globalisierung, Menschenrechte, humane Wissenschaft und ihre Schnittstellen zur Kunst. Jetzt erweist sich der Umstand, dass er keine fixen Theorien hinterlassen, dass er keine singuläre Entdeckung gemacht hat und auch nicht nur für eine Sache steht, als entscheidender Vorteil. Offenes Denken kann nicht veralten. Der Humboldt-Code ist ein Universalschlüssel.

Kapitel 19
Von Tegel zum Humboldt Forum

IN SEINEN »WANDERUNGEN DURCH DIE MARK BRANDENBURG«
kommt Theodor Fontane 1862, drei Jahre nach Humboldts Tod,
durch die Berliner Vorstädte mit ihren Eisengießereien und Kaser-
nen. Schließlich biegt er ein in eine Allee von Ahorn und Ulmen, »an
deren Ende wir bereits die hellen Wände von Schloss Tegel schim-
mern sehen«. Fontane beschreibt die Räume mit der Bibliothek und
den antiken Skulpturen; seit dem Tod Wilhelm von Humboldts hatte
sich dort wenig verändert.

Fontane wandert durch ein Familienmuseum. Von Alexander gibt
es zwei Ölbilder und eine von Christian Daniel Rauch gefertigte Büste,
der Künstler war über Jahrzehnte mit Alexander von Humboldt befreundet. Draußen im Park liegen die Humboldts. Bei den Gräbern
kommt Fontane ins Sinnieren: »Wenn ich den Eindruck bezeichnen
soll, mit dem ich von dieser Begräbnisstätte schied, so war es der, einer
entschiedenen Vornehmheit begegnet zu sein. Ein Lächeln spricht aus
allem und das resignierte Bekenntnis: wir wissen nicht, was kommen
wird, und müssen's – erwarten. Deutungsreich blickt die Gestalt der
Hoffnung auf die Gräber hernieder. Ein Geist der Liebe und Humanität schwebt über dem Ganzen, aber nirgends eine Hindeutung auf das
Kreuz, nirgends der Ausdruck eines unerschütterlichen Vertrauens.«
Die »Hoffnung« ist eine Skulptur des Bildhauers Bertel Thorvaldsen.
Sie steht auf einer Granitsäule. Wilhelm von Humboldt hat sie nach
dem Tod von Caroline dort aufstellen lassen. Thorvaldsen war ein
Freund aus der Zeit, als Wilhelm Botschafter in Rom war.

Lange verweilt Theodor Fontane an der Stelle, wo neben Wilhelm und Alexander andere Familienmitglieder unter schlichten Steinen ruhen: »Die märkischen Schlösser, wenn nicht ausschließlich feste Burgen altlutherischer Konfession, haben abwechselnd den Glauben und den Unglauben in ihren Mauern gesehen; straffe Kirchlichkeit und laxe Freigeisterei haben sich innerhalb derselben abgelöst. Nur Schloss Tegel hat ein drittes Element in seinen Mauern beherbergt.« Der märkische Cicerone Fontane spricht das Gefühl der Freiheit an, die aus Bildung und Gedankenreichtum kommt. Freiheit liegt in der Natur der Humboldts.

Wer heute auf Humboldts Spuren durch Berlin geht, sollte die Reise dort in Tegel beginnen. Der Park ist für die Allgemeinheit offen, das Schloss nach Voranmeldung zu besichtigen. Hat man erst einmal das Anwesen betreten, erwacht die eigentümliche Aura der märkischen Orte, die wie Inseln im Sandmeer liegen, um die Hauptinsel Berlin herum; abgeschlossene, eigene Sphären. Arkadisches ist hier nicht naturgegeben, sondern eine menschliche Anstrengung und Behauptung. Diese Natur wirkt immer etwas streng und hart und der Blick geht mit einer kleinen Sehnsucht zu den Flugzeugen, die auf dem nahe gelegenen Flughafen Tegel starten. Die Humboldts sind hier aufgewachsen, als preußische Kinder. Sie sind herausgewachsen aus einem Staat, der, selbst als er noch jung war, schon etwas Altes und Knochiges in seinem Wesen hatte. Die Humboldts haben ja nicht allein neue Welten entdeckt und erforscht, sondern zugleich auch die Enge der preußischen Welt aufgezeigt. Etwas Besseres als der Name Humboldt lässt sich mit Preußen nicht verbinden. Humboldt, das ist die Überwindung Preußens aus dem preußischen Geist.

Ein kurzer Ausflug, noch einmal in Alexanders Wahlheimat, darauf hat er sich immer gefreut: Quai Malaquais 3, auf dem linken Seineufer. Humboldts Pariser Adresse lag einige Jahre lang in Sichtweite des Louvre. Eine Plakette erinnert heute an den »Naturaliste Explorateur Humaniste Membre de L'Institut«, der sich zwischen

1804 und 1827 in der französischen Hauptstadt aufgehalten hat. Die Aufschrift verweist auf seinen Lebensmittelpunkt über so viele Jahre. Insgesamt hatte er an die zehn Wohnadressen in Paris, die meisten in Saint-Germain. In Berlin wohnt er im Dunstkreis der zukünftigen Museumsinsel. Er lebt nach seiner Rückkehr ein gutes Dutzend Jahre in einem Haus, das Anfang der 1840er Jahre abgerissen wird, um dem Bau der Nationalgalerie Platz zu machen. Danach zieht er in die Oranienburger Straße. Am modernen Haus mit der Nummer 67 hängt eine Gedenktafel. Bei allen existenziellen und intellektuellen Schmerzen, die diese Stadt ihm bereitet hat – das Zentrum Berlins ist Humboldt-Land. Auf Karten der Stadt aus der zweiten Hälfte des 19. Jahrhunderts findet sich Humboldts Wohnhaus markiert. Er wurde als Teil der Berliner Topographie gesehen.

Die wichtigsten Stationen liegen nur wenige Kilometer auseinander. In der Singakademie hält er 1827/28 seine »Kosmos«-Vorträge. Der Spaziergänger dreht sich nur einmal um und steht vor der Universität, die Wilhelm von Humboldt 1809/10 mitbegründet hat. Zu Alexanders wahrscheinlichem Geburtsort in der Jägerstraße ist es nicht weit. In der Neuen Friedrichstraße, heute Anna-Louisa-Karsch-, Litten- und Rochstraße, befand sich die Wohnung von Markus und Henriette Herz, die jungen Humboldts gingen dort im Salon ein und aus. Rahel und Karl August Varnhagen von Ense, Humboldts enge Freunde, wohnten in der Mauerstraße, westlich des Gendarmenmarkts. In den Salons der ansonsten provinziellen preußischen Hauptstadt keimt vor 1800 und in den Jahren danach eine neue Zeit, wächst eine neue Generation von Wissenschaftlern, Dichtern und Politikern, die preußisch und europäisch denken.

Unter den Linden sind sie nicht zu übersehen: Seit 1883 thronen die Humboldt-Brüder auf hohen Marmorsockeln vor der Universität. Alexander hält eine Pflanze in der Hand, er sitzt auf einer Weltkugel. 1939 stiftete die Universität von Havanna die Inschrift »Dem zweiten Entdecker von Kuba«. Zehn Jahre später erhält die Universität den

Namen Humboldt. Die DDR war schneller als die Bundesrepublik. Sie griff sich Humboldt fürs Renommee, während Bonn unter dem Namen Goethe eine neue auswärtige Kulturpolitik aufzubauen begann. Humboldt und Goethe sollten Garanten für ein anderes, jeweils neues Deutschland nach dem Zweiten Weltkrieg sein. Den nationalsozialistischen Autoren war es nicht gelungen, Alexander von Humboldt als Herrenmenschen und Abenteurer in Südamerika zu zeichnen und seine geopolitischen Konzepte auszuschlachten.

Im Mittelpunkt von Humboldt-Land – das Schloss. Die Geschichte dieses Baus und dieses Ortes stellt sich als äußerst kompliziert und historisch vertrackt dar, sie passt also gut zu Alexander von Humboldt und seinem Verhältnis zu Berlin. Die Residenz der Hohenzollern geht in ihrer Baugeschichte bis ins 15. Jahrhundert zurück. Um das Jahr 1700 entsteht das Barockschloss von Andreas Schlüter, es wurde weitergebaut und umgebaut bis Mitte des 19. Jahrhunderts. Dem alten Humboldt war die Baustelle ein vertrauter Anblick.

Am besten folgt es sich ihm zu Fuß durch die Stadt. So hat er sich in Berlin fortbewegt. Humboldt auf dem Weg zum Arbeitsplatz, damals eine stadtbekannte Erscheinung, ein Denkmal zu Lebzeiten. Er hält sich oft im Schloss auf. Das ist sein Job. Der Kammerherr liest der Königsfamilie und ihren Gästen gelehrte Geschichten vor, gibt Anekdoten von seinen Weltreisen zum Besten. Humboldt geht im Schloss seinen politischen Geschäften nach. Wie schwer ihn seine Feinde in Berlin bedrängten! »Ohne sein Hofverhältnis würde er hier nicht leben können, er würde ausgewiesen werden.« So sehr hassten ihn die antidemokratischen, rückwärtsgewandten »Ultras« und die »Pietisten«, unglaublich, wie sehr diese Leute täglich den König gegen ihn einzunehmen suchten, notiert Varnhagen 1845 in seinem Tagebuch: »In den andern deutschen Ländern würde man ihn ebenso wenig dulden«, hätte er nicht »den Schutz und Schimmer seiner Stellung«. Der Herr von Humboldt-Land stand häufig unter Beschuss.

Das Schloss beherbergte die Brandenburg-Preußische Kunstkammer und gilt als Keimzelle der Berliner Museen. In der Zeit der Weimarer Republik arbeiteten hier die Kreativen ihrer Zeit. Wissenschaftler der Gestaltpsychologie experimentierten mit elektronischen Bildern, Vorarbeiten für die Computertechnologie. Das Schloss der preußischen Herrscher wurde im Zweiten Weltkrieg stark beschädigt und 1950 von den neuen Machthabern der DDR gesprengt. Seit 1976 stand an der Stelle der Palast der Republik – wieder ein hässlicher Kasten und von billigem Pomp. Die goldenen Fenster spiegelten eine kurzlebige Moderne, die sich in westdeutschen Städten wiederfand. Es kommt das 21. Jahrhundert, der sozialistische Palast verschwindet wieder und das Schloss wird erneut aufgebaut. Der Deutsche Bundestag hat es so beschlossen. Die Abgeordneten trafen eine prinzipielle Entscheidung gegen eine frische, mutige zeitgenössische Architektur, wie Paris es bei seinen zentralen Bauten, vom Centre Pompidou zur Louvre-Pyramide zum Musée du Quai Branly, immer wieder verstanden hat. Nach einem Entwurf des bis dahin unbekannten Architekten Franco Stella kehrt das Schloss als Klon preußischer Geschichte und Größe ins Stadtbild zurück. Das Beste daran ist die Idee, dieses klobige Großraumschiff aus der Vergangenheit auf den Namen Humboldt zu taufen.

Aus Dahlem kommen die reichen Sammlungen des Ethnologischen Museums und des Museums für Asiatische Kunst in das Humboldt Forum. So heißt jetzt das Schloss. An dem neuen, alten Ort sollen die Ansichten Alexander von Humboldts lebendig werden. Auch Wilhelm von Humboldts Ideen einer demokratischen Bildung sind gefragt, und Berlin will sich hier als Metropole des Geistes und der Wissenschaften darstellen. Ohne die Humboldts hätte das riesige Bauwerk keine Seele, sie halten das problematische Konstrukt von innen zusammen; jedenfalls ist das die Hoffnung. Nichts weniger als die Vollendung der Museumsinsel wird angestrebt. Deutschland will sich ein Denkmal als offene Kulturnation setzen.

Eines Tages kann der Museumsbesucher vom Bode-Museum mit der christlichen Kunst und den Skulpturen über das Pergamonmuseum, die griechisch-römische Antike, den Vorderen Orient und die Welt der islamischen Kunst, über die Ägypter und die Frühgeschichte im Neuen Museum, von den Gemälden der Alten Nationalgalerie und die Antiksammlung des Alten Museums hinübergehen nach Afrika, Lateinamerika und Nordamerika, Ozeanien und Asien. Ein Supermuseum mit zeitgemäßer Besucherführung und Wissensvermittlung soll das Humboldt Forum werden, *State of the Art*, mit fast achtundzwanzigtausend Quadratmetern. In der Idealvorstellung wäre dieses riesige Kulturterminal wie ein Flughafen bis auf einige Nachtstunden permanent geöffnet und bespielt, bei freiem Eintritt für die Sammlungen.

Das Humboldt Forum geht zurück auf eine Idee von Klaus-Dieter Lehmann, ehemals Präsident der Stiftung Preußischer Kulturbesitz und heute Präsident des Goethe-Instituts. Es macht dem Namen Humboldt Ehre, indem es Politiker, Wissenschaftler und Kulturmanager an die Grenzen ihrer Gewerke treibt – Scheitern inbegriffen. Es erinnert in der Entstehung an Humboldts »Kosmos« – der blieb unvollendet nicht allein, weil Humboldt darüber starb, sondern weil er ein immerwährendes *work in progress* darstellt. Die Geschichte des Humboldt Forms wird bestimmt von Interessen- und Zielkonflikten, Startschwierigkeiten neuer Strukturen, publizistischem Misstrauen und der Skepsis, was es denn werden könnte. Doch nur eine rundum erneuerte ethnologische Präsentation, ein weiterer Konferenzort, ein Medienzentrum, ein Beispiel Berliner Selbstüberschätzung? Ein überfrachteter Dampfer, der beim Stapellauf versinkt? Ein historisches Missverständnis mit Kuppel und Kreuz?

Drei Gründungsintendanten hatte das Humboldt Forum, was die Sache nicht leichter machte: Neil MacGregor, Hermann Parzinger und Horst Bredekamp, Humboldtianer alle auf ihre Art. Parzinger präsidiert der Stiftung Preußischer Kulturbesitz, er muss die Sammlungen einbringen. MacGregor, zuvor beim British Museum, war für die Gesamtpräsentation zuständig und der Primus inter Pares, der die Dinge durcheinanderwirbeln sollte. Der Kunsthistoriker Bredekamp brachte die wilden Ideen und das Theoretische. Eine humboldt'sche Gemengelage, allerdings nicht in einem Kopf brodelnd, sondern auf drei Persönlichkeiten verteilt, die noch andere Hauptberufe hatten. Da tobte eine schöne Alexanderschlacht zwischen Anspruch und Verwirklichung, bis im Sommer 2018 der neue Generalintendant Hartmut Dorgerloh kam, ein Pragmatiker.

Bereits 1807 hat Alexander von Humboldt sich Gedanken über die Berliner Sammlungen gemacht, deren Ursprung im alten Schloss lag. In Berlin sollte ein Universalmuseum vorbereitet werden, in dem die Bestände der Akademie wie der Kunstkammer des Schlosses zusammengeführt werden sollten. Dazu ist es damals nicht gekommen. Dieser Verbindung von Natur und Kultur, Kunstmuseum und Naturkundemuseum will das Humboldt Forum mit über 200 Jahren Verspätung nachgehen. Was im Grunde zusammengehört, kommt wieder zusammen. Im Humboldt-Forum können Stücke gezeigt werden, die Humboldt von seiner Reise mitgebracht hat. Leider sind es nur Kopien der im Zweiten Weltkrieg zerstörten Originale. Dazu gehört die berühmte Humboldt-Axt aus Jade. Die Axt und ein Kalenderstein hat er in den »Ansichten der Kordilleren …« beschrieben, ebenso wie die Statue der so genannten Maisgöttin: »Dieses kleine Idol aus porösem Basalt, das ich im Kabinett des Königs von Preußen zu Berlin hinterlegt habe.«

Zu Humboldts Zeiten füllten sich die Säle der großen europäischen Museen mit Artefakten aus Übersee. An das Humboldt Forum richten sich nun spät die großen politisch-moralischen Fragen der Kunst-und Kulturgeschichte. Müssen große Teile der Sammlungen, weil und wenn es sich um koloniale Raubkunst handelt, weil möglicherweise Blut an ihnen klebt, von den Staatlichen Museen Preußischer Kulturbesitz nach Afrika oder Lateinamerika zurückgegeben werden, und an wen? Im Auftrag des französischen Staatspräsidenten Emmanuel Macron haben Bénédicte Savoy und der senegalesische Wissenschaftler Felwine Sarr analysiert, unter welchen Bedingungen afrikanisches Kulturgut von Frankreich an die Herkunftsländer zurückgegeben werden könnte. Der »Rapport sur la restitution du patrimoine culturel africain. Vers une nouvelle éthique relationnelle« wurde im November 2018 übergeben. Tatsächlich ist noch nicht viel passiert, aber die französische Initiative hat die deutschen Stellen unter Druck gesetzt und die Diskussion befeuert. So wird der Name des Deutsch-Franzosen Humboldt zur Chiffre für unser kulturelles Selbstverständnis. Mit 600 Millionen Euro Baukosten und 50 bis 60 Millionen Betriebskosten jährlich ist das Humboldt Forum, wenn es dann 2019/2020 eröffnet hat, das größte Kulturprojekt in der Geschichte der Bundesrepublik Deutschland. Es kann am Ende auch viel teurer und später werden.

Berliner Staatsbibliothek, Dorotheenstraße. Auf der letzten Station wartet eine Überraschung. Es ist Humboldt selbst. Seine Handschrift. »Sie können das Buch ruhig anfassen.« Das sagt die Restauratorin, wirklich! So fühlt sich Glück an, ein Stück Papier, fest und eng beschrieben, Gewimmel wie unter einem im Wald aufgehobenen Stein. Es *riecht* hier nach Wissenschaft. Der Raum hat die Atmosphäre eines gerichtsmedizinischen Instituts, steril, von geradezu fataler Sauberkeit und Ordnung. Hier aber liegen keine Leichen, herrscht nicht der Tod, sondern das Leben. Bücher, Manuskripte, Notenblätter, Briefe von berühmten Absendern und Adressaten gehen über die blitzblanken Arbeitsoberflächen, bevor sie von Schriftgelehrten entschlüsselt und für ihren Weg in das digitale Universum vorbereitet werden. Eine Intensivstation für Patienten aus Papier. In den Konvoluten stecken die Geister der Jahrhunderte. Noch eine Überraschung: Beim Rendezvous mit den kostbaren Blättern müssen keine Handschuhe getragen werden. Plastikhandschuhe hinterlassen chemische Spuren auf dem Papier, Stoffhandschuhe reiben Flusen ab. »Aber Sie müssen sich vorher die Hände waschen«, sagt die Restauratorin. »Fassen Sie die Seiten nicht an der Ecke an und blättern Sie langsam um.«

Da sind sie. Alexander von Humboldts amerikanische Reisetagebücher in den Händen zu halten, ist ein Erlebnis wie der erste Flug oder der Anblick des Taj Mahal. Wie viel spricht dagegen, dass diese Bände jetzt hier liegen. Papier mag geduldig sein. Doch diese Blätter haben heroischen Charakter, sie haben Augen. Sie sind über den Atlantik gefahren, über die breiten Flussmeere Südamerikas, sie wurden auf Vulkane geschleppt und durch das Hochland der Anden. Ohne ernsthafte Beschädigung haben sie Stürme, Kälte, feuchtheißes Klima überstanden, dramatische Temperaturwechsel. Frisch sehen sie aus, jung geblieben, unternehmungslustig mit ihren über zweihundert Jahren.

Papier *ist* geduldig, aber Geduld ist eine menschliche Eigenschaft und deshalb doch nicht von Dauer. Die Geduld des Papiers ist von anderer Art. Papier kann warten. Warten, dass es beschrieben wird. Papier kann ein Liebesgedicht werden oder ein Essay, der eine neue Welt eröffnet. Papier kann eine Ewigkeit darauf warten, dass es gelesen wird. Für Humboldt hatte das Papier, auf dem er seine Notizen macht, größere Bedeutung als Kleidung oder Nahrung. Es wäre ohne Humboldts Fleiß, ohne seine Aufzeichnungstechnik und ohne das Papier, das ihn begleitete, am Ende so gewesen, als hätte die Reise durch Süd-, Mittel- und Nordamerika in den Jahren 1799 bis 1804 gar nicht stattgefunden.

Wo Humboldt sein Papier gekauft hat, ist nicht bekannt. Nichts Auffalliges findet sich daran, außer dass dieses Büttenpapier, wahrscheinlich aus deutscher oder französischer Herstellung, entgegen jeder Wahrscheinlichkeit Stürme und Zeiten überdauerte. Was haben diese praktischen Wunderwerke nicht alles durchgemacht. Humboldt trug sie am Körper oder wie seine Messinstrumente in wasserdichten Transportbehältern bei sich. Mit welcher Sorgfalt hat ihr Besitzer die Seiten gefüllt, aber auch in welcher Eile wurden sie vollgekritzelt. Neun Bände unterschiedlichen Formats umfassen die Reisetagebücher. Ursprünglich Notizhefte, die nachher gebündelt wurden. Humboldt hat sie erst wenige Jahre vor seinem Tod in Leder binden lassen und die Ledereinbände, als wäre es Papier, mit Tinte beschriftet. Insgesamt handelt es sich um viertausend Seiten. Das Zusammengesetzte ist den Bänden anzusehen, zumal im Schnitt, da stehen einzelne Blätter oder ganze Blattgruppen heraus. Jeder der neun Bände ist mit einer Messingschließe versehen, die größeren Bände mit zwei Schließen und jeder Band hält sechs, sieben Hefte zusammen. Wem es erlaubt ist, der öffnet die Buchdeckel und zieht sie vorsichtig auseinander wie die Schalen einer Muschel. Die Heftdeckel wirken etwas mitgenommen. Über einigen Blättern ist die Tinte ausgelaufen, auf anderen sind Wasserflecken, wahrscheinlich vom Orinoco.

Für jeden Band gibt es in der Staatsbibliothek einen Pappkarton, der ein kaum zu durchdringendes Geflecht von Zeichen, Zahlen, Buchstaben beherbergt, Humboldts Buchhaltung im Dschungel. So kommt die Natur zur Kultur und keine Kultur wäre denkbar ohne Alphabet und Schreibhand, die Humboldt unermüdlich über das Blankopapier führt. Die Notizhefte sind der feste Boden auf seinen Exkursionen, Gedächtnis und Orientierung. Der Blick wird hineingezogen in ein Gewimmel: Zeichnungen von Piranhas, Zitteraalen, Affen, Bergen, Tabellen, Zahlenkolonnen, Diagramme schauen aus dem Strom der winzigen Handschrift hervor. Tierzeichnungen illustrieren die Schrift, die sich windet wie Lianen.

Effektsicher setzt er sich in Szene: »Vier Monate hindurch schliefen wir in Wäldern, umgeben von Krokodilen, Boas und Jaguaren, nichts genießend als Reis, Ameisen, Manioc, Pisang, Orinocowasser und bisweilen Affen. In Guyana, wo man wegen der Mosquiten, die die Luft verfinstern, Kopf und Hände stets verdeckt haben muss, ist es fast unmöglich am Tageslicht zu schreiben; man kann die Feder nicht ruhig halten, so wütend schmerzt das Gift der Insekten. Alle unsere Arbeit muss daher beim Feuer, in einer indianischen Hütte, vorgenommen werden, wo kein Sonnenstrahl eindringt und in welcher man auf dem Bauche kriechen muss. Hier aber wieder erstickt man von Rauch, wenn man auch weniger von den Mosquiten leidet.«

Humboldt arbeitet in den Reisetagebüchern Platz sparend und vielsprachig; er schreibt deutsch, französisch, englisch, spanisch. Das wechselt in einem Satz. Er streicht aus, verbindet Sätze und Absätze mit Linien und Kreisen. Nicht nur dokumentieren die Reisehefte Humboldts Expeditionen, sie begleiten seinen weiteren Lebenslauf. Er schreibt in ihnen weiter, als er sich längst schon wieder in Paris oder Berlin aufhält. Er hat später Zettel eingeklebt, die Notizen Jahre danach ergänzt, kommentiert und korrigiert. Er setzt *Links*, Verweise, dafür lässt er einen Rand, und wo kein Platz mehr auf der Seite ist, schafft er ihn, legt eine neue Schicht an. Daraus ergibt sich ein Patchwork-Bild seines Denkens und Forschens, ein Organismus aus Buchstaben, Zahlen, Zeichnungen. Ein anderer Datenspeicher als Papier stand Humboldt nicht zur Verfügung. Einen besseren gibt es ohnehin nicht.

Die Stiftung Preußischer Kulturbesitz hat die humboldtschen Reisetagebücher im Jahr 2013 erworben. Der Kaufpreis betrug zwölf Millionen Euro. Die Präsentation glich einem Staatsakt. Die Humboldt-Forschung, das allgemeine Interesse an dem Forscher, die Faszination, die von seinem Namen ausgeht – all das hat seither einen starken Schub erfahren. Als sei Alexander von Humboldt aus der Wildnis wieder aufgetaucht. Auf der Dschungeltour macht er nicht ein einziges Mal schlapp. Im Gegenteil, sein Körper stärkt sich an den unglaublichen Strapazen. Humboldt ist widerstandsfähig wie seine Tagebücher, die auch nach dem Tod ihres Herrn auf wilden Routen unterwegs waren. Nach dem Zweiten Weltkrieg gelangten sie nach Moskau und kehrten 1958 nach Ost-Berlin zurück. Im Zuge der Wiedervereinigung landeten sie wieder im Privatbesitz der Familie von Heinz, den Nachkommen Wilhelm von Humboldts.

Im Jahr 2015 hat die Berlin-Brandenburgische Akademie der Wissenschaften das auf achtzehn Jahre angelegte Langzeitvorhaben »Alexander von Humboldt auf Reisen – Wissenschaft aus der Bewegung« gestartet, nach Humboldts Motto »Ideen können nur nützen, wenn sie in vielen Köpfen lebendig werden«. Der umfangreiche und verstreute Nachlass ist zu erschließen. Gewaltige Zahlen und Mengen: Seit Anfang 2017 stehen zweiundzwanzigtausend Seiten aus Berlin und elftausend Seiten aus der Biblioteka Jagiellonska von Krakau im Internet. Ein Teil des Nachlasses ist nach dem Zweiten Weltkrieg dorthin gelangt, nachdem die Bestände der Preußischen Staatsbibliothek ab 1941 aus Berlin ausgelagert worden waren, um Kriegsverluste zu vermeiden. Fünfundsiebzigtausend Scans waren bei diesem Projekt der Staatsbibliothek zu Berlin und der Universität Potsdam nötig, um Humboldts Aufzeichnungen in die digitale Welt zu überführen und allgemein zugänglich zu machen. Der Forscher und Entdecker hat ein Werk hinterlassen, das im 21. Jahrhundert selbst noch der Entdeckung harrt.

Was jetzt mit Humboldt passiert, lässt sich als nachholende Rezeption beschreiben. Der enthusiastische Humboldt-Spezialist Ottmar Ette verweist auf eine außergewöhnliche Situation: »Seit wenigen Jahren sind wir überhaupt erst an dem Punkt der Verfügbarkeit des Nachlasses und damit an einer neuen, breiteren Auseinandersetzung, weil es plötzlich eine ganz andere Materialbasis gibt.« Es geht um Tausende Dokumente. Sie sind, wie Ette sagt, »die Grundlage für viele Jahre Forschung«. Und er glaubt an Überraschungen: »Humboldts Mitschriften aus seiner Zeit in den USA sind verschwunden und nicht auffindbar. Durch detektivische Arbeit – und vielleicht einen Glücksstreffer – gibt es Chancen, auf ihre Spuren zu kommen. Dieser Teil der amerikanischen Reisetagebücher ist wahrscheinlich nicht in Flammen aufgegangen, sondern kann möglicherweise noch in einer Privatbibliothek in den USA gefunden werden«, sagt Ette im Jahresmagazin der Berlin-Brandenburgischen Akademie der Wissenschaften, das sich dem 250. Geburtstag Alexander von Humboldts am 14. September 2019 widmet.

Nichts geht über das Original. »Sie können das Buch anfassen!« Es fasst sich gut an, unfassbar eigentlich. Nicht vorstellbar, dass diese Bände so etwas wie einen ruhigen Lebensabend verbringen. Wo werden sie in fünfzig, hundert Jahren sein? Wird die Humboldt-Renaissance anhalten, wofür einiges spricht?

»Im heißesten Klima des Erdballs habe ich oft 15 bis 16 Stunden hintereinander geschrieben oder gezeichnet …«, sagt er im Reisetagebuch. Schreiben als körpereigene Droge. Der Wahnsinn *ist* bei ihm Methode, der Kopf bleibt dabei klar. Wie ruhig das Buch jetzt in der Hand liegt. Eine sakrale Aura umweht den Gebrauchsgegenstand. Mehr aber noch als Stolz oder Bewunderung wiegt das Gefühl, auf diese Weise endlich mit dem Menschen in Kontakt zu treten, so direkt, wie es eben geht. Diese Blätter zu berühren, die Handschrift analog zu betrachten, wobei einem zwangsläufig bibliophile Entführungsszenarien durch den Kopf schießen, gleicht einem stummen Zwiegespräch. Aber gibt es bei Alexander von Humboldt überhaupt Platz für Sentimentalität? Ihn umschließt ein Panzer. Nicht selten wirkt er als Person hart abweisend, wenn nicht scheu, während sein Werk schier unendliche Räume und Möglichkeiten aufschließt. Er hat die Welt zwischen sich und die Welt gelegt.

Nachbemerkung

WIE HERUM DAS FERNGLAS HALTEN? Das dicke Ende ans Auge führen oder das schmale? Beim Schreiben passieren seltsame Dinge. Die Perspektive engt sich ein, nur um den Blick in die Welt zu erweitern. Ich nenne es mal den Tunnelblick mit Panorama. Im Herbst 2016 hörte ich in der American Academy Berlin am Wannsee einen kurzen Vortrag des Musikprofessors Mark Pottinger aus New York. Er sprach über den Komponisten Giacomo Meyerbeer und seine Beziehung zur Naturwissenschaft. Ich wusste sofort, dass Alexander von Humboldt hier seine Finger im Spiel haben musste. Wir haben das bei etlichen Flaschen Wein vertieft. Fast drei Jahre lang hatte ich mich da bereits in der mir zur Verfügung stehenden Zeit mit nichts anderem beschäftigt, meine Antennen waren auf Humboldt eingestellt. Überall sah ich Humboldt, fand ich Alexander-Zusammenhänge, mein Hirn arbeitete wie eine Suchmaschine. Ich weiß, es war für die Menschen in meiner Umgebung nicht leicht, Herrn von H. als Dauergast zu genießen. Ich habe sie mit Humboldt strapaziert und ermüdet, um mich immer wieder aufs Neue für die Arbeit an diesem Buch aufzubauen. Aber auch: Was sind drei oder vier Jahre bei dem Versuch, eine Welt zu verstehen! Humboldt zwang mich, meine eigene Geduld auf die Probe zu stellen, einen neuen Rhythmus zu finden. Wir sind kurzatmig in unseren Bemühungen und Erfolgen.

Der Wissenschaftshistoriker Nicolaas A. Rupke sagt, es sei unmöglich, eine Biographie über Alexander von Humboldt zu schreiben. Humboldts Persönlichkeit habe zu viele Seiten, er sei in zu viele Richtungen interpretiert und benutzt worden und es gebe zu viele Geheimnisse um ihn. Das stimmt. Rupke hat es doch getan, mit gutem Ergebnis. Aber es bleibt ein Wagnis, sich mit Humboldt einzulassen. Ich danke dem Siedler Verlag für das mir entgegengebrachte Vertrauen und die Freiheit, die ich bei diesem Unternehmen genoss. Ich freue mich, dass mein – für Computerverhältnisse – uraltes MacBook Air dieses Abenteuer mit mir durchgestanden hat; es ist unser viertes gemeinsames Buch. Apropos Literatur: Aus ein paar Bänden von und über die Humboldts, die ich unbedingt stets zur Hand haben wollte, ist eine kleine preußisch-universale Bibliothek geworden. Die Beschäftigung mit dem Preußen verschlingt nicht nur Zeit und Aufmerksamkeit und Kraft und viel Platz, sondern auch Geld. Es war aber alles zum Besten angelegt. Bei keinem anderen Buchprojekt habe ich so viel gelernt – in so vielen unterschiedlichen Bereichen. Es war wie ein zweites, besseres Studium. Dazu gehört, dass bescheiden und diszipliniert sein muss, wer Verrücktes wagt.

Meine Agentin Karin Graf hat mich wie immer großartig unterstützt. Es ist ein Vergnügen, mit ihr und ihrem Mann Joachim Sartorius über Bücher zu diskutieren. Die beiden verstehen, wie man mit Büchern reist, gedruckten und zukünftigen, und wie das Reisen und das Schreiben zusammengehören. Ich durfte mich mit dem Manuskript in ihre Wohnung in der Altstadt von Ortigia zurückziehen, mit dem Blick auf die kleine alte Kirche und das Meer.

Jacalyn Carley, meiner Frau, danke ich von ganzem Herzen für die Liebe und Solidarität vor allem in den Humboldt-Krisenzeiten. Die größte war in Sizilien zu überstehen – dort, wo Humboldt seinen seltsamen Text vom »Rhodischen Genius« angesiedelt hat. Ich bin glücklich, den Berliner Humboldt-Forscher David Blankenstein für die wissenschaftliche Beratung gewonnen zu haben, merci à vous! Er hat mir wichtige Hinweise gegeben. Und Zuversicht: Davon kann man auf einer solchen Reise nicht genug haben. Christiane Peitz, meiner Kollegin in der Zeitung, danke ich für ihre Rücksicht. Dank an Jonas Wegerer: Der Austausch mit dem Lektor war wieder sportlich und inspirierend. Die Arbeiten von Bénédicte Savoy, Ulrike Ottinger, Ottmar Ette und vieler anderer vor allem auch im Umkreis der Zeitschrift »Humboldt im Netz« waren mir von großer Bedeutung. Wenige wissen viel über Alexander von Humboldt – und viele wissen wenig. Ich hoffe, daran etwas zu ändern mit meiner Biographie über diesen in der Tat unmöglichen Menschen.

Im Februar 2019 reiste ich im Tross von Frank-Walter Steinmeier und seiner Frau Elke Büdenbender auf Humboldts Spuren nach Kolumbien und Ecuador. Der Bundespräsident besuchte Naturschutzprojekte und sprach mit Wissenschaftlern. Es war faszinierend zu erleben, wie Humboldts Gedanken jetzt plötzlich in die Politik eingehen – »dass der Mensch eine Bedeutung in der Natur hat und eine Verantwortung für die Natur. Und dass wir als politische Wesen auf eine humane Weise nur koexistieren können, wenn wir uns nicht über den Anderen oder die Natur erheben.« So hat es Steinmeier in der Universität von Quito zur Eröffnung des Humboldt-Jubiläumsjahres 2019, anlässlich des 250. Geburtstags, formuliert.

Auf dieser Tour besuchten wir auch den Vulkan Antisana in Ecuador, mit dem weißen Kegel des Cotopaxi im Blickfeld. Wir fuhren mit der präsidialen Wagenkolonne bis auf 4000 Meter Höhe, bei herrlichstem Wetter. Humboldt ist seinerzeit im Nebel weiter aufgestiegen. Heute fiele es ihm wohl leichter: Die Gletscher in den Anden sterben durch die Erderwärmung. Das Umweltministerium Ecuadors stellt fest, dass die Gletschereisflächen des Cotopaxi, Chimborazo, Carihuayrazo und des Antisana in den vergangenen 50 Jahren 40 Prozent ihrer Fläche verloren haben, mit schlimmen Folgen für die Bevölkerung. Die Wasserversorgung ist in Gefahr. Besonders stark ist der Schwund im Gebiet des Antisana, der sich bis auf 5700 Meter erhebt. Es bleibt ein Rätsel, wie der Humboldt sein lebensgefährliches Pensum am Berg, in diesen Höhenlagen bewältigt hat; die Kälte, die Kopfschmerzen, die unwahrscheinliche körperliche Anstrengung, die nicht vorhersehbaren Wetterumschwünge. Aber noch etwas anderes drängt sich in der dünnen Höhenluft auf, eine alarmierende Erkenntnis: Wir sehen nicht mehr die Natur, die Alexander von Humboldt sah.

R. S., im Mai 2019

Anhang

Ausgewählte Literatur

Alexander von Humboldt liest sich am besten – wenn nicht in Originalausgaben – in den Editionen der Anderen Bibliothek:

Ansichten der Natur, Nördlingen 1986.

Ansichten der Kordilleren und Monumente der eingeborenen Völker Amerikas, Frankfurt am Main 2004.

Ette, Ottmar (Hg.): *Alexander von Humboldt Handbuch. Leben, Werk, Wirkung*. Stuttgart, 2018.

Kosmos. Entwurf einer physischen Weltbeschreibung. In einem Folioband, ediert und mit einem Nachwort von Ottmar Ette und Oliver Lubrich, Berlin 2004.

Weitere Texte und Bücher von Alexander von Humboldt:

Reise in die Äquinoktialgegenden des Neuen Kontinents. In zwei Bänden, Frankfurt am Main und Leipzig 1991.

Ideen zu einer Geographie der Pflanzen, Darmstadt 1963.

Die Entdeckung der Neuen Welt. In zwei Foliobänden, Frankfurt am Main und Leipzig 2009.

Das graphische Gesamtwerk. Herausgegeben von Oliver Lubrich, Darmstadt 2014.

Zentral-Asien. Das Reisewerk zur Expedition 1829, Frankfurt am Main 2009.

Die Kosmos-Vorträge. Herausgegeben von Jürgen Hamel, Klaus-Harro Tiemann und Martin Pape, Frankfurt am Main und Leipzig 1993.

Alexander von Humboldt: Das große Lesebuch. Herausgegeben von Oliver Lubrich, Frankfurt am Main 2009.

Alexander von Humboldt: Aus meinem Leben. Herausgegeben von Kurt-R. Biermann, München 1987.

Briefe von Alexander von Humboldt an Varnhagen von Ense. Leipzig 1860.

Alexander von Humboldt. Studienausgabe in sieben Bänden. Herausgegeben von Hanno Beck, Darmstadt 1989.

Die wichtigsten Biographien sind im Text erwähnt. Hier im Überblick:

Beck, Hanno: *Alexander von Humboldt.* 2 Bände, Wiesbaden 1959.

Botting, Douglas: *Humboldt and the Cosmos,* London 1973.

Bruhns, Carl: *Alexander von Humboldt. Eine wissenschaftliche Biographie,* Leipzig 1872.

De Terra, Helmut: *Alexander von Humboldt und seine Zeit,* Wiesbaden 1956.

Geier, Manfred: *Die Brüder Humboldt,* Reinbek 2009.

Helferich, Gerard: *Humboldt's Cosmos,* New York 2004.

Rupke, Nicolaas A.: *Alexander von Humboldt. A Metabiogtaphy,* Chicago and London 2008.

Scurla, Herbert: *Alexander von Humboldt. Sein Leben und Wirken,* Berlin 1985.

Stoddard, Richard Henry: *The Life, Travels and Books of Alexander von Humboldt,* London und New York 1859.

Wulf, Andrea: *The Invention of Nature. Alexander von Humboldt's New World,* New York 2015.

Einige Biographien von Persönlichkeiten, mit denen Humboldt verbunden war:

Arago, François. Photo Poche Histoire. Herausgegeben durch das Centre National De La Photographie, Paris 2012.

Canali, Luca: *Vie de Pline,* Paris 2005.

Goldstein, Jürgen: *Georg Forster. Zwischen Freiheit und Naturgewalt,* Berlin 2015.

Harpprecht, Klaus: *Georg Forster oder Die Liebe zur Welt,* Reinbek 1990.

Longer, Beatrix: *Der wilde Europäer. Adelbert von Chamisso,* Berlin 2008.

Neffe, Jürgen: *Darwin. Das Abenteuer des Lebens,* München 2008.

Rehrmann, Norbert: *Simón Bolívar. Die Lebensgeschichte des Mannes, der Lateinamerika befreite,* Berlin 2009.

Willms, Johannes: *Napoleon. Eine Biographie,* München 2005.

Es gehört zu Humboldts Art, dass er überall auftaucht – in Romanen, Reiseerzählungen und auch Gedichten. Die Zahl der Bücher über Humboldt und der Humboldtiana geht ins Unermessliche. Hier nur einige weitere wesentliche Veröffentlichungen:

Aira, César: *Eine Episode im Leben eines Landschaftsmalers*, Berlin 2016.

Alexander von Humboldt und die Vereinigten Staaten. Briefwechsel. Herausgegeben von Ingo Schwarz, Berlin 2004.

Biermann, Werner: *»Der Traum meines ganzen Lebens«. Humboldts amerikanische Reise*, Berlin 2008.

Bredekamp, Horst und Klaus-Peter Schuster: *Das Humboldt Forum. Die Wiedergewinnung einer Idee*, Berlin 2016.

Bußmann, Walter: *Zwischen Preußen und Deutschland. Friedrich Wilhelm IV.*, Berlin 1990.

De Bruyn, Günter: *Die Zeit der schweren Not. Schicksale aus dem Kulturleben Berlins 1807 bis 1815*, Frankfurt am Main 2013.

De Saint-Pierre, J. H. Bernardin: *Paul und Virginie*, München 1987.

Echenberg, Myron: *Humboldt's Mexico*, Montreal 2017.

Enzensberger, Hans Magnus: *Mausoleum*, Frankfurt am Main 1975.

Ette, Ottmar: *Alexander von Humboldt und die Globalisierung*, Frankfurt am Main und Leipzig 2009.

Herburger, Günter: *Humboldt. Reisenovellen*, München 2001.

Holl, Frank und Schulz-Lüpertz, Eberhard: *Alexander von Humboldt in Franken*, Gunzenhausen 2012.

Humboldt, Caroline von: *Ein Leben in Briefen.* Herausgegeben von Gunther Tietz, Frankfurt am Main und Berlin 1991.

Jacobs, Michael: *Andes*, London 2010.

Klein, Ursula: *Humboldts Preußen. Wissenschaft und Technik im Aufbruch*, Darmstadt 2015.

Naumann, Ursula: *Auf Forsters Canapé. Liebe in Zeiten der Revolution*, Berlin 2012.

»Mein zweites Vaterland«. Alexander von Humboldt und Frankreich. Herausgegeben von David Blankenstein, Ulrike Leitner, Ulrich Päßler und Bénédicte Savoy, Berlin 2015.

Lubrich, Oliver und Ette, Ottmar: *Über einen Versuch, den Chimborazo zu besteigen*, Berlin 2006. Márquez, Gabriel García: *Der General in seinem Labyrinth*, Frankfurt am Main 2004.

Päßler, Ulrich: *Ein »Diplomat aus den Wäldern des Orinoko«. Alexander von Humboldt als Mittler zwischen Preußen und Frankreich*, Stuttgart 2009.

Rebok, Sandra: *Humboldt and Jefferson. A Transatlantic Friendship of the Enlightenment*, Charlottesville und London 2014.

Sachs, Aaron: *The Humboldt Current. Nineteenth-Century Exploration and the Roots of American Environmentalism*, New York 2006.

Trabant, Jürgen: *Traditionen Humboldts*, Frankfurt am Main 1990.

Walls, Laura Dassow: *The Passage to Cosmos. Alexander von Humboldt and the Shaping of America*, Chicago und London 2009.

Werner, Petra: *Alexander von Humboldt und sein »Kosmos«*, Berlin 2004.

Nicht zuletzt ist Humboldt – und die von ihm inspirierte Malerei – ein internationales Ausstellungsthema. Hier einige ausgewählte Kataloge:

Les Frères Humboldt, l'Europe de l'Esprit. Sous la direction de Bénédicte Savoy et David Blankenstein. L'Observatoire de Paris 2014

Unity of Nature. Alexander von Humboldt and the Americas. Americas Society Art Gallery, New York 2014

Alexander von Humboldt. Netzwerke des Wissens. Haus der Kulturen der Welt, Berlin 1999 und Bundeskunsthalle Bonn 2000.

Achenbach, Sigrid: *Kunst um Humboldt. Reisestudien aus Mittel- und Südamerika.* Staatliche Museen zu Berlin 2009.

Carr, Gerald L.: *Frederic Edwin Church: In Search of the Promised Land.* Berry-Hill Galleries, New York 2000.

Ottinger, Ulrike: *Weltreise. Forster, Humboldt, Chamisso.* Staatsbibliothek zu Berlin Preußischer Kulturbesitz 2015.

Personen- und Ortsregister

Aachener Dom 42

Aira, César 212

Akademie der Künste (Berlin) 30

Akademie der Wissenschaften
(Paris) 81, 179, 202 f.

Alexander der Große 23

American Museum of Natural
History (New York) 241

Angostura (Spanisch-Guyana)
117

Antisana (Ecuador) 124

Arago, François 151, 178 – 180, 194,
198, 202 f., 205, 222, 225, 234

Aranjuez (Spanien) 85 f., 130

Arendt, Hannah 34

Aristoteles 169

Astrachan (Russland) 197

Bach, Johann Sebastian 227

Barnes, Julian 234

Baudin, Nicolas 82, 119

Beck, Hanno 32, 64, 68, 84, 95, 132

Beckmann, Joseph 242

Bellermann, Ferdinand 210

Bentham, Jeremy 12

Bergakademie (Freiberg in Sachsen)
47, 50, 85, 239

Berlin-Brandenburgische Akademie

der Wissenschaften 24, 108, 144,
263

Berliner Singakademie 17 f., 20, 255

Berliner Universität 17, 165, 184, 255

Berthoud, Louis 90

Biblioteka Jagiellonska (Krakau)
263

Bibliothek des Conseil d'Etat
(Paris) 154

Biermann, Kurt-R. 234, 240

Biermann, Werner 115

Biot, Jean-Baptiste 203

Biow, Hermann 206

Bismarck, Otto von 237 f.

Blankenstein, David 154 – 157

Blumenbach, Johann Friedrich 38,
54

Bogotá (Neu-Granada) 122 f.

Bolívar, Simon 72, 142, 146 – 148,
150, 171, 207

Bollmann, Ludwig 99

Bonpland, Aimé 71, 82 f., 85 f., 90,
92, 94 f., 97, 100 f., 103 – 105, 107 f.,
115, 117, 119, 127, 134, 140 – 142,
144 f., 168, 177, 189, 207 f., 226, 234

Botanischer Garten (Berlin) 31 f.

Botanischer Garten (London) 11

Botanischer Garten (Madrid) 84

Botanischer Garten (Wien) 79

Botting, Douglas 28, 34, 64

Brady, Mathew B. 206

Bredekamp, Horst 209, 258 f.

Brentano, Clemens 58

Bristol, Lord 80 f.

British Museum (London) 249, 259

Bruhns, Carl 178 f., 236, 240

Brunel, Marc Isambard 12

Bruyn, Günter de 165 f.

Buch, Leopold von 79

Büchner, Georg 46

Bülow, Gabriele von 239

Buschmann, Eduard 226

Byron, Lord 64

Calabazo (Venezuela) 102

Calderón, Pedro de la Barca 223

Camões, Luís Vaz de 223

Campe, Johann Heinrich 29, 39

Cancrin, Georg von 189, 191 f.,
194, 196

Caracas (Venezuela) 98, 100, 129

Cartagena (Kolumbien) 122

Carus, Carl Gustav 203–205

Catlin, George 213

Cayx, Jean Joseph Lafon de 75

Chamisso, Adelbert von 58,
182–185

Chateau de Malmaison, Paris 145

Chimborazo (Ecuador) 115,
120–122, 125–128, 130, 133, 148,
150, 177, 205, 208, 214 f.

Chodowiecki, Daniel 30

Church, Frederic Edwin 210,
213–216, 248 f.

Clark, William 138

Colomb, Johann Heinrich (Vater
von Marie-Elisabeth Colomb) 25

Colomb, Marie-Elisabeth (Tochter
von Johann Heinrich Colomb;
Mutter von Alexander und
Wilhelm von Humboldt) 25–27,
30 f., 35, 79, 218

Cook, James 40, 42

Cotopaxi (Ecuador) 23, 120, 122,
125 f., 129, 214 f.

Cotta, Johann Friedrich von 60

Courbet, Gustave 210

Cruz, Jose de la 105, 108, 117, 140

Cumaná (Neu-Andalusien) 94 f.,
97–99, 105, 117, 137

D'Angers, David 236

Daguerre, Louis Jacques Mandé
202–205

Darwin, Charles 92, 129, 163,
243–246, 248 f., 251

David, Jacques-Louis 155

De Terra, Helmut 64

Degas, Edgar 210

Delacroix, Eugène 210

Denon, Dominique-Vivant
80, 164 f.

Diderot 171

Dove, Alfred 240

Du Camp, Maxime 204

Düsseldorfer Gemäldegalerie 41

Echenberg, Myron 138

Eckermann, Johann Peter 14
Eduard VII. 244
Ehrenberg, Christian Gottfried
190, 193, 196, 198
Einstein, Albert 120
Emerson, Ralph Waldo 229
Emslie, John 122
Énard, Mathias 145
Ender, Eduard 83, 208
Engels, Friedrich 250
Enzensberger, Hans Magnus 251 f.
Erdmann, Dominik 241
Ethnologisches Museum (Berlin)
163, 175, 257
Ette, Ottmar 175
Flaubert, Gustave 204
Fontane, Theodor 253 f.
Forster, Georg 29, 31 f., 40 – 46, 58 f.,
72, 85, 132, 160, 182, 192, 219, 223
Fouqué, Friedrich de la Motte 58
Franklin, Benjamin 134
Franz Joseph I. 235
Freiesleben, Johann Carl 47, 65 – 67,
70 f., 90
Friedländer, David 32 f.
Friedländer, Rebecca 156
Friedrich II. 77, 201
Friedrich Wilhelm III. 13, 20, 144,
151 – 153, 167, 180, 218
Friedrich Wilhelm IV. 200 f., 206,
218, 228, 244
Gall, Lothar 143
Gallatin, Albert 135, 137
Gärtner, Eduard 209

Gauß, Carl Friedrich 15, 20 f., 199,
219
Gay-Lussac, Joseph Louis 148, 151,
156, 178
Geier, Manfred 17, 57, 65
Gemäldegalerie (heute: Altes
Museum) (Berlin) 192 f.
Genter Altar 42
Gentz, Friedrich von 55, 71, 75 f.
Gérard, François 72 f, 156 f., 208
Geuns, Steven Jan van 38
Goethe, Johann Wolfgang von
13 f., 17, 55 – 59, 65 f., 72, 92, 143,
152, 156, 166, 171, 219, 227, 232, 256
Goldstein, Jürgen 43
Gould, Stephen Jay 248 f.
Graf, Dominik 56
Gray, Vincent 133
Grimm, Jacob und Wilhelm 249 f.
Gutenberg, Johannes 251
Haeckel, Ernst 221
Haeften, Christiane von 67 – 70
Haeften, Emma von (Tochter von
Christiane und Reinhard von
Haeften) 70
Haeften, Friedrich Gustav Alexan-
der von (Sohn von Christiane
und Reinhard von Haeften) 70
Haeften, Reinhard Samuel
Christian von 63 – 70, 76, 84, 112
Hall, Sidney 122
Handelsakademie (Hamburg) 40
Freiherr von Hardenberg 50, 53
Hastings, Warren 31

Havanna (Kuba) 94, 119, 133

Heinitz, Baron von 85

Helferich, Gerard 75, 226

Helmholtz-Zentrum (Berlin) 216

Hemings, Sally 136

Herder, Johann Gottfried 23 f., 132

Herschel, John 244

Herschel, William 45

Herz, Henriette 33 f., 255

Herz, Markus 32 f., 255

Herzog, Werner 114 f.

Heyne, Christian Gottlob 38

Hildebrandt, Eduard 209 f., 236

Hirschfeld, Magnus 65

Hollwede, Friedrich Ernst von
    (Erster Ehemann von Marie-
    Elisabeth Colomb) 25 f.

Hollwede, Heinrich Friedrich
    Ludwig Ferdinand von (Sohn
    von Marie-Elisabeth Colomb
    und Friedrich Ernst von
    Hollwede) 25

Hollwede, Luise von (Tochter
    von Marie-Elisabeth Colomb
    und Friedrich Ernst von
    Hollwede) 25 f.

Holtei, Karl von 17

Holtz, Bärbel 152

Homboldt, Alexander Georg von
    (Ehemann von Marie-Elisabeth
    Colomb; Vater von Alexander
    und Wilhelm von Humboldt) 25

Houdetot, Frédéric Christophe
    de 154 – 157

Humboldt Forum (Berlin) 163,
    257 – 259

Humboldt, Caroline von
    (geb. von Dacheröden; Ehefrau
    von Wilhelm von Humboldt)
    15, 17, 46, 55 f., 69 – 71, 76, 143 f.,
    176, 190, 218, 253

Humboldt, Wilhelm von
    (Sohn von Caroline und
    Wilhelm von Humboldt) 143

Humboldt, Wilhelm von 15 – 17,
    25 – 30, 32 – 34, 36, 40, 46, 53 – 57,
    60, 70 – 72, 76 – 78, 81, 95, 98, 119,
    142 – 144, 148, 152, 156, 158, 161 f.,
    165 f., 176, 180, 190, 192 f., 197 f.,
    218, 223, 250, 253 – 257, 263

Humboldt-Universität zu Berlin
    163, 208, 255

Imhoff, Amalie von 58

Institut National (Paris) 142

Jacobs, Michael 100

Jardin des Plantes (Paris) 144

Jefferson, Thomas 133 – 139

Jekaterinburg (Russland) 192 f.

Jobs, Steve 247

Joséphine, Kaiserin (Frau von
    Napoleon Bonaparte) 145, 148

Jüdisches Krankenhaus (Berlin) 33

Kaiserliche Akademie der Wissen-
    schaften (St. Petersburg) 198

Kalscheuer, Claudia 175

Kant, Immanuel 50, 56, 132

Karl IV. 83, 131

Karl X. 180

Katharina II., Zarin von Russland 196 f.

Kauffmann, Angelika 31

Kaulbach, Wilhelm von 242

Kehlmann, Daniel 64 f.

Kelly, Frederick 235

Klein, Ursula 48

Kleist, Heinrich von 41

Kluge, Alexander 252

Kohut, Adolph 251

Kolumbus, Christoph 91, 176

Königliche Bibliothek, Berlin 226, 241

Königlich-Preußische Akademie der Wissenschaften (Berlin) 15, 118, 144, 184

Körner, Christian Gottfried 59

Kraft, Tobias 175

Krasnojarsk (Russland) 195

Krauze, Enrique 138

Krüger, Franz 236

Kunth, Gottlob Johann Christian 26 – 28, 36

Kunth, Karl Sigismund (Neffe von Gottlob Johann Christian Kunth) 178

La Coruña (Spanien) 90, 141

La Orotava (Teneriffa) 168

Lassalle, Ferdinand 237

Lehmann, Klaus-Dieter 258

Lengefeld, Charlotte (Frau von Friedrich Schiller) 56

Lessing, Gotthold Ephraim 103

Lewis, Meriwether 138

Lichtenberg, Georg Christoph 38

Liebig, Justus 246

Liefers, Jan Josef 65

Lima (Peru) 129

Lincoln, Abraham 206

Louis Ferdinand, Prinz von Preußen 75 f.

Louis-Philippe (Bürgerkönig) 200 f., 228, 236

Louvre (Paris) 164, 178, 205, 254

Lubrich, Oliver 175, 177, 199

Ludwig XVIII. 15

MacGregor, Neil 16, 258 f.

Machiavelli, Niccolò 251

Madison, James 135, 140

Mahlmann, Wilhelm 199

Malthus, Thomas Robert 251

Manet, Édouard 210

Márquez, Gabriel Garcia 147

Marx, Karl 249 f.

Maximilian II. 235

Max-Planck-Institut (Garching) 216

Medina, Juan Antonio Ortega y 138

Méliès, Georges 251

Melville, Herman 230

Mendelssohn, Joseph (Sohn von Moses Mendelssohn) 233

Mendelssohn, Moses 32, 35, 233

Messier, Charles 23

Metropolitan Museum of Art (New York) 215

Meyer-Abich, Adolf 63

Meyerbeer, Giacomo 98 f., 232

Michelangelo 227
Möllhausen, Balduin 235
Mont Ventoux (Frankreich) 105
Montblanc (Frankreich) 121, 125
Monte Sacro (Italien) 147
Monticello (Virginia/USA) 136 f.
Montúfar, Carlos de 124, 134, 140
Morse, Samuel F. B. 238
Moskau (Russland) 188 f., 191, 198, 263
Muir, John 231
Münchner Kunstakademie 210
Musée national d'histoire naturelle (Paris) 117, 178
Mutis, José Celestino 123
Napoleon Bonaparte 80, 139, 142, 145 f., 148, 152, 156, 164 f., 180, 229
Naumann, Ursula 72
Newman, Barnett 215
Niépce, Joseph Nicéphore 202 f.
Nikolaus I., Zar von Russland 189, 191, 198
Notre-Dame (Paris) 148
Oltmanns, Jabbo 178
Orenburg (Russland) 188
Österreichische Akademie der Wissenschaften (Wien) 235
Ottinger, Ulrike 182
Palladio, Andrea 136
Parzinger, Hermann 258
Peale, Charles Willson 134 f.
Petrarca, Francesco 105, 107
Pichincha (Ecuador) 124, 149
Pico de Teide (Teneriffa) 93, 99, 121

Plinius der Ältere 149, 219 f.
Plinius der Jüngere 149
Poe, Edgar Allan 229 f.
Pompeji, Italien 149
Pozo, Carlos de 102
Preisendörfer, Bruno 56
Prinz Heinrich (Bruder von Friedrich II.) 77
Puschkin, Alexander 198
Quito (Ecuador) 71, 123 f., 149, 177
Rauch, Christian Daniel 253
Raymond, Rossiter W. 239
Rebok, Sandra 134
Rehrmann, Norbert 147, 150
Reich, Wilhelm 251
Rodríguez, Simón 148
Rose, Gustav 189, 193, 196 – 199
Royal Greenwich Observatory (London) 180
Royal Society (London) 11
Rübe, Werner 64
Rugendas, Johann Moritz 210 – 212
Rupke, Nicolaas A. 63
Safranski, Rüdiger 57
Saint-Pierre, Bernardin de 107
San Fernando (Venezuela) 103, 108
Santa Cruz (Teneriffa) 92
Santander, Francisco de Paula 200
Savoy, Bénédicte 154 – 157
Scarpa, Antonio 67
Schadow, Johann Gottfried 165
Schäfer, Paul Kanut 128
Schiller, Friedrich 55 f., 58 – 61, 71 f., 86, 98, 143, 159

Schinkel, Karl Friedrich 15, 98, 193, 211

Schlabrendorff, Graf von 143

Schleiermacher, Friedrich 34

Schlüter, Andreas 256

Schönberger, Lorenz Adolf 122

Schrader, Julius 238

Schwarz, Ingo 60, 204, 234, 240

Scurla, Herbert 50, 164

Seifert, Emilie (Ehefrau von Johann Seifert) 234

Seifert, Johann 15, 190, 228, 233–236, 241

Seifert, Karoline (Tochter von Johann Seifert; Ehefrau von Balduin Möllhausen) 235

Shakespeare, William 223

Simon, Rainer 65, 128

Smith, Charles 122

Sontag, Susan 150

St. Petersburg (Russland) 188 f., 191, 194, 196–198, 233

Staatsbibliothek zu Berlin 225, 260, 262, 264

Stein, Charlotte von 58

Stein, Freiherr vom 49

Steingarten Sanspareil (Bayreuth) 69

Stella, Franco 257

Stern, Carola 76

Stieler, Joseph Karl 208

Stoddard, Richard Henry 251

Struth, Thomas 216

Talbot, William Henry Fox 202–204

Thomas, Dylan 240

Thoreau, Henry David 230

Thorvaldsen, Bertel 15, 253

Tischendorf, Lobegott Friedrich Konstantin von 244

Tobolsk (Russland) 194

Trabant, Jürgen 16

Turner, William 210

Turpin, Pierre Jean Francois 122

Twain, Mark 214

Universität Halle 164

Universität Frankfurt an der Oder 36

Universität Göttingen 37

Universität Potsdam 264

Varnhagen von Ense, Karl August 32, 200, 219, 221 f., 234, 255 f.

Varnhagen von Ense, Rahel (geb. Levin) 32, 34, 156, 255

Vermeer, Jan 202

Vesuv (Italien) 147–151, 220

Victoria, Königin von England 244

Visconti, Ennio Quirino 178

Volta, Alessandro 67

Wagner, Richard 99

Waldenfels, Karl von 70

Walls, Laura Dassow 138

Washington, George 134

Washington (USA) 135, 137–140

Weber, Jutta 241

Wegener, Wilhelm Gabriel 36–38, 71

Weitsch, Friedrich Georg 118, 208

Werner, Abraham Gottlob 47

Whitman, Walt 230

Wiesel, Pauline 75 f.

Wilhelm, Prinz von Preußen 166 f.

Wilhelm-von-Humboldt-Stiftung
für Sexualwissenschaft, Berlin
72

Wilkinson, James 138

Willdenow, Carl Ludwig 32, 37, 119,
178

Willms, Johannes 148

Winthrop, Theodore 215

Witkiewicz, Johann 188 f.

Wulf, Andrea 58, 105

Zeuske, Michael 134, 181

Bildnachweis

S. 14 Henry William Pickersgill, *Alexander von Humboldt, 1831*. Foto: CPA Media/picture alliance

S. 26 l. Johann Heinrich Schmid, *Alexander Georg von Humboldt*, um 1775. Foto: Hans-Joachim Bartsch/Stadtmuseum Berlin

S. 26 r. Johann Heinrich Schmidt, *Maria-Elisabeth von Humboldt*, um 1775. Foto: Hans-Joachim Bartsch/Stadtmuseum Berlin

S. 33 Anna Dorothea Therbusch, *Henriette Herz als Hebe*, 1778. Foto: Art Collection/Alamy/mauritius images

S. 37 Johann Heinrich Schmidt, *Alexander von Humboldt, 1784*. Foto: United Archives/mauritius images

S. 41 Johann Heinrich Tischbein, *Georg Forster*, um 1785. Foto: akg-images/picture alliance

S. 55 *Wilhelm und Alexander Humboldt mit Goethe bei Schiller in Jena*, 1860, nach einer Zeichnung von Adalbert Müller. Foto: akg-images/picture alliance

S. 73 l. A. Krausse, *Alexander von Humboldt*, 1796, nach einem Gemälde von J. H. Schröder. Foto: Fotolia/Archivist

S. 73 r. C. V. Normand, *Alexander von Humboldt*, 1795, nach einem Gemälde von François Gérard. Foto: akg-images/picture alliance

S. 83 Eduard Ender, *Humboldt und Bonpland am Orinoco*, 1856. Foto: akg-images/picture alliance

S. 94 Alexander von Humboldt, *Pflanzengeografic am Teide auf Teneriffa*, 1810. (aus: Alexander von Humboldt, *Voyage de Humboldt et Bonpland aux régions équinoxiales du Nouveau Continent*, Bd. 1, Paris 1799 – 1804). Foto: RMN – Grand Palais/bpk

S. 118 Friedrich Georg Weitsch, *Bildnis Alexander von Humboldt*, 1806. Foto: United Archives/mauritius images

S. 121 Alexander von Humboldt, *Die Reise zum Gipfel des Chimborazo am 23 Juni 1802* (aus: Alexander von Humboldt, *Voyage de Humboldt et Bonpland aux régions équinoxiales du Nouveau Continent*, Bd. 1, Paris 17 999 – 1804) Foto: Staatsbibliothek zu Berlin/bpk

S. 125 o. Alexander von Humboldt, *Volcan de Cotopaxi* (aus: Alexander von Humboldt, *Vue des Cordillères*, 2 Bde, 1810 – 1815). Foto: akg-images/picture alliance

S. 125 u. Alexander von Humboldt, *Vegetationsprofile des Chimborazo, Montblanc und Sulitelma* (aus: Alexander von Humboldt, Aimé Bonpland, Carl Sigismund Kunth, *Prolegomena ad Nova genera et species plantarum*, Bd. 1, Paris 1815). Foto: The Natural History Museum/Alamy/mauritius images

S. 135 Charles Willson Peale, *Alexander von Humboldt*, 1805. Foto: College of Physicians of Philadelphia/Wikimedia Commons, Public Domain

S. 146 Etna Velarde, *Simon Bolivar und Alexander von Humboldt*. Geschenk der KP Peru, 1984, ET der HU. Foto: Kustodie-Scholz/HU

S. 151 l. Charles Steuben, *Bildnis François Arago*, 1832. Foto: Sylvain Pelly/Bibliothèque de l'Observatoire, Paris

S. 151 r. *Bildnis Joseph Louis Gay-Lussac*, 1860. Foto: United Archives/mauritius images

S. 155 Frédéric-Christophe de Houdetot, *Porträt Alexander von Humboldts »Bon de Humboldt 1807«*, 1807. Foto: Album Houdetot/Bibliothèque du Conseil d'Etat, Paris

S. 174 Alexander von Humboldt, *Tagebuch IV, Blatt 172 r., Skizze von Fischen des Orinoco*, um 1800. Foto: Staatsbibliothek zu Berlin/bpk

S. 183 Louis Choris, *Adelbert von Chamisso*, 1817 Foto: Wikimedia Commons, Public Domain

S. 190 l. *Wilhelm von Humboldt*, o. J., nach einem Gemälde von F. Krüger. Foto: picture alliance

S. 190 r. Gottlieb Schick, *Bildnis Karoline von Humboldt*, 1804 Foto: Paul Fearn/Alamy/mauritius images

S. 207 Hermann Biow, *Alexander von Humboldt*, 1847. Foto: akg-images/picture alliance

S. 209 Eduard Hildebrandt, *Alexander von Humboldt in seinem Bibliotheks-*

zimmer in Berlin in der Oranienburger Straße 67, 1856. Foto: CPA Media/
picture alliance

S. 221 Traugott Bromme, *Atlas zu Alexander von Humboldt's Kosmos*, 1851

S. 238 Julias Schrader, *Bildnis Alexander von Humboldt*, 1859. Foto: Art Col-
lection/Alamy/mauritius images

S. 249 l. George Richmond, *Charles Darwin*, 1840. Foto: Paul Fearn/Alamy/
mauritius images

S. 249 M. *Karl Marx*, 1867. Foto: akg-images/picture alliance

S. 249 r. *Wilhelm und Jakob Grimm*, 1890, nach der Radierung von Ludwig
Emil Grimm. Foto: akg-images/picture alliance